AF565561

Die Bäume und das Unsichtbare

Ernst Zürcher

Die Bäume und das Unsichtbare

Erstaunliche Erkenntnisse aus der Forschung

at VERLAG

Ich widme dieses Werk den »First Nations« und den indigenen Völkern als Träger eines »anderen«, ursprünglichen Wissens. Ebenso ist es meinem Bruder im Geiste, Bruno Manser, Ethnologe und Verfechter der Menschenrechte, gewidmet, der tragischerweise anlässlich eines Besuchs bei einem der Penan-Nomadenvölker des Äquatorialwaldes in Sarawak auf der Insel Borneo, für die er sich unermüdlich einsetzte, spurlos verschwunden ist.

Aus dem Französischen übersetzt von Silke Huber

3. Auflage, 2020

AT Verlag, Aarau und München
Lektorat: Diane Zilliges, Murnau
Umschlagbild: www.fotolia.com
Druck und Bindearbeiten: Printer Trento, Trento
Printed in Italy

ISBN 978-3-03800-925-2

Dieses Buch ist auch als E-Book erhältlich.

www.at-verlag.ch

Der AT Verlag wird vom Bundesamt für Kultur mit einem Strukturbeitrag für die Jahre 2016–2020 unterstützt.

INHALT

(Zeichnung D. Dellas)

Der moderne Mensch ist krank,
er hat keine Wurzeln –
weder in der Erde
noch im Kosmos.

Der moderne Mensch ist krank,
er hat keine Wurzeln –
weder in der Vergangenheit,
denn er weiß nicht mehr, woher er kommt,
noch in der Zukunft, denn er hat keine
Vision mehr, die ihn trägt.

Der Baum, dieser Riese in Raum und Zeit,
Quelle des Lebens und ewiger Freund, wartet …

… dass der Mensch anhält und zu ihm sagt:
»Bleibe, der du bist!
An dich will ich mich anlehnen und
mit dir gemeinsam weiterschauen.«

EINE WISSENSCHAFT DES LEBENDIGEN – DES SICHTBAREN UND DES UNSICHTBAREN

Was sind Bäume für uns? Sind es einfach nur dekorative, wenn auch beeindruckende Elemente unserer äußeren Umwelt? Sind es manchmal sogar lästige Nachbarn, die eine Bedrohung für den reibungslosen Ablauf des Lebens in unseren Städten und für den Autoverkehr darstellen? Oder stehen sie nicht doch in einer zwar weniger sichtbaren, aber doch direkten und untrennbaren Verbindung zu den elementarsten und unmittelbarsten Bereichen unseres Lebens – sowohl in Bezug auf den ganz großen Rahmen, den Planeten Erde, als auch auf unsere individuelle Physiologie, unser psychisches Gleichgewicht und sogar unsere geistige Entfaltung?

Verlassen wir einmal unseren Alltag, unsere gewohnten Denkbahnen und entschließen wir uns dazu, die Welt mit neuen Augen zu sehen: *staunend*. Begeben wir uns auf die Suche mit der Unvoreingenommenheit unserer kindlichen Seele, um die Welt zu erkunden, zu verstehen, zu formen und aus ihr einen Ort zu machen, an dem sich die gesamte Fülle des Lebens entfalten kann.
Und fangen wir mit den Bäumen an.

Wann haben wir das letzte Mal einen Baum wirklich angeschaut? Die Frage erscheint zunächst banal und die Antwort darauf kommt mehr oder weniger prompt: »Auf meinem Weg zur Arbeit, beim Blick auf die dreistämmige Eiche, die über dem Park an der Straße thront.« Die Sache wird ein wenig komplizierter, wenn wir uns fragen, ob es sich dabei wirklich um ein Hinschauen handelt. Sicher, das ist mehr als ein einfaches Sehen – ein Vorgang, an dem wir nur in minimaler Hinsicht aktiv beteiligt sind –, aber es hat noch nichts mit Beobachten zu tun, jener Aktivität, der eine genaue Fragestellung zugrunde liegt.

Wie wäre es, wenn wir beim Betrachten eines Baumes, eines dieser außergewöhnlichen Lebewesen, dem Blick die Rücksicht hinzufügen? Wenn wir dieses Wesen einladen, vollständig in unserem Bewusstsein Platz zu nehmen? Falls wir uns diese Fähigkeit aus der Kindheit erhalten haben, führt das sehr schnell zum Staunen. Durch die Bäume entdecken wir eine Vielzahl an Dingen, die wir noch nicht verstehen.

In dem Moment, wo aus dem Staunen Fragen entstehen, hört es auf, ein unbestimmtes Gefühl zu sein, und führt uns weiter. Also zum Beispiel: Was ist der entscheidende Unterschied zwischen einem Baum und einer krautigen Pflanze? Wie alt und wie hoch kann ein Baum werden? Welche Rolle spielt er für das Klima auf der Erde?

Das Staunen kann auch technische Aspekte betreffen: Wie ist der Baum aufgebaut, dass er Wind, Schnee und Parasiten Widerstand leisten kann? Wie kann er die Krone mit Wasser versorgen, wo doch alle Flüssigkeiten (und alle festen Elemente) der Schwerkraft unterliegen? Wie schafft der Baum es, die Schwerkraft einfach so zu überwinden?

Es ist auch fragendes Staunen angebracht, wenn wir uns selbst und unser Verhältnis zu Bäumen betrachten: Warum haben wir sie in unserer Kindheit so geliebt, wollten immer auf sie hinaufklettern, in ihrer Krone ein Baumhaus oder einfach im Wald zwischen den alten Stämmen eine Hütte bauen? Ist es nicht ein ganz besonderes Gefühl, wenn man an einem heißen Sommertag einen Wald betritt? Warum nennen wir diese riesige Pflanze in der Sprache Goethes »Baum«, in jener von Rousseau »Arbre« und in der von Shakespeare »Tree«? Woher kommt es, dass der Baum in so vielen alten Kosmologien einen zentralen Platz einnimmt?

Die Ursprünge des Wortes

Forscht man nach den Quellen des Wortes tree, *der englischen Bezeichnung für den Baum, eröffnen sich ungeahnte Horizonte. Im westlichen Nordatlantik, bei den Isländern, heißt der Baum* tré; *auf Gälisch, der Sprache, die geografisch als Nächste kommt, heißt er* derw. *Historisch gesehen führt die Reise uns weiter nach Süden und Osten:* derv *auf Bretonisch,* drzewo *auf Polnisch,* derevo *auf Russisch,* dervo *auf Bulgarisch,* dru *auf Albanisch,* drûs *(»Eiche«, »Baum«, »Holz«) auf Altgriechisch,* taru *auf Hethitisch,* derakht *auf Persisch,* taru *auf Sanskrit, der früher auf dem indischen Subkontinent gesprochenen Sprache, die dem Ursprung aller indogermanischen Sprachen nahe ist.*

Wir erweitern die Fragestellung: Wann haben wir zum letzten Mal einen Baum berührt, gefühlt – in dem Wissen, dass der Tastsinn uns mehr als alle anderen Sinne von der physischen Existenz eines Wesens oder einer Sache überzeugt und uns auf eine subtile Art Auskunft über deren momentanen Zustand oder die Konsistenz gibt? Wann haben wir zum letzten Mal einen Baum gerochen, seinen Duft geatmet? Wann haben wir zum letzten Mal einem Baum zugehört? Hatten wir vielleicht schon einmal die Idee, einen Baum auf andere Art als durch seine Früchte zu schmecken?

Und warum sollten wir uns schließlich nicht fragen: Wann haben wir zum letzten Mal einen Baum gezeichnet? Haben wir schon einmal von einem Baum geträumt und warum? Erinnern wir uns noch an den ungewöhnlichen Duft des Waldbodens unter dem Dach der Bäume?

Biologen, Physiologen, Botaniker, Forstwissenschaftler und Bioingenieure haben es sich zur Aufgabe gemacht, über Naturphänomene zu reflektieren, sie in Experimenten nachzustellen und zu verstehen zu versuchen. Aus ihren Entdeckungen entstehen manchmal nützliche Anwendungsmöglichkeiten. Pädagogen, Psychologen und Mediziner konnten dabei feststellen, dass das menschliche Wohlbefinden mit den Bäumen und dem Wald in unerwartet vielfachen Beziehungen steht, von denen man bisher noch nichts ahnte. Meteorologen und Klimaforscher schließlich sind von einer Entdeckung fasziniert, die Bäume und Wald in einem anderen Licht erscheinen lässt: Wolken-Saatgut.

Wolken-Saatgut

Wälder lösen ihre eigenen Niederschläge aus. Ob über dem tropischen Regenwald im Amazonasgebiet oder über nördlichen, borealen Nadelwäldern: Die Bildung von Wolken und der daraus entstehenden Niederschläge wird von einer Art »Saatgut« ausgelöst, das aus Mikropartikeln organischen Ursprungs besteht. Bäume geben gasförmige Substanzen und flüchtige organische Verbindungen an die Luft ab. Unter dem Einfluss von Licht unterliegen sie einer fotochemischen Kondensation und wirken schließlich als »Kondensationskerne«, an denen sich Wolken bilden. Einen ähnlichen Effekt haben Pilzsporen, Pollen und mikroskopisch kleine pflanzliche Zersetzungsprodukte, die ebenfalls an die Atmosphäre abgegeben werden. (PÖSCHL et al. 2010)

Bäume und Wälder: Sie säen und sie ernten Wolken. (Foto A. Hemelrijk)

Drohende Verwüstung

Die Fakten, die von der Wissenschaft ermittelt wurden, geben Anlass zu kalten Schweißausbrüchen angesichts der dramatischen Leichtfertigkeit, die die Menschheit in ihrem Umgang mit der Natur im Allgemeinen und mit den Bäumen im Besonderen bis jetzt an den Tag gelegt hat. Tatsächlich erfordert ein neues Verständnis der großen hydrologischen und geoklimatischen Kreisläufe auf unserem Planeten zwingend ein Umdenken in Bezug auf die Funktionen, welche die großen Wälder dabei erfüllen. Daraus ergibt sich der absolut notwendige Schluss: Sie müssen entweder intakt erhalten werden (dadurch werden der traditionelle Lebensraum und der herkömmliche Umgang mit Pflanzen und Tieren durch autochthone Völker respektiert) oder nur in Form einer sanften Waldbewirtschaftung genutzt werden, bei der ihre Struktur und ihre Vielfalt bewahrt bleiben. Dies kann nur durch gut ausgebildetes und kompetentes Personal erfolgen. Im Übrigen müssen die Wälder, die schon verschwunden sind, dringend neu aufgeforstet werden.

In seiner Beschreibung der geoklimatischen Rolle des Amazonaswaldes weist Peter Bunyard, Redakteur der britischen Zeitschrift »The Ecologist«, auf das neue geoklimatische Modell hin, das Victor Goshkov und Anastassia Makarieva von der Abteilung für Theoretische Physik des Instituts für Nuklearphysik in Sankt Petersburg entwickelt haben. Die Analyse der Klimadaten und der hydrologischen Daten führt sie zu der Feststellung, dass am Ursprung des Wasserkreislaufs nicht die bewegten

Luftmassen stehen, wie es das bisher allgemein anerkannte Modell postuliert. Vielmehr sind es die Wechsel zwischen den verschiedenen Phasen des Wassers in der Atmosphäre über den Wäldern, die die Fortbewegung der Luftmassen erzeugen. Tatsächlich benötigt Wasser eine beträchtliche Menge an Energie, wenn es im Bereich des Waldes verdunstet: 600 Kalorien pro Gramm verdunstetes Wasser. Es ist Energie, die bei der Kondensation und Bildung von Regen in der höheren Atmosphäre als Wärme wieder freigesetzt wird. Die extreme Sonneneinstrahlung in der Nähe des Äquators kann dort nur dank dieser Ökosysteme absorbiert werden, die eine große Biomasse darstellen und viel Wasser enthalten. Parallel dazu bewirken die unterschiedlichen Geschwindigkeiten der beteiligten Prozesse von Kondensation (schnell) und Evapotranspiration (langsam) eine Differenz des Luftdrucks, die einen Sogeffekt auslöst. Die Evapotranspiration ist die globale Wasserabgabe von einer bepflanzten Fläche, zusammengesetzt aus der Evaporation (Verdunstung) durch die Bodenoberfläche und der eigentlichen Transpiration durch die Pflanzen, die eine überwiegende Rolle spielt. Somit funktioniert der Amazonaswald für das Wasser wie ein großes Herz (»biotic pump«): Die Luftmassen des Atlantiks werden angesogen und mit Wasser angereichert; sie durchlaufen über dem Wald ungefähr fünf bis sieben Evapotranspirations-Niederschlags-Zyklen, die von Osten nach Westen ziehen, steigen an den Anden schließlich auf und werden nach Norden (Golfstrom) oder Süden (Argentinien) weitergeleitet. Auf diesem Weg entstehen warme Regenfälle in Breiten, die weit vom Äquator entfernt sind. Man kann die tropischen Wälder also als diejenigen Elemente der Biosphäre ansehen, die gleichzeitig das Funktionieren und die Stabilität der großen geoklimatischen Kreisläufe gewährleisten.

In einem seiner jüngsten Artikel vom 2. März 2015 beschreibt Peter Bunyard in »The Ecologist« einen Versuchsaufbau unter Laborbedingungen, mit dem das Modell einfach und quantitativ ausgewertet werden kann. Dabei zeigt er auf eine Art, die nicht mehr diskutiert zu werden braucht, den ursächlichen Prozess der Kondensation, teilweiser Luftdruckabsenkung und Luftzufuhr.

Das Amazonasbecken, heute noch das »klimatische Herz der Erde«, droht zur Wüste zu werden

Wälder können Niederschläge nicht nur auf lokaler Ebene recyceln, sie bewirken auch den Transport von Feuchtigkeit aus der Atmosphäre über den Ozeanen in das Innere der Konti-

(Zeichnung D. Rambert)

*nente. Dies beruht auf dem wiederholten Kreislauf von Evapotranspiration und Kondensation (wie in der Zeichnung von rechts nach links dargestellt ist). Die Kenntnis dieser Zusammenhänge führt uns zu einer neuen Bewertung der natürlichen Wälder und zu dem Schluss, dass sie für das Funktionieren der Wasserkreisläufe auf der Erde dringend erhalten werden müssen. Die aktuelle Situation ist in diesem Zusammenhang vermutlich viel kritischer zu sehen, als man sich bisher vorgestellt hat. Tatsächlich schätzen manche Experten, dass der Amazonaswald nicht weiter als »Klima-Herz« funktionieren könnte, sobald die Grenze von 70 Prozent seiner ursprünglichen Fläche unterschritten wird. Die Gefahr besteht in den großflächigen Kahlschlägen. Sie bewirken eine Durchlöcherung der bisher geschlossenen natürlichen Waldflächen, die sehr viel Wasser enthalten – man weiß, dass es hier kaum zu spontanen Bränden kommt. Die Frontseiten der Rodungen sind der starken Sonnenstrahlung ausgesetzt; die hier freigelegten Bäume trocknen aus. Somit können Waldbrände ausgelöst werden, die sich selbst erhalten, sich immer schneller ausbreiten und letztendlich unkontrollierbar werden. Sollte diese Tendenz weiter bestehen, droht auf längere Sicht eine dramatische fortschreitende Wüstenbildung im bislang vitalsten Ökosystem auf unserem Planeten (*Makarieva *et al. 2014). In Indonesien und in Malaysia haben diese Vorgänge infolge großflächiger Waldrodungen zugunsten von Palmölplantagen schon große Verwüstungen angerichtet.*

Das Unsichtbare

Die vorangehenden Erläuterungen stellen die Bäume und die Wälder ins Zentrum der Funktionen des Organismus Erde. Daraus geht hervor, dass der Baum der Hebel ist, an dem wir Menschen ansetzen können, um vitale Funktionen unseres Planeten zu erhalten oder sogar wiederherzustellen.

Warum nun aber Bäume mit dem Unsichtbaren in Verbindung bringen? In Hinblick auf diese für uns augenscheinlich imposantesten Lebewesen der Erde mag das paradox klingen. Eine jedermann zugängliche innere Beobachtung zeigt jedoch, dass das Unsichtbare tatsächlich fest mit unserer unmittelbaren Realität verbunden ist, mehr noch: Es ist Bestandteil bei der Verarbeitung dieser Realität. Ziehen wir uns für einen Augenblick von der Alltagsroutine zurück und stellen wir uns die Frage: Wie entsteht in uns das, was wir als Realität bezeichnen?

Wir können davon ausgehen, dass wir es einerseits mit unmittelbaren Gegebenheiten von außen zu tun haben, die von unseren Sinnesorganen als Reize und zudem als unbestimmte innere Gefühle weitergeleitet werden; auf der anderen Seite steht unser Denken. Unsere Sinneswahrnehmungen sind zunächst immer nur bruchstückhaft und noch nicht durch die verbindende Aktivität unseres Denkens zusammengefügt. Ohne aktive Beteiligung des Denkens – ein von Natur aus unsichtbarer Vorgang – können wir die Welt nicht verstehen. Der Akt des Denkens stellt die ursprüngliche Einheit wieder her, da sich die Natur nicht selbst erklärt, sondern nur durch das Denken erklärt, verstanden werden kann, was Aufgabe der Wissenschaft ist.

In dem 1990 erschienenen Buch »Les Mirages de la Science« (Die Täuschungen der Wissenschaft), das derzeit aktueller ist denn je, demonstriert Pierre Feschotte, Chemie-Ingenieur, Doktor der Physik und seinerzeit Professor an der Universität Lausanne, auf überzeugende Art, wie wichtig die Rolle des Denkens ist. Vorausgesetzt, wir lassen uns auf das Spiel ein. Feschotte bedient sich einer geometrischen Figur und führt uns Schritt für Schritt dazu, unsere innere Aktivität dabei zu beobachten, wie sie Wahrnehmung und Denken zusammenbringt, um zu einer Synthese zu gelangen.

Feschotte liegt auf einer Linie mit Johannes Kreyenbühl (1846–1929), Professor der Philosophie an der Universität und der ETH Zürich, der wiederum zu ähnlichen Beobachtungen und Erkenntnissen kommt, wie sie später Rudolf Steiner (1861–1925) in seinen Schriften über den Prozess der Erkenntnis auf der Grundlage innerer Erfahrungen beschreibt. Die Be-

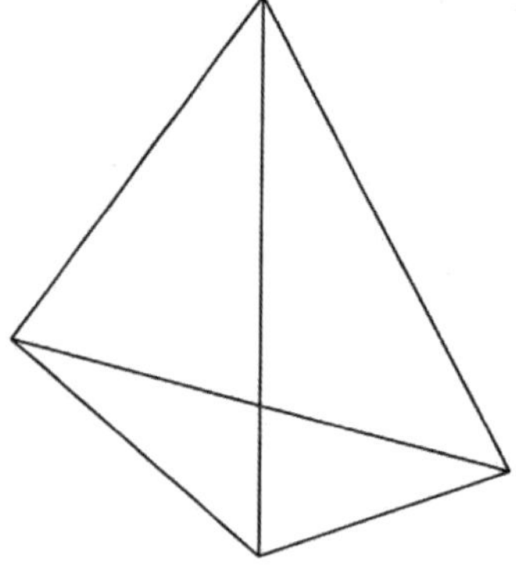

Durch unser Denken kann die aus sechs Segmenten auf das Papier gezeichnete Figur als Gebilde im Raum gesehen werden, als Tetraeder, dessen Spitze nach oben ausgerichtet ist und die senkrechte Kante nach vorn. Ebenfalls durch unser Denken können wir daraus einen Tetraeder machen, dessen Basis nach oben, dessen Spitze nach unten zeigt und bei dem die waagerechte Kante vorn liegt. Es hängt von der Intensität unserer Konzentration ab, ob wir die eine oder die andere Variante sehen. Analog dazu kann man darüber hinaus zwei verschiedene Pyramiden mit unregelmäßiger Basis »sehen«.
Somit kann auf anschauliche Weise und anhand der eigenen Aktivität festgestellt werden, dass das Denken die in der Wahrnehmung fehlenden Zusammenhänge herstellt. Vgl. auch Abbildung Seite 23.

deutung, die dem Unsichtbaren par excellence, nämlich dem Denken, zukommt – ob man will oder nicht – lässt sich noch auf andere Weise beschreiben. Zitiert sei hier ein Aphorismus, der Rudolf Steiner zugeschrieben wird: »Selbst der Materialist ist dazu gezwungen, sein Denken zu nutzen, um zu beweisen, dass das Denken nicht existiert.« Wäre nämlich alle Erkenntnis von äußeren Vorgängen abhängig, so könnte man nie zu einer Wahrheit gelangen und diese Aussage selbst müsste somit auch als nicht verifizierbar angesehen und deshalb konsequenterweise abgelehnt werden. Wer sagt, dass man die Wahrheit nicht erkennen könne, muss dies auch auf diese seine eigene Aussage anwenden und im wissenschaftlichen Diskurs schweigen.

Rechts: Die Infrarot-Fotografie ist im Vergleich zur Fotografie auf der Basis von sichtbarem Licht allein eine neue Methode der Wahrnehmung, mit deren Hilfe sich die großartige Aktivität von Bäumen zeigen lässt. Analog entwickeln sich mithilfe des Denkens neue Konzepte beziehungsweise finden sogar Paradigmenwechsel statt, die neue Seiten der Realität offenlegen, die bis dato nicht gesehen wurden. (Fotos A. Hemelrijk)

Das Denken ermöglicht es uns, Bäume als Lebewesen (Organismen) zu erkennen und beispielsweise zu begreifen: Im Gegensatz zu krautigen Jahrespflanzen sind sie mehrjährig. Das Denken ermöglicht uns auch, in der unentwirrbaren Menge von Wahrnehmungen, wie wir sie angesichts eines Wäldchens erfahren, eine Hecke zu erkennen, in der sich manche Bäume als Hochstämme entwickelt haben. Schließlich ermöglicht es uns, dank der Kenntnis typischer Artmerkmale die Baumarten voneinander zu unterscheiden. Der Vergleich als Mittel zur Erkenntnis ermöglicht uns außerdem (etwa in der Zeichnung von D. Dellas, unten), Motive zu erkennen, die sich wiederholen. Man könnte sich fragen, ob solche Unterscheidungen nicht bereits empfunden werden. Genauer betrachtet ist es jedoch so, dass eine Empfindung an sich noch keine Erkenntnis ist; sie muss zunächst innerlich beobachtet und durch unser Denken eingeordnet, mit Begriffen ausgestattet werden. Erst dann ergibt sich ein aktiver Erkenntnisgewinn.

Diese Vorgehensweise zeugt von der fundamentalen Bedeutung, welche die klare Unterscheidung von Struktur und Funktion für die Wissenschaft hat. Sichtbar ist nur eine Struktur, während eine Funktion nur vom Denken erfasst werden kann. Nehmen wir hierfür den Baum als Beispiel: Um in ihm einen Vertreter der organischen Welt zu erkennen, müssen wir mithilfe des Denkens zuerst erfasst haben, was die organische Welt im Vergleich zur anorganischen Materie auszeichnet. Um zu erkennen, dass es sich bei ihm um eine mehrjährige und nicht um eine krautige einjährige Pflanze handelt, müssen wir erst mithilfe des Denkens den Unterschied zwischen einem Jahr und einem Jahrzehnt oder einem Jahrhundert verstanden haben. Um in ihm eine große Struktur zu erkennen, die physikalisch im Boden, physiologisch aber im Himmel verwurzelt ist, müssen wir eine ganze Reihe von Auffassungen wie »Größe«, »Physik«, »Erde«, »Physiologie« und »Himmel« beherrschen.

Was Sie in diesem Buch erwartet

In Hinblick auf diese Zusammenhänge können wir nun einen kurzen Überblick über die Kapitel dieses Buches geben und Fragestellungen erwähnen, um die es im Weiteren gehen soll:

- Zwischen Menschen und Bäumen bestehen ungewöhnliche Verbindungen, die oft in Vergessenheit geraten sind. Die Rolle, die »heilige Bäume« spielen, öffnet ein Fenster auf unser Inneres, auf das Rätsel der Archetypen und des kollektiven Gedächtnisses. Was ist eine Zauberwelt? Woher haben wir einen Sinn für Sakrales?
- Die Schönheit und die perfekte Funktionalität der Strukturen versetzen unser Inneres in Staunen. Das führt uns zu den eigentlichen Fragen, die uns betreffen und auf die wir echte, authentische Antworten geben können. Der Baum ist ein ideales Beispiel für diese Vorgehensweise, bei der man vom Ganzen ausgeht, um zu einem Verständnis der Einzelteile zu kommen. Mittels einer funktionalen Annäherung an die Anatomie zum Beispiel ist der Organismus sinngebend für das Organ, und das Organ ist sinngebend für die Zelle. Es geht darum, zu verstehen, wie im Verlauf der individuellen Entwicklung, aber auch in der gesamten Evolution Strukturen und Funktionen ständig interagieren.
- Was die Physiologie anbelangt, ist bekannt, dass die Fotosynthese die Quelle der organischen Substanz und des Sauerstoffs ist. Weniger bekannt ist, dass es sich dabei um »neuen« Sauerstoff handelt, der bei

der Spaltung von Licht und Wasser entsteht. Kaum jemand weiß, dass die Fotosynthese auch die Quelle neuen Wassers ist, das zu einem Teil aus dem Sauerstoff des Kohlenstoffdioxids, das aus der Atmosphäre aufgenommen wird, besteht. Welche Tragweite haben diese gleich drei Neubildungen tatsächlich?

- Es lohnt sich, zwei biologische Grundprinzipien am Beispiel des Baumes näher zu untersuchen: die Polarität und das Auftreten von spiralförmigen Strukturen (Spiralität). Bäume führen uns so in die faszinierende Welt der Pflanzen ein, in der Zahlen und Geometrie als Grundprinzipien allgegenwärtig sind. Über die Strukturen hinaus unterliegen auch physiologische Bewegungen ähnlichen Gesetzen; sie dienen als Inspiration für neue Biotechnologien. Auch hier erwartet uns, wie immer, das Staunen!
- Man kann Bäume auch als »die Menschen des Pflanzenreichs« sehen, die uns helfen, den Herzschlag der Welt zu spüren – in uns und außerhalb von uns. Durch das Bewusstsein, derselben Welt anzugehören, können wir unsere inneren Rhythmen wiederfinden und neue Kräfte sammeln. Haben nicht erst vor Kurzem Chronobiologen des Basler Universitätsspitals (CAJOCHEN et al. 2013) die Entdeckung gemacht, dass unser Schlaf stark von der Rhythmik der Mondphasen geprägt ist? Solche Zusammenhänge lassen sich auch bei unserem Hormonsystem beobachten: Melatonin, auch »Schlafhormon« genannt, ist ein sehr wirksames Antioxidans, das nachts von der Zirbeldrüse abgegeben wird, die direkt hinter den Augen liegt. Dieses Hormon steuert den Regenerationsprozess und seine Konzentration verdoppelt sich in der Phase um den Neumond gegenüber dem Zeitraum um den Vollmond.
- Anlass zum Staunen geben Bäume nicht nur hinsichtlich ihrer Struktur und ihres Wachstums, sondern auch in Bezug auf das Material, aus dem sie gebaut sind: dem Holz. Wie bei der Chronobiologie beobachten Wissenschaftler auch hier Schwankungen bei den Eigenschaften dieses Bio-Werkstoffs, die im Verhältnis zum Fälltermin zwar subtil erscheinen, sich auf lange Sicht aber doch entscheidend auf seine Qualität bei der Verwendung auswirken können. Wir haben hier also ein Material, das bisher als »tot« angesehen wurde, aber die typischen Eigenschaften des Lebendigen aufweist. Das führt uns dazu, das »transdisziplinäre« Wissen der Vorfahren ernst zu nehmen und davon ausgehend auch Arbeitshypothesen für eine Methodik integraler Forschung zu formulieren, die alle Seiten der Realität mit einbezieht.
- Eine weite, unsichtbare und doch reale Welt eröffnet sich unseren Sinnen jenseits von Sehen und Fühlen. Ein Geflecht aus Wechselwirkun-

Der Baum lässt einen Teil des Unsichtbaren, aus dem er gemacht ist, durchscheinen und Gestalt annehmen. (Foto A. Hemelrijk)

gen bildet ein subtiles Gewebe zwischen allen Lebewesen. Kommunikation und Empathie gewinnen an Bedeutung und wir verstehen den Ausruf des Dichters: »Alles spricht. Und nun, Mensch, weißt du, warum alles spricht? Hör gut hin. Weil Winde, Wellen, Flammen, Bäume Schilf, Felsen, alles lebt! Alles ist voller Seelen.« (Victor Hugo in »Les Contemplations«)

– Schließlich wird eine neue Partnerschaft zwischen Mensch und Baum möglich wie auch zwischen Land- und Waldwirtschaft. Der erste Schritt hierzu besteht darin, Mensch und Natur nicht mehr grundsätzlich als Antagonisten zu begreifen. Durch konkrete, wohl überlegte Maßnahmen können auch wir zu einem Teil der Biodiversität werden (oder wieder werden). Dies steht im Gegensatz zu der Auffassung, die Natur könne ihre Authentizität nur wiedererlangen, indem der Mensch sie sich selbst überlässt. Doch Solidarität und Zusammenarbeit können über dem ausschließlichen Wettbewerb stehen. Auch hierfür ist der Baum ein gutes Beispiel, findet doch zwischen Wurzeln und sie umschließenden Mykorrhiza-Pilzen ein gegenseitiger Austausch statt, in dem sie einander ergänzen und beide Seiten profitieren. Was die zukünftige Vorgehensweise anbelangt, so muss die Interdisziplinarität (bei der Akademiker und Forscher »unter sich« bleiben) durch Transdisziplinarität ersetzt werden: Die akademischen Disziplinen müssen den Dialog mit Künstlern und Trägern traditionellen Wissens aufnehmen, von deren Erfahrungen und Denkweisen sie sich bisweilen keine Vorstellung machen können.

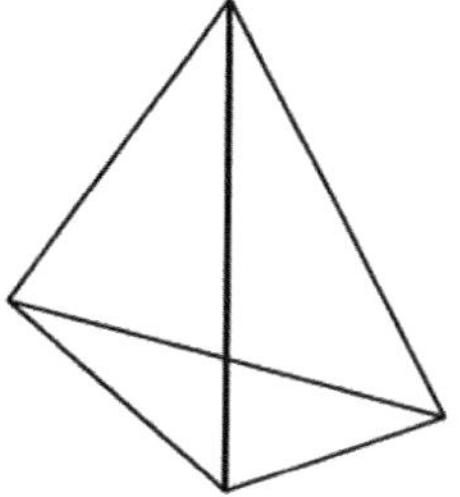
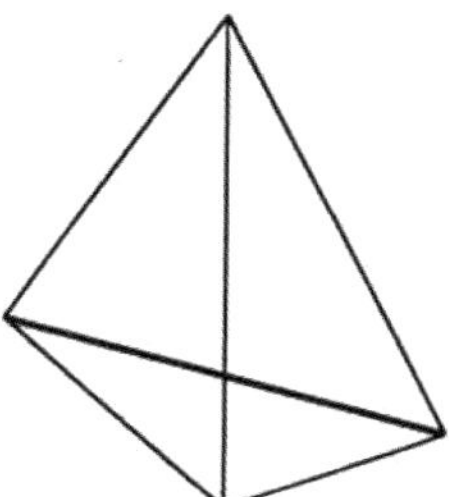
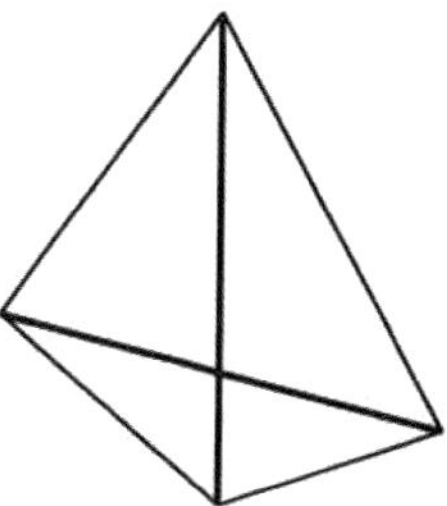

Drei Arten, auf die man die gleiche Figur mit dem Denken erfassen und daraufhin sehen kann. Links: Die senkrechte Kante liegt vorn; Mitte: Die waagerechte Kante liegt vorn. Rechts: Die Spitze der Pyramide zeigt nach vorn. Man könnte sie auch noch auf eine vierte Art sehen, nämlich als Pyramide, von unten durch die Basis betrachtet.

Bäume, die als Wälder früher ganz Europa dominierten, haben sich uns bescheiden ausgeliefert: Kam nicht von ihnen das Holz für die Axt, mit der sie gefällt wurden? Durch die einseitige Entwicklung von Wissenschaft und Technik hat der Mensch eine Vormachtstellung erlangt, die mittlerweile zu einer Gefahr für das Leben auf der Erde und schließlich sogar für ihn selbst geworden ist. Die Morgenstimmung auf der Welt wird uns wieder oder neu bezaubern, wenn wir als Menschen die Bäume besser kennengelernt, ihre Gaben akzeptiert und dadurch verstanden haben werden, dass unsere eigene Zukunft an diejenige der Bäume gebunden ist, die uns schon immer begleitet haben.

HEILIGE BÄUME UND BAUMVÖLKER – DAS BEISPIEL DER EIBE

Eines der unsichtbaren Bande des Menschen zum Baum wurde in der Vergangenheit in den Bereichen der Magie, der Religion und des geistigen Lebens gewoben und liegt damit jenseits »moderner« Vorstellungen. Objektiv betrachtet und unter Einbeziehung neuer wissenschaftlicher Fakten stoßen wir dabei jedoch nicht nur auf primitiven Aberglauben, sondern auch auf tatsächliche Erkenntnisse mit zum Teil rätselhaftem Charakter. Dies lässt sich am Beispiel einer europäischen Baumart aufzeigen, die auch heute noch geheimnisumwoben ist: die Eibe (*Taxus baccata* L.).

Die größten und ältesten Eiben finden sich derzeit im britischen Raum. Diese beachtenswerten Exemplare sind eng mit der keltischen und vorkeltischen Kultur verbunden, von der uns heute noch die megalithischen Stätten, Ortsnamen und Elemente der Mythologie geblieben sind. Die historischen und ethnologischen Dokumente zeugen von einem weit verbreiteten Kult um die Eibe, der in Zusammenhang mit magischen Praktiken stand. In manchen Regionen wird zusätzlich der Gebrauch der Eibe im Rahmen der Volksmedizin erwähnt.

Beziehungsebenen

Versuchen wir uns ein Bild von der Beziehung zwischen dem Menschen und dieser besonderen Baumart zu machen, das über die rein materielle Ebene hinausgeht. Im Lauf der menschlichen Kulturgeschichte gab es gewisse Aspekte, die für den Menschen genauso wichtig wie die Befriedigung der Grundbedürfnisse, also Ernährung, Jagd, Arbeit, Wohnung oder Kriegsführung waren: die Erhaltung der Gesundheit, die Pflege oder

Eiche in Saint-Pée-sur-Nivelle (französisches Baskenland) von beeindruckenden Ausmaßen, üppig von Efeu (Hedera helix) *überwuchert und voller Leben: Diesem Baum mit seiner eigentümlichen Ausstrahlung hätte man in der Vergangenheit vermutlich den Status »heilig« verliehen. Werden wir ein solches Wesen in der Zukunft genauso respektieren, wie es unsere Vorfahren taten? (Foto A. Hemelrijk)*

Steigerung des Wohlbefindens und der Lebenskräfte; das Achten auf seelische Empfindungen wie Freude, Leid, Geborgenheit, die Pflege zwischenmenschlicher Beziehungen und des sozialen Zusammenhalts; die Zughörigkeit zu einer geistigen Welt in Verbindung mit dem Geheimnis des Todes und des Glaubens an ein Weiterleben der Seele im Jenseits – einer gottesnahen Welt, die in der »beseelten« Natur und im ganzen Universum für den Menschen einen Ausdruck fand.

Wenn wir uns der Eibe unter diesen Gesichtspunkten weiter annähern, führt uns das zur Betrachtung der Bereiche Religion, Mythologie und alte Bräuche. Im Folgenden wird versucht, bestimmte Aspekte dieses Themas unter Einbeziehung aktueller wissenschaftlicher Erkenntnisse über Bäume allgemein und die Eibe im Besonderen zu interpretieren.

Die ältesten Eiben

Die besondere Rolle, die Eiben früher gespielt haben, und die außergewöhnliche Erscheinungsform mancher Eiben in England, Schottland, Irland, der Normandie und in der Bretagne veranlassen uns, die Vorstellung, die wir bisher von der Lebensdauer dieser Baumart hatten, nochmals zu überdenken.

Junge Eibenzweige (Taxus baccata), *an denen sich gerade fünf Arillen ausbilden. (Foto W. Arnold)*

Die Eibe in Kürze

Durch die dunkelgrünen Nadeln, die in zwei Reihen am Zweig angeordnet, aber leicht nach unten gedreht sind, ähnelt die Eibe sehr der Weißtanne. Im Gegensatz zu dieser gehört der 5 bis 15 Meter hoch wachsende Baum jedoch nicht zur Gruppe der Koniferen, weil er einzelne Samen mit einem fleischigen roten Samenmantel umhüllt, Arillus genannt. Auch ist die Eibe in der Regel kein harzführender Baum, da in ihrem normal wachsenden Holz keine Harzkanäle angelegt sind (außer im Fall von Verletzungen). Der einzige nicht giftige Teil dieses Baumes ist der süßlich schmeckende Arillus, aus dem sich nach Entfernen der Samen auch Marmelade kochen lässt.

Obwohl wir hier unsere Aufmerksamkeit in erster Linie auf noch lebende Eiben lenken werden, sei daran erinnert, dass das älteste Holzobjekt, das vom Menschen (dem Neandertaler) bearbeitet wurde, eine im Feuer gehärtete Speerspitze aus Eibe war. Sie wurde in den Moorgebieten nahe Clacton-on-Sea in Essex, England, ausgegraben und auf ein Alter von 350 000 Jahren datiert (mittleres Pleistozän, Holstein-Warmzeit). Ein anderes Beispiel ist eine 2,40 Meter lange Eibenlanze, die noch in der Flanke eines Europäischen Waldelefanten *(Elephas antiquus)* steckend in Lehringen in Niedersachsen gefunden und auf 120 000 Jahre datiert wurde.

Wenn man die spektakulären Eiben der genannten Länder genauer betrachtet, erkennt man eine enge Bindung dieser Art an die keltische und vorkeltische Kultur. Dabei stoßen wir tatsächlich zu unseren tiefsten, fast schon vergessenen Wurzeln vor.

Der englische Autor Allen Meredith hat (in Chetan/Brueton 1994) ausführlich dargestellt, dass unsere ältesten Eiben aus vorchristlicher Zeit stammen und dieses hohe Alter ihrer religiösen Bedeutung verdanken, da sie als Bestanteil heiliger Stätten eine Art Schutz genossen. In jahrelanger Arbeit hat er die besonderen Eiben, die an Kirchen und auf Friedhöfen wachsen *(churchyard yews)* und einige bemerkenswerte frei stehende Eiben untersucht. Diese den Menschen sehr nahe stehenden

Bäume wurden unter Zuhilfenahme historischer Dokumente messtechnisch erfasst. Folgende Schlüsse hat der Autor daraus gezogen:

- Die ältesten Eiben haben dank der großen Ehrfurcht überlebt, die man ihrer Symbolik entgegenbrachte, oder vielleicht auch, weil sie als besondere Lebewesen zum Schutz der Tempel in vorchristlicher Zeit dienten. In diesem Zusammenhang übernahmen Missionare häufig heilige Orte von vorher ausgeübten Religionen. Dies lässt sich analog am Beispiel des Ginkgos *(Ginkgo biloba)* im Fernen Osten beobachten, der dort als heiliger Baum bis vor Kurzem nur innerhalb buddhistischer Tempel zu finden war. Eine weitere Gemeinsamkeit von Eibe und Ginkgo besteht in ihrer Phylogenese: Sie hatten ihre Blütezeit im Lauf der Pflanzenentwicklung noch vor den Koniferen und noch viel weiter vor den heutigen »modernen« Laubgehölzen.
- Das älteste historische Dokument, welches das Pflanzen einer Eibe datiert, nennt das Jahr 894 in Buttington, Powys (Wales). Diese Pflanzung erinnert an die Schlacht von Buttington 893, bei der eine Allianz aus Angelsachsen und Walisern den Sieg über die angreifenden Wikinger davontrug. Heute, gut 1120 Jahre später, hat das Exemplar einen Umfang von 8,21 Metern, gemessen 30 Zentimeter über dem Boden (der Durchmesser beträgt 2,6 Meter).
- Eine andere Eibe an der Dryburgh Abbey in Schottland demonstriert, wie langsam das Wachstum unter Umständen vor sich geht. Tatsächlich hat sie seit ihrer Pflanzung im Jahr 1136 bis zur letzten Messung 1988 (nach 852 Jahren) nur einen Umfang von 3,84 Metern und damit einen für diesen Zeitraum »winzigen« Durchmesser von 1,22 Metern erreicht.
- Zusätzlich zu diesen schon sehr beeindruckenden und überraschenden Bäumen, die mit echten »Geburtsurkunden« ausgestattet sind, haben noch viele andere Exemplare überlebt, die aus viel ferneren Zeiten stammen. So zählt Meredith auf:
  - 48 Eiben mit einem Umfang von 9 bis 10,5 Metern, Durchmesser bis zu 3,4 Meter.
  - 7 Eiben mit einem Umfang von 10,5 bis 12 Metern, Durchmesser bis zu 3,9 Meter.
  - 5 Eiben mit einem Umfang über 12 Meter, bei einem Exemplar sogar 17,1 Meter, der Durchmesser beträgt hier 5,4 Meter.

Zu Letzteren gehört als mächtigste die berühmte Eibe von Fortingall, die im geografischen Zentrum Schottlands wächst. In ihrem Stamm bildete

Die Eibe auf dem Friedhof von Fortingall, Tayside, Schottland. (Zeichnung G. Bergmann nach einer anonymen Darstellung in CHETAN/BRUETON *1994)*

sich mit der Zeit ein Hohlraum, der zu einer Aufspaltung in zwei deutlich voneinander getrennte Teile führte. Auf früheren Darstellungen sind diese noch miteinander verbunden. In der Abbildung oben ist diese Verbindung bereits nicht mehr erkennbar. Natürlich stellt sich die Frage: Wie alt ist so eine Eibe? Meredith versucht, dies durch die Analyse alter Aufzeichnungen über die *churchyard yews* zu beantworten, in denen häufig Messungen dokumentiert sind. Für die Eibe stellt sich heraus, dass mit zunehmendem Alter das jährliche Wachstum zurückgeht.

Alte Eiben zeigen demnach oft einen jährlichen Umfangszuwachs von nur noch einem halben Zentimeter, wie im Fall der erwähnten Dryburgh-Eibe. Einige vital aussehende Exemplare zeigten im Verlauf der letzten Jahrhunderte überhaupt keinen äußeren Stammzuwachs mehr. Laut Meredith ist das darauf zurückzuführen, dass der Stamm einerseits hohl und andererseits am Aufbau von einer oder mehreren inneren »Luftwurzeln« beteiligt ist. Botaniker erklären das mit der Bildung neuer senkrechter Triebe im Kronenbereich (sogenannte Reiterationen), die mit eigenen Wurzeln ausgestattet sind und sich allmählich zu einem inneren »Sekundärstamm« ausbilden. Dieses Wachstumsphänomen, bei dem sich innerhalb des eigenen morschen Holzes junge Wurzeln bilden, ist in begrenztem Umfang zum Beispiel auch von Pappel, Weide und Esskastanie bekannt. Aus diesen inneren Wurzeln entwickelte sich bei der Eibe in Linton, Hereford, ein sekundärer innerer Stamm, umgeben vom ursprünglich hohlen Schaft, dessen Umfang 10 Meter beträgt bei einem Durchmesser von 3,2 Meter.

Die Ursache für das schwache Dickenwachstum ist vermutlich das Phänomen der nur teilweise vorhandenen oder ganz fehlenden Jahresringe. Das bedeutet, dass während der Vegetationsperiode kein neues

Holz gebildet wird. Es tritt bei sehr schwachwüchsigen Bäumen auf, bei denen Krone und Wurzeln sich noch weiterentwickeln, das Kambium (wo das Dickenwachstum entsteht) in den unteren Stammbereichen gleichzeitig aber nicht mehr aktiv ist.

Diese speziellen Vorgänge, zu denen noch die Fähigkeit kommt, dass die unteren Zweige bei Bodenkontakt neue Wurzeln (Absenker) ausbilden können, ihre bemerkenswerte Vitalität und das Fehlen ernsthafter Schädlinge lassen die Eibe als unsterblichen »Lebensbaum« erscheinen. Das ergänzt oder korrigiert das immer noch verbreitete Bild vom »Totenbaum«.

Wahre Baumriesen

Die bemerkenswertesten Eiben in England und Frankreich (mit über 10 Meter Umfang)

Ort	**Grafschaft**	**Umfang (ft)**	**Umfang (m)**	**Durchmesser (m)**
Ashbrittle	Somerset	38	11.6	3.7
Bettws Newydd	Gwent	33	10.1	3.2
Clun	Shropshire	33	10.1	3.2
Cold Waltham	Sussex	33	10.1	3.2
Defynnog	Brecon	40	12.2	3.9
Discoed	Powys	37	11.3	3.6
Fortingall	Tayside	56	17.1	5.4
Hambledon	Surrey	35	10.7	3.4
Linton	Hereford	33	10.1	3.2
Llanerfyl	Powys	35	10.7	3.4
Llanfared	Powys	36	11.0	3.5
Payhembury	Devon	46	14.0	4.5
Tandridge	Surrey	36	11.0	3.5
Ulcombe	Kent	35	10.7	3.4
La Haye de Routot (Hohler Baum mit innenliegender Kapelle)	Eure (Frankreich)	37	11.3	3.6

(Chetan/Brueton 1994)

Bei prähistorischen Eiben ist es demnach nicht möglich, ihr Alter anhand einer Wachstumskurve über den Zeitraum vom Mittelalter bis heute zu extrapolieren. Allen Meredith schätzt das Alter der zuletzt beschriebenen Eibe von Linton auf 4000 Jahre. Ein Alter, das fast an das der berühmten Kiefern der Rocky Mountains Nordamerikas herankommt. Die dort wachsenden Langlebigen Grannen-Kiefern *(Pinus longaeva, Bristlecone pine)* wurden in den letzten Analysen auf über 5000 Jahre datiert. Die Eibe von Fortingall, eineinhalb mal so breit wie die von Linton, könnte laut Meredith gut 5000 Jahre alt sein und damit zu den ältesten Bäumen der Erde zählen, der noch dazu Zeuge menschlicher Zivilisation wurde.

Sehr wahrscheinlich waren diese prähistorischen Eiben schon Bestandteile keltischer Tempel und zeitlich noch älterer megalithischer Stätten der Protokelten mit ihren exakt nach astronomischen und tellurischen Perspektiven aufgestellten Menhiren. Die weiblichen Eiben (die sich von den männlichen biologisch unterscheiden) befanden sich an den Südseiten der heiligen Stätten, die männlichen auf den Nordseiten. Zudem entdeckten Archäologen bei Tempelruinen auch Reste von Alleen in Ost-West-Ausrichtung. Diesen Bäumen sagt man auch eine Verbindung zu heiligen Quellen nach, wie beispielsweise zum Chalice Well (Kelchquelle) im berühmten Glastonbury, wo ihr Wachstum im Lauf der Zeitgeschichte anscheinend nie unterbrochen wurde. Archäologen fanden dort in 3,5 Meter Tiefe den Stumpf einer Eibe, die circa 300 Jahre v. Chr. gelebt haben muss. Dieser Rest lag in der gleichen Linie wie die noch heute dort wachsenden Eiben und war vermutlich Bestandteil eines alten rituellen Weges durch das kleine Tal.

Megalithische Kultstätten

Die ersten heiligen Eiben gehören also zu Tempelbauten, die im Allgemeinen aus Menhiren mit einem Gewicht bis zu 350 000 Kilogramm errichtet wurden und ungefähr aus der Zeit um 3000 Jahre v. Chr. stammen. Ihre Anordnung folgt sehr genauen astronomischen Beobachtungen. Ein Steinkreis wie der von Callanish auf der Insel Lewis in Schottland, das »Stonehenge des Nordens«, ist genau nach dem Sonnenauf- und -untergang zur Sommer- und Wintersonnenwende und zu den Tagundnachtgleichen ausgerichtet.

Er ist auch auf den 18,6-jährigen Zyklus der Rotation der Mondknoten in der Ekliptikebene hin gebaut, am nördlichsten Punkt, von dem aus man dieses Phänomen noch beobachten kann. Ähnliche astroarchäologi-

Die Menhire von Yverdon, Eburodunum, Waadt. (Zeichnung G. Bergmann)

sche Untersuchungen wurden in der Schweiz an der megalithischen Stätte von Planezzas bei Falera in Graubünden gemacht. Geländevermessungen zeugen von der hohen Komplexität dieses Systems. An dieser alten Kultstätte befindet sich heute die Kirche Sogn Rumetg, wobei hier die christliche Religion die Spuren der Vergangenheit beibehalten hat, praktisch ohne einen Schaden anzurichten. Ein ähnliches System aus der Zeit des dritten vorchristlichen Jahrtausends wurde 1986 in Yverdon, am Ufer des Neuenburger Sees freigelegt und restauriert. Auch hier erfolgt die Anordnung nach strengen Linien und Halbkreisen. Der Name »Yverdon« kommt aus dem Keltischen und wurde im Lateinischen zu *Eburodunum,* »Eibenhügel«; nicht weit von dort liegt am See der Ort Yvonand, »Eibental«.

In ihrem 2005 erschienenen, aber praktisch unbeachteten Werk zeigen John Burke und Kaj Halberg auf der Basis systematischer Messungen, dass Lage und Gestaltung megalithischer Stätten in einem Zusammenhang mit dem Magnetfeld der Erde und ausgeprägten geologischen Verwerfungen stehen. Ihre Messungen umfassten Geomagnetismus (mithilfe eines Magnetometers), elektrische Erdströme (mithilfe von Masseelektroden) und den elektrischen Ladezustand der Luft, der den Ionisationsgrad spiegelt (mittels eines elektrostatischen Voltmeters). Besondere Messwerte können über geologischen Verwerfungen beobachtet werden oder dort, wo zwei unterschiedliche Felsenformationen dicht aneinander liegen, wodurch örtlicher Geomagnetismus und Abgabe elektrischer Ladung an die Luft messbar werden.

Es stellt sich wieder einmal die Frage nach der genauen Funktion, welche die Reihen bestimmter Baumarten im Zusammenhang mit den vom Menschen angelegten erstaunlichen Kultstätten erfüllten.

Die Kultur der Kelten und ihre Spuren in der Ortsnamenkunde

Die vorkeltische Zeit hat uns lediglich riesige Steine hinterlassen. Von den Kelten sind uns Ortsnamen geblieben und, was jene selbst betrifft, Berichte und Beschreibungen griechischer und römischer Schriftsteller. Später waren es Mönche der nordischen Tradition, welche die mündlichen Überlieferungen, Mythen und Legenden der keltischen oder skandinavischen Heldensagen schriftlich zusammengetragen haben.

Zu ihrer Blütezeit (während der Hallstattzeit oder der ersten Eisenzeit, gegen 900–450 v. Chr., die der Latènezeit vorausgeht), waren die Kelten über ein riesiges Areal verbreitet. Vom Rhein-Donau-Gebiet erstreckte es sich nach Westen bis Gallien, Galizien und Portugal; im Osten bis Galatien (dem heutigen Zentralanatolien – daher der Brief des Apostels Paulus an die Galater), im Süden bis zur Poebene und im Norden bis Wales, England, Schottland und Irland. Die keltische Bevölkerung bestand überwiegend aus Ackerbauern und Viehzüchtern, die für den Reichtum, die Vielseitigkeit und die Qualität ihrer Produktion bekannt waren. Ihnen ist auch eine ganze Reihe technologischer Erfindungen zu verdanken. Die auffälligste davon ist eine Erntemaschine, die in der Gegend um Reims und Trier entwickelt wurde, während man überall sonst während des Altertums mit der Sichel erntete. Plinius der Ältere hatte diese Maschine bereits erwähnt, ihre Darstellung wurde erst viel später an zwei Skulpturen wieder gefunden.

Der Stellenwert der Eibe für die keltische Kultur zeigt sich unmittelbar in der Ortsnamensgebung. Wie schon bezüglich Yverdon erwähnt, stammt der französische Name *If* für »Eibe« aus dem gallischen *eburos, ibor* oder auch *ivos.* Dieselbe Wurzel ist im irischen Begriff *eo,* dem hochdeutschen *iwa,* dem bretonischen *ivin* und dem normannischen *i* erkennbar.

Einigen Autoren zufolge muss die Bedeutung des Wortes im Sinn von »überleben», »überdauern« gesehen sein. Nicht nur viele Orte keltischen Ursprungs sind nach der Eibe benannt – wie in den beiden erwähnten Fällen –, sondern auch die Benennung ganzer Stämme dieses Volkes zeugt von einem spezifischen Kult um die Eibe. So beispielsweise die *Eburonen* (Eibenmänner) in Belgien oder die *Eburovices* (Eibenkrieger), deren Hauptstadt *Evreux* im aktuell *Eure* genannten Departement liegt. Alle diese Namen stammen vom selben Wortstamm ab, wie auch die *Iverni* im Süden Irlands. Der erste Grieche, der die Meere Nordeuropas von Massalia aus (dem antiken Marseille) erkundete, der Kaufmann, Forscher und Geograph Pytheas (ca. 350–385 v. Chr.) schrieb, dass man das Land der Iverni *Ierne* nannte. Im Übrigen ist allgemein bekannt, dass in Irland vor den Rodungen im Mittelalter ausgesprochen viele Eiben wuchsen. Analog zu den Eibenvölkern waren die *Lemovices* die Ulmenkrieger (wissenschaftlicher Name der Ulme: *Ulmus*), in der Region des Limousin zu Hause, wo Ortsnamen wie Limoges oder Limeil ebenfalls von Zugehörigkeit zur Ulme zeugen (siehe Verbreitungskarte der Kelten).

»Eibe« ist vermutlich auch der Ursprung von »Iberia«, das vom altspanischen *ibe* abstammt; vielleicht trifft das ebenso für den Fluss Ebro zu, dessen Quelle nahe der Nordküste liegt und sogar für den Tajo (*tejo, teixo, teix* sind spanische Namen für die Eibe), einen Fluss, der dem Iberischen Gebirge entspringt, das früher von den Keltiberern besiedelt war. Aufgrund der ozeanischen Feuchtigkeit war der Anteil der Eibe in den nordspanischen Wäldern nachweislich sehr hoch, mit einem Maximum im Zeitraum von 6000 bis 3000 v. Chr., ehe durch Übernutzung ein Rückgang einsetzte. Reste dieser sehr alten Bestände sind zum Beispiel von dem spanischen Eiben-Spezialisten Ignacio Abella beschrieben worden. Ihm zufolge hat sich in bestimmten lokalen Gemeinschaften eine Form von Verehrung für diesen Baum gehalten.

Im äußersten Südosten Europas, im aktuellen Gebiet Georgiens und Armeniens, erstreckte sich während der Römerzeit und im Mittelalter ein iberisches Königreich, dessen Name offensichtlich ebenfalls auf die Eibe zurückgeht. Tatsächlich kommt der Baum im heutigen Kaukasusgebirge noch sehr häufig vor.

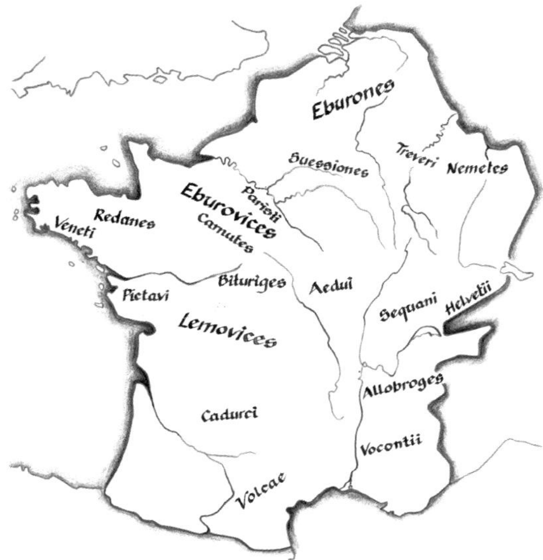

Einige Stämme der Kelten in Gallien zu römischer Zeit unter Hervorhebung der Eburonen, Eburovices und Lemovices. (Zeichnung D. Rambert nach DE VRIES *1977)*

Auch diese Buche scheint den Himmel auf ihren ausgestreckten Ästen zu tragen: Damit er uns nicht auf den Kopf fällt? Wir werden später noch sehen, dass sie von dort tatsächlich Nährstoffe bezieht und ihre Rhythmen sich an denen des Himmels orientieren. (Foto A. Hemelrijk)

Der alte Name von York (nahe an *yew*, dem englischen Namen für »Eibe«) war *Eborakon* und steht in Zusammenhang mit einem keltischen oder präkeltischen Kult, welcher der Eibe gewidmet war. Dieser Baum ist auch heute noch in den Wappen von New York präsent. Die heilige Insel Iona in den Hebriden steht vermutlich auch in direkter Verbindung mit ihm. Columban hat sie zu Beginn des Christentums zu einem spirituellen Zentrum gemacht, ehe er Zentraleuropa christianisierte. Während seiner Reise, die ihn durch die Ostschweiz führte, benannte er vermutlich auch den nahe am Zürichsee gelegenen Ort Iona. In ihrem Buch »The sacred Yew« stellen die Autoren Chetan und Brueton eine Verbindung vom Uetliberg nahe Zürich zum Eibenkult her. Dort ganz in der Nähe, in Horgen, führten kürzlich gemachte archäologische Ausgrabungen zur Entdeckung von Eibenpfählen, die aus dem 3. Jahrtausend v. Chr. stammen.

In Irland waren zwei der fünf heiligen Bäume mit Sicherheit Eiben, wenn nicht sogar alle fünf. Bei den Kelten waren heilige Bäume oder Wälder höher angesehen als die mit eigenen Händen erbauten Gebäude: Für einen König und seinen Stamm gab es keine größere Katastrophe als eine Invasion in das Stammesgebiet und das Fällen der heiligen Bäume. Die irischen Jahrbücher berichten von einem Fall, wo für einen solchen gefällten Baum 3000 Kühe als Reparationsleistung ausgeliefert werden mussten.

Parallel zu den Kelten räumt die nordische Tradition (skandinavisch-germanisch) in ihren Mythen, die in den Eddas gesammelt sind, der mächtigen Yggdrasil, der Weltenesche, die sich mit ihrem immergrünen Laub über den Urd-Brunnen erhebt, einen zentralen Platz ein. Mehrere Kommentatoren stellen die Bezeichnung der Yggdrasil als »Weltenesche« infrage: Ihr Name könnte »Eibensäule« bedeuten. Laut dem Bericht des Missionars Adam von Bremen stand neben dem berühmten Tempel von Uppsala, Schweden, ein immergrüner Stellvertreter für den Weltenbaum, »ein riesiger Baum, die Äste weit ausbreitend, er ist immergrün im Sommer und im Winter«. Dieser Baum wurde im Lauf der Christianisierung gefällt. Nach Auffassung verschiedener Autoren und in der öffentlichen Meinung kann dies nur ein immergrüner Baum mit Nadeln gewesen sein – eine Eibe.

Die Ähnlichkeiten zwischen dem nordischen Weltenbaum Yggdrasil und dem Weltenbaum, der auf eine schamanische Vision im Amazonasgebiet zurückgeht (siehe Abbildung Seite 36), lassen sich nicht durch direkte oder indirekte kulturelle Einflüsse erklären. Vermutlich liegen die Ursprünge eher in einer allen Menschen gemeinsamen psycho-spirituellen Veranlagung, die durch weltweit gültige Archetypen zum Ausdruck kommt, wie Carl Gustav Jung (1875–1961) sie beschrieben hat. Die Riesenschlange, die mit dem Baum dargestellt ist, erinnert an den rätselhaften Ouroboros, die Riesenschlange, die sich in den Schwanz beißt (sich selbst verzehrt) und einen geschlossenen Kreis bildet. Dieser erscheint auch schon in der alten ägyptischen Ikonografie und später zum Beispiel auf einer Bronzescheibe aus dem alten Benin (Afrika), zwischen der Erde und dem Tierkreis am Himmel eingerollt.

Erinnern wir in diesem Zusammenhang an den heiligen Baum der Haidas an der Küste von British Columbia, der tragische Berühmtheit erlangte. Der »Goldene Baum« war ein einmaliges Exemplar der Sitka-Fichte *(Picea sitchensis)*, 300 Jahre alt, 50 Meter hoch und komplett mit leuchtend goldenen Nadeln bedeckt, vermutlich aus einer speziellen Mutation entstanden. In einer paradoxen Geste wurde sie 1997 von einem erfahrenen Holzfäller mit der Motorsäge gefällt. Der Verursacher dieses Verbrechens wollte damit gegen die scheinbar unabwendbare Vernichtung der Urwälder protestieren, indem er die Gemeinde vor Ort in Bestürzung versetzte.

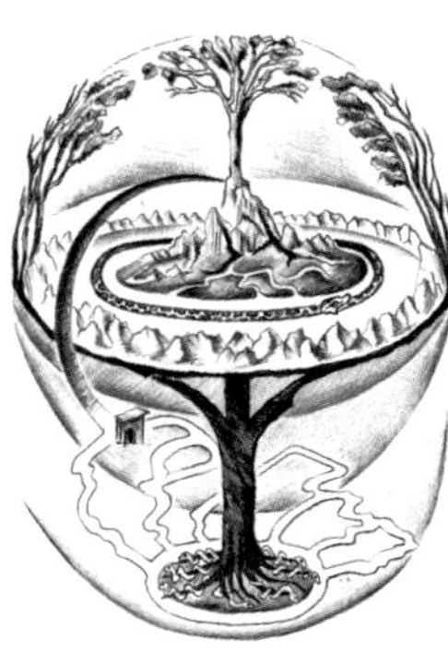

Yggdrasil, die Darstellung wird Oluf Bagge zugeschrieben. Eine riesige Meeresschlange um den Baumstamm herum grenzt die bekannte Welt vom Jenseits Midgard ab. Am Fuß des Baumes entspringt die Quelle der Urd, einer der drei Nornen, welche die Fäden des Schicksals spinnen. (Nachzeichnung D. Rambert)

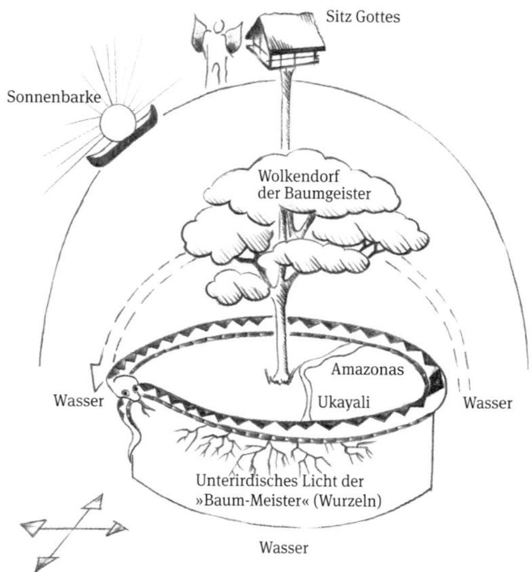

Weltenbaum, wie er von einem Schamanen aus dem Amazonasgebiet nach dem Gebrauch von Ayahuasca beschrieben wird: Um die Stammbasis, die gleichzeitig die Quelle der Flüsse Ukayali und des Amazonas ist,wickelt sich eine Riesenwasserschlange, die Anakonda. (Nachzeichnung D. Rambert nach Narby 1995)

Nationalbäume

*Es ist nicht einmal allen Brasilianern bewusst: Der Name ihres Landes geht auf einen sinnbildlichen Baum zurück, das Pao Brasil, das Brasilholz (*Caesalpinia echinata, *Pernambuk oder Pernambukholz – nach dem Namen der Region, wo der Baum früher sehr häufig vorkam). Dieser Baum der Mata Atlantica (der tropische Regenwald der Atlantikküste) wurde leider gnadenlos ausgebeutet: als Färberpflanze, da das Holz einen rotbraunen Farbton liefert, und für die Fabrikation von Geigenbögen, für die es aufgrund seiner extremen Zähigkeit sehr begehrt ist. Der Libanon hingegen zeigt seinen Nationalbaum auf der Flagge: Es handelt sich um die Libanonzeder* (Cedrus libani), *die auf weißem Grund zwischen zwei waagerechten roten Streifen abgebildet ist. Die Zeder gilt als Symbol von Heiligkeit, Ewigkeit und Frieden. Als Symbol für Langlebigkeit taucht sie in der Bibel an 77 Stellen auf. Alphonse de Lamartine (1790–1869), der während einer gemeinsam mit seiner Tochter*

verbrachten Orientreise vom Anblick dieses Baumes verzückt war, sagt darüber: »Die Zedern sind Jahrhunderte alte Reliquien der Natur, die berühmtesten Naturdenkmäler des Universums. Sie wissen mehr von der Geschichte der Erde als die Geschichte selbst.« Auf der zypriotischen Flagge sieht man zwei gekreuzte Ölbaumzweige (Olea europaea), *die den Frieden zwischen Griechen und Türken symbolisieren. Auf der Flagge der Vereinten Nationen umschließen die Ölbaumzweige ihrerseits das zentrale Motiv. Dieser Baum, den nach der griechischen Mythologie die Göttin Athena aus der Erde holte, ist seit der Antike das Symbol Athens und steht für Kraft und Sieg, Weisheit und Treue, Unsterblichkeit und Hoffnung, Reichtum und Überfluss.*
Das Symbol Kanadas ist das Ahornblatt. Die Flagge ist rot mit einem weißen Rechteck in der Mitte, auf dem ein rotes Ahornblatt mit elf Spitzen stilisiert ist, weshalb sie auch Unifolié *(»die Einblättrige«) oder* The Maple Leaf Flag *(»Die Ahornblattflagge«) genannt wird. Seit dem 18. Jahrhundert diente dieser Baum als Symbol, mit dem man die Natur und Umwelt Kanadas verherrlichte. Beim weltberühmten flammenden Schauspiel der Blätter im Herbst spielt er eine der Hauptrollen.*

Weiter wären noch der Hibiskus zu nennen (Hibiscus rosa-sinensis), *die Nationalblume von Malaysia, wo sie Bunga Raya heißt, oder der Banyanbaum* (Ficus benghalensis), *der auf der indonesischen Flagge abgebildet ist, wie auch der »Baum der Reisenden« aus Madagaskar (Ravenalapalme,* Ravenala madagascariensis*) mit den weit aufgefächerten Blättern und schließlich der Frangipani* (Plumeria alba), *ein kleiner Baum, auch Tempelblume genannt, der von den Antillen stammt. Die Blume mit einem »paradiesischen Duft mit goldener, betörender Note« ist das Nationalsymbol von Nicaragua und Laos, wo der Strauch eingeführt wurde.*

Mythologische Überlieferung

In der keltischen Mythologie stehen alle äußeren Erscheinungen in Zusammenhang mit Dramen der göttlichen oder geistigen Welt. In dieser sehr komplexen Götterwelt spielt die Eibe häufig eine Rolle; die wichtigste vielleicht im Zusammenhang mit Scathach.

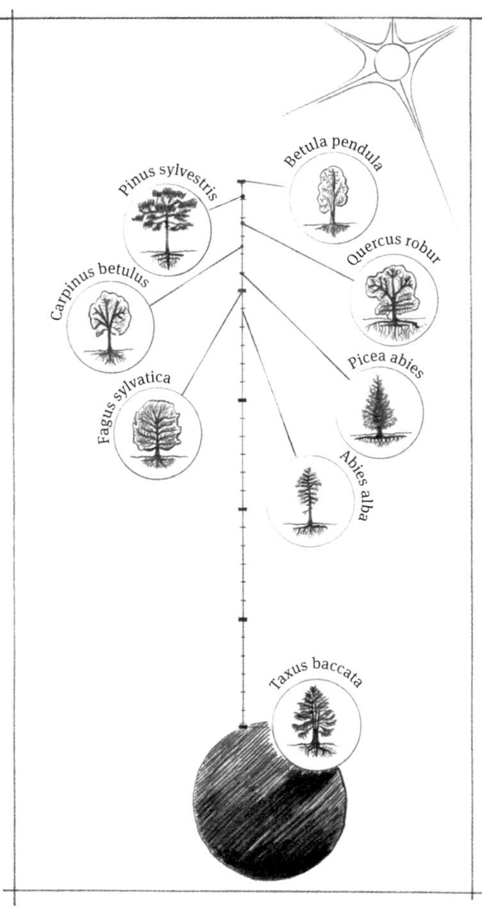

Schattenverträglichkeit der Eibe im Vergleich mit anderen heimischen Arten. Von oben nach unten: Birke (Betula pendula), *Kiefer/ Waldföhre* (Pinus sylvestris), *Stieleiche* (Quercus robur), *Hainbuche* (Carpinus betulus), *Fichte* (Picea abies), *Buche* (Fagus sylvatica), *Weißtanne* (Abies alba) *und Eibe* (Taxus baccata). *(Relative Werteskala nach* RUBNER *1960; Zeichnung D. Rambert)*

»Scathach, die ›Schattige‹ oder ›Dunkle‹, war eine große Waffenmeisterin in Alba (Schottland). Sie pflegt, in der Krone einer Eibe auf dem Rücken liegend, ihre beiden Söhne zu unterrichten. (...) Die Todesmutter liegt als Eibengöttin geschützt im Gezweig des heiligen Baumes« (CLARUS 1991).

Bei den Griechen und Römern hieß eine Gottheit mit ähnlicher Funktion Hekate (Göttin der schwarzen Magie und des Spuks) und auch ihr war die Eibe als Symbol des Todes und der Regeneration geweiht. In der römischen Tradition wurde die Eibe übrigens in Verbindung mit Saturn gebracht und ihre Zweige am Fest der Saturnalia verwendet. In einigen Überlieferungen wird die Eibe also mit den langsamen Rhythmen des Planeten Saturn in Einklang gesehen, der in der Astrologie als kalt und todesverwandt gilt.

Der Bezug der Eibe zur Dunkelheit liegt ursprünglich in der Natur dieser Baumart. Wenn man ihre Schattentoleranz mit derjenigen anderer Arten, wie der Birke, einer Lichtbaumart (heliophil), oder der als Schattenbaumart (sciaphil) geltenden Weißtanne vergleicht, so verträgt sie noch deutlich mehr Dunkelheit als letztgenannte.

Die Eibe scheint somit von einer anderen Welt zu stammen. Botaniker haben entdeckt, dass die Unterseite der Eibennadeln eine spezielle Struktur besitzt. Eine besondere Art der Zellanordnung reflektiert das Licht im Inneren des Gewebes, dadurch kann es von der Pflanze vollständig aufgenommen werden. Diese Fähigkeit, Licht zu »schlucken«, dürfte die Ursache für den oft als düster und unheimlich empfundenen Charakter von Eibenwäldern sein.

Das Wissen der Druiden

Von den Eiben verehrenden Kelten und besonders von ihren geistigen Führern, den Druiden, schrieb Vergil, dass sie innerhalb eines göttlichen Plans in Übereinstimmung mit der Natur lebten. Sie empfanden ein tiefes Mitgefühl für alles Lebende und betonten, dass der Mensch mit der Natur zusammenwirken muss. Die Druiden waren große Astronomen und richteten ihre kultischen Handlungen nach dem Himmelsgeschehen aus. Auch die Verrichtungen des täglichen Lebens mussten damit in Einklang geschehen. Die alten astronomisch und astrologisch geprägten Bauernregeln gehen wahrscheinlich auf ihre Beobachtungen und Angaben zurück. Ihr Kalender basiert nämlich auf der Mondperiodik, wie aus dem berühmten Fund von Cologny (Ain), der 1897 gemacht wurde, zu entnehmen ist. Hierbei handelt es sich um das älteste überlieferte Dokument in gallischer Sprache. Der Fund bestand aus den Fragmenten einer Bronzescheibe mit eingravierten lateinischen Buchstaben. Der Kalender nennt Mondmonate mit 30 (Matu/Maith) und mit 29 Tagen (Anmatu/Anmaith). Jeder Mondmonat ist unterteilt in eine erste Hälfte mit 15 als günstig angesehenen Tagen, auf die eine zweite Hälfte mit 15 oder 14 ungünstigen Tagen folgt.

Dass die eng mit Tempelanlagen verbundene Eibe, wie alle anderen Bäume auch, tatsächlich im Einklang mit besonderen astronomischen Rhythmen stehen könnte, erweist sich als immer plausibler: Subtile, exogene Rhythmen wurden schon bei mehreren Baumarten entdeckt und beschrieben. Zum Beispiel konnte unter relativ konstanten tropischen Bedingungen in einem mehrjährigen Versuch gezeigt werden, dass bei verschiedenen Baumarten die Keimrate und Keimgeschwindigkeit ebenso wie das Wachstum in den ersten Monaten mit den Mondphasen übereinstimmen, die sich dem Lauf der Jahreszeiten überlagern.

Im Übrigen konnten mithilfe moderner statistischer Analysemethoden Auswirkungen von astronomischen Langzeitrhythmen beobachtet werden. Es handelt sich um die Jahresringbildung, die bei mehreren Baumarten synchron mit dem Elf-Jahre-Zyklus der Sonnenfleckenaktivität verläuft. Dieser Zyklus wird von manchen Astronomen als »Planetengezeiten« betrachtet: Er hängt nämlich mit dem Umlaufrhythmus von Jupiter und Venus zusammen. In diesem Zusammenhang kam eine genaue Analyse der Eigenschaften, die Holz in Abhängigkeit vom Zeitpunkt des Fällens aufweist, zu dem Ergebnis, dass es eine signifikante Variabilität gibt, die von den Konstellationen der Tierkreiszeichen abhängt, in denen der Mond steht. Dies würde bedeuten, dass die merkwürdigen alten »Regeln nach den Tierkreiszeichen« tatsächlichen Naturphänomenen entsprechen und objektiv sowie quantifizierbar sind.

In seiner jüngst veröffentlichten Monografie über den Saft der Eibe (»La Savia del Tejo«, 2015), beobachtet David Matarranz eine erstaunliche Variabilität des Saftes dieser Baumart; dies betrifft Farbe, Geruch, Geschmack und Konsistenz. Der Autor behandelt ausführlich die Mondphasen als einen der beeinflussenden Faktoren dieser Flüssigkeit, die früher vermutlich für bestimmte Zwecke genutzt wurde. Die Verehrung, die diese Baumart in prähistorischen Zeiten genoss, bekommt hier einen zusätzlichen Aspekt.

Druiden galten auch als Magier, die das Wetter beeinflussen konnten – eine Praxis, die sich in den Ritualen der Regenmacher bis heute gehalten hat –, und fähig waren, die Zukunft zu deuten. Dazu benutzten sie Eibenstäbe mit Inschriften aus der alten irischen Ogham-Schrift. In dieser Schrift, auch »Baumalphabet« genannt, wird jeder Vokal oder Konsonant durch eine Baumart dargestellt. Die Eibe (Abbildung links oben) steht hier zentral für den Vokal i.

Das Wahrsagen nach derselben Methode praktizierten auch die Germanen, manchmal mit Eiben- oder sonst mit Buchenstäben, die mit der alten germanischen und skandinavischen Runenschrift versehen waren. (Abbildung links unten: das Runenzeichen für Eibe.)

In der Magie und bei der Einflussnahme auf psychologische Vorgänge hat die Eibe eine ganze Reihe von Funktionen übernommen. Sie dient als Zauberstab, als Wünschelrute für verlorenes Gut, als Schutz vor bösen Geistern, zur Vollendung einer unmöglichen Liebe (nach dem Tod begegnen sich Tristan und Isolde als zwei Eiben, die aus ihrem Grab wachsen), zur Verleihung der Hellsichtigkeit: als Bestandteil der Paste für das dritte Auge bei den Hindus oder als psychotrope Droge.

Um die Bedeutung dieser letzten Dimension ermessen zu können, sei daran erinnert, dass die Wirkung von Eibenduft oft als gefährlich galt. Plinius der Ältere (23–79 n. Chr.) erwähnt in seiner »Historia Naturalis« (Buch 16, Kapitel 20), dass das Gift der Eibe in Arkadien (im Zentrum der Peleponnes) so wirkungsvoll war, dass Leute, die sich darunter ausruhten oder schliefen, starben. Interessantes Detail: Derselbe Autor berichtet davon, dass ein Kupfernagel, der in den Stamm geschlagen wird, die Pflanze unschädlich macht.

Auf andere scheint dieser Baum eine betörende Wirkung auszuüben; es wird von tranceartigen Zuständen berichtet. Möglicherweise wurde diese Eigenschaft von den Druiden zum Erreichen besonderer Bewusstseinszustände genutzt. Ein deutscher Medizinprofessor aus Greiz, Dr. Albert Kukowka (zitiert in DUMITRU 1992), entdeckte diesbezüglich, dass die Eibe an heißen Tagen in ihrem Schatten ein gasförmiges Alkaloid produziert, das Halluzinationen auslösen kann. Bei ihm führte es zunächst zu alptraumhaften Visionen in Verbindung mit Unwohlsein und es kam im weiteren Verlauf zu großer Euphorie, mit der Vorstellung eines paradiesischen Reiches und der Wahrnehmung himmlischer Musik, begleitet von unsagbaren Glücksgefühlen. In diesem Zusammenhang hat Fred HAGENEDER, Autor einer äußerst bemerkenswerten Monografie über die Eibe (2007), eine enorme Variabilität bezüglich der chemischen Zusammensetzung (dem Gehalt aktiver Substanzen) festgestellt: Sie variiert in Abhängigkeit vom Entnahmezeitpunkt, den Standorten und von Baum zu Baum. Er berichtet von einer interessanten Tatsache, die Parallelen zur Erfahrung von Dr. Kukowka zeigt: In vier durch Eibengift verursachten Todesfällen – die Substanzen wirken bis hin zu einer Atemlähmung – konnte bei den Opfern »ein besonders heiterer Gesichtsausdruck« beobachtet werden.

Die Druiden, die sich einer Ausbildung von bis zu zwanzig Jahren unterzogen, waren auch hervorragende und anerkannte Ärzte. Sie praktizierten unter anderem die Trepanation, bei welcher der Schädel angebohrt wird, erfolgreich, wie Knochenfunde mit Narbenspuren beweisen. Die Pflanzenheilkunde war für sie ein wichtiges Wissensgebiet. Wozu sie

Therapeutische Anwendungen der Eibe

Form	Heilende Wirkung gegen	Referenz (zitiert in Zürcher 1998)
Absud der Rinde	Schlangenbisse, Insektenstiche	Namvar und Spethmann 1986
Sägemehl	Tollwut, Kropf	Namvar und Spethmann 1986
Tee aus den Nadeln	Parasitäre Infektionen, Epilepsie, Mandelentzündung, Diphterie, Menstruationsbeschwerden	Strassmann 1994
Abkochung der Nadeln	Abtreibende Wirkung bei Schwangerschaft	Czerwek und Fischer 1960; Scheeder 1996
Säuberung	Parasitäre Infektionen	Strassmann 1994
Nadelextrakt, auch für homöopathische Präparate	Gicht, Rheuma Lebererkrankungen, Verstopfung, Blasenkrankheiten, Wundrose	Lichtenstein 1973 Dumitru 1992
Rindenextrakt (Paclitaxel, Taxol R), Nadelextrakt (Docetaxel)	Leukämie, Eierstockkrebs, Brustkrebs	Thorez 1994; NZZ 1996

die berühmte, nach Mondstand geschnittene Eichenmistel verwendeten, ist nicht mehr bekannt. Jedenfalls wird heute die Mistel als homöopathisches Mittel bei der Krebsbehandlung eingesetzt. In diesem Zusammenhang hat die Eibe seit alters her, vermutlich auf diesen verloren gegangenen Kenntnissen basierend, eine breite volkskundlich-medizinische Verwendung gefunden. Bei dieser hoch wirksamen und primär giftigen Pflanze wird allerdings vor Experimenten gewarnt. Die Tabelle oben veranschaulicht die breite Palette der Anwendungsmöglichkeiten dieser Baumart früher und heute. Über die neueste Entdeckung des krebshemmenden Eibenwirkstoffes wurde viel berichtet. Nur eine Zahl dazu: Mehr als 130 000 Pflanzen- und Tierextrakte wurden vom amerikanischen National Cancer Institute zwischen 1960 und 1981 systematisch an Krebszellenkulturen getestet. Lediglich das Paclitaxel der Eibe zeigte sich in spezifischen Krebstherapien sicher und effizient. Das Problem mit diesem Rindenextrakt aus der Pazifischen Eibe *(Taxus brevifolia)* liegt in seiner sehr geringen Konzentration: 1 Kilogramm getrocknete Rinde ergibt nicht mehr als 150 Milligramm Paclitaxel. Für ein Kilogramm müssten schätzungsweise 5000 Bäume gefällt werden. Erst später gelang es Chemikern des französischen CNRS (Nationales Forschungs- und Wissenschaftszentrum), eine aktive Substanz zu isolieren und daraus ein Molekül mit der fünffachen Wirksamkeit des Paclitaxel zu gewinnen. Dieses hat den Vorteil, dass es aus den Nadeln der Europäischen Eibe *(Taxus baccata)* gewonnen wird, also aus einer erneuerbaren Quelle, bei deren Verwendung das Leben des Baumes nicht gefährdet wird.

Sind diese außergewöhnlichen Heilkräfte auch Teil der Geheimnisse um die Eibe?

Eine fürchterliche Waffe

Die Rodungen, welche die europäischen Eibenwälder verwüstet und fast zu deren völligem Verschwinden geführt haben, sind auf die wirtschaftliche Nachfrage Englands zu Beginn des 14. Jahrhunderts zurückzuführen und erfolgten durch Monopolgesellschaften. Die ersten Importe kamen aus Irland und Spanien, dann erweiterte sich das Einzugsgebiet auf Mitteleuropa, das Baltikum und sogar Südeuropa. Das Holz war für die Herstellung des berühmten englischen Langbogens *(longbow)* bestimmt, dessen Stoßkraft noch lange die ersten Feuerwaffen übertraf. Sein »Fabrikationsgeheimnis« wurde von Skandinaviern entdeckt und bestand in der Verwendung von Stammteilen, die sowohl Splintholz als auch Kernholz enthielten. Das Splintholz, das auf den Rücken des Bogens zu liegen kommt, ist bei der Eibe ungewöhnlich zugfest, was vermutlich auf die charakteristische anatomische Struktur der spiralförmigen Verstärkungen der Tracheiden zurückzuführen ist (siehe Kapitel »Polarität und Spiralität«, Seite 79). Das Kernholz im Bogeninneren liefert seinerseits eine stark erhöhte Druckfestigkeit. Die Eigenschaften dieser beiden Bestandteile aus demselben Stamm ergänzen sich also und verleihen dieser Waffe ballistische Qualitäten, die weit über denen einfacher Bogen aus anderen Holzarten liegen. Laut zeitgenössischen Berichten haben diese Pfeile drei bis fünf Daumen (7,5 bis 10 Zentimeter) starke Eichentüren durchbohrt. Wieder einmal wurde die Eibe Bestandteil bei der Namensgebung: Die englischen Bogenschützen im Hundertjährigen Krieg nannten sich »Yeomen«.

Hin zu einem tieferen Verständnis

Zurückblickend bleibt schließlich eine Frage: »Wie nahmen unsere Vorfahren die Eibe wahr – was wussten sie von ihr?« Von den aktuellen wissenschaftlichen Erkenntnissen ausgehend, begreifen wir, dass es sich bei ihren Erkenntnissen nicht einfach um blinden Aberglauben handelte. Im Gegenteil: Dieses besondere Wissen kann uns vermutlich wertvolle Anregungen zu einem tiefer gehenden Verständnis der Natur geben.

Diese Frage und dieser Befund leiten zu den Erfahrungen von Künstlern über, die bei ihren Projekten mit dem Baum als zentralem Element arbeiten. So zum Beispiel Marion Laval-Jeantet, die gleichzeitig Künstlerin und lehrende Forscherin in den Bereichen Kunst und Ethnopsychoanalyse ist (zitiert in PIQUE 2013, 215): »Tatsächlich haben unter anderem die esoterischen Kenntnisse und das Wissen um die Wahrsagekunst eine nachweisliche Bedeutung für das Überleben vieler Gesellschaften gespielt, in einer Zeit, wo die Wissenschaft noch weniger entwickelt war. Warum sollten sie heute keine Gültigkeit mehr haben, nur aus dem Grund heraus, dass die Wissenschaft sich entwickelt hat? Warum sollte es überhaupt einen Widerspruch zwischen diesem Wissen und dem modernen Wissen geben? Steht dieses Widerspruchsdenken nicht auf derselben Ebene mit dem, das eine multikulturelle Gesellschaft zugunsten einer einseitigen Integration unterordnet? Ein Denken, in dem Biodiversität keinen Platz mehr hat, wo der Baum unwiederbringlich auf ein Konsumobjekt reduziert wird … Ein Denken, das dringend eines Überdenkens bedarf.«

STRUKTUREN UND IHRE ENTSTEHUNG

Dieses Kapitel beinhaltet eine funktionale Interpretation der Morphologie und Anatomie der Bäume, das Studium ihrer Physiologie unter Berücksichtigung der Energie- und Stoffströme und eine Beobachtung ihrer Entwicklung nach dem Prinzip der Metamorphose. All dies erfordert eine permanente Synthese zwischen den Fakten aus unmittelbarer Beobachtung und den Zusammenhängen, die sie verbinden. Mit anderen Worten: Das Sichtbare lässt sich nur unter Zuhilfenahme des Unsichtbaren entschlüsseln – oft tun wir das sogar, ohne dass wir es merken.

Das Geheimnis der Riesen in Raum und Zeit

Sowohl hinsichtlich der Größe als auch der Lebensdauer hat der Mensch im Baum seinen absoluten Meister in der Pflanzenwelt gefunden. Tatsächlich finden sich in der Gruppe der Nadelbäume die höchsten, größten und ältesten lebenden Wesen auf der Welt.

Der »Tall Tree« *(Sequoia sempervirens)* aus dem Redwood-Nationalpark an der kalifornischen Küste gilt mit seiner Höhe von 112,7 Metern derzeit als der größte Baum. Die Eigenschaft des Riesenwuchses wird von mehreren Baumarten geteilt. Sie ist an ein ozeanisches Klima mit hoher Luftfeuchtigkeit gebunden, das eine direkte Wasseraufnahme durch die Blätter oder Nadeln begünstigt, ohne den ganzen Weg von den Wurzeln durch einen unendlich langen Stamm nehmen zu müssen. Der größte je vom Menschen gefällte Nadelbaum war wohl eine 1895 in der Nähe von Vancouver in British Columbia geschlagene Douglasie *(Pseudotsuga menziesii)* mit 126 Metern Höhe. Ihr Umfang betrug auf Brusthöhe 24 Meter, was einem Durchmesser von 7,5 Metern entspricht. Diese beeindruckende

Größe wird aber noch von einem Laubbaum übertroffen, einer »Mountain Ash« *(Eucalyptus regnans):* 132,6 Meter wurden 1871/72 von einem Inspektor der viktorianischen Staatswälder in Südaustralien bei dem bereits am Boden liegenden Baum gemessen. Nach Berechnungen von Forschern der Universität von Arizona sind das die größtmöglichen Ausmaße, die Bäume auf unserem Planeten erreichen können. Tatsächlich ist die für die Fotosynthese erforderliche Anpassung der Blätter in Form und Zellstruktur nur bis in eine Höhe von 122 bis 130 Metern möglich, aufgrund der Kräfte, die für den Wassertransport in diese Höhen erforderlich sind (Koch et al. 2004).

Die Bäume mit der größten Volumenmasse erreichen nicht ganz diese Höhen, sind aber nicht weniger beeindruckend: Sieger dieser Kategorie sind die Riesen-Mammutbäume *(Sequoiadendron giganteum),* von denen vierzehn noch ungeschlagene Exemplare ein Volumen von jeweils mindestens 20000 Kubikfuß enthalten, also mehr als 1132 Kubikmeter. Ganz vorn in dieser Gruppe rangiert »General Sherman« mit einem Stammvolumen von 1489 Kubikmetern und 1550 Kubikmetern komplettem Holzvolumen, wenn man die Äste mitberechnet. Das entspricht einer quadratischen Säule mit 1 Meter Breite und einer Höhe von 1,5 Kilometern.

Der offiziell älteste Zeitriese ist wieder ein Nadelbaum, der auf einer Höhe von über 3000 Metern in den White Mountains im östlichen Kalifornien wächst: eine Langlebige Grannen-Kiefer *(Pinus longaeva),* 2012 noch recht lebendig, deren Alter durch Zählen der Jahresringe auf 5062 Jahre datiert wurde. Der Bohrkern war 1950 von dem Dendrologen Edmund Schulman entnommen worden, die Analyse konnte jedoch erst vor Kurzem von Tom Harlan gemacht werden, nachdem sein Kollege gestorben war. Damit war der Rekord von 4845 Jahren gebrochen, den lange »Methuselah« gehalten hatte, ein Baum derselben Art, der schon früher von den gleichen Forschern untersucht worden war. Diese erstaunliche Lebensdauer ist jedoch nur ein Bruchteil derjenigen von Klonen, also genetisch identischen Populationen, die durch die Bildung von Absenkern (Bewurzelung von Zweigen) oder von Wurzelbrut (aus dem Flachwurzelsystem) aus einem gemeinsamen Vorfahren hervorgegangen sind. Als solcher schon berühmt ist der Pappelwald in Utah: Er wäre 10000 Jahre alt (wenn man nach den Verantwortlichen des Naturreservats geht, wo er wächst, sollen es sogar 80000 Jahre sein) und hat ein geschätztes Gesamtgewicht von 6000 Tonnen. Damit ist er der schwerste Organismus der Erde, allerdings mehrstämmig. Das Alter des »King's Holly« aus Tasmanien *(Lomatia tasmanica),* einem Strauch, der nur als eine genetisch identische Kolonie besteht, die weder blüht noch Samen bildet, wird auf mindestens 43600 Jahre geschätzt. Diese Berechnung ließ sich durch die Analyse des radioaktiven Kohlenstoffs C_{14} aus fossilen Blättern machen, die in 8,5 Kilometern Entfernung gefunden wurden.

Riesen seit Urzeiten

Im Lauf der Erdzeitalter erscheinen baumartige Strukturen fast gleichzeitig mit der Entwicklung neuer pflanzlicher Lebensformen. Manchmal verschwinden sie aber wenige zehn Millionen Jahre später und überlassen krautig wachsenden Formen das Feld. Die archaisch gebauten Bärlappgewächse zum Beispiel, wie der berühmte Lepidodendron (»Schuppenbaum«), erscheinen zu Beginn des Devons und Carbons und »versuchen sich« sofort als Bäume (bis zu 40 Meter hoch), inklusive der Ausbildung von Wäldern. Gegen Ende des Paläozoikums tritt ein abrupter Rückgang ein, der die Bärlappgewächse nur noch als bescheidene Pflanzen zurücklässt, ohne das für Bäume charakteristische sekundäre Dickenwachstum.

Die Koniferen (Gymnospermen) weisen Dickenwachstum und den für Bäume typischen Habitus auf, seit sie ihre ersten fossilen Spuren hinterlassen haben; sie erscheinen am Ende des Karbons, also vor 300 Millionen Jahren. Aus dieser Linie hat sich später, vor 225 Millionen Jahren, die Zapfenstruktur herausgebildet, wie sie für die Piniengewächse (Pinaceae) typisch ist, die jedoch bis heute kaum krautige Formen hervorgebracht haben – im Höchstfall einige Sträucher, wie zum Beispiel den Wacholder. Dagegen lassen sich bei ihrer Evolution Linien mit verkleinerten Nadeln und erhöhter Trockenresistenz ausmachen. Auch die Angiospermen (Laubbäume) treten einige Zeitalter später (während der Kreidezeit) ausschließlich in Form von Bäumen auf den Plan und machen erst viel später (vom Miozän vor 25 Millionen Jahren bis zum Pliozän vor 11 Millionen Jahren) Platz für krautige Formen, die sich durch eine hohe Artenvielfalt auszeichnen. (Barghoorn 1964, Strasburger 1983, Larter/Bouché 2013)

Es stellt sich die Frage: Was ist das Geheimnis der Bäume? Oder, wissenschaftlicher formuliert: Welche Wuchseigenschaften oder Strukturen machen es möglich, dass Bäume sich diese räumlichen und zeitlichen Dimensionen erschließen?

Einen Teil der Antwort liefert die Unterscheidung zweier unterschiedlicher Wachstumsarten oder -phasen: Auf der einen Seite das vegetative Wachstum, also die Ausbildung der Organe wie Spross, Blatt oder Wurzel, die bei der Reproduktion nicht beteiligt sind, auf der anderen Seite das generative Wachstum als Ausgangspunkt für Blüten, Früchte und Samen.

Während eine Jahrespflanze – beispielsweise eine Sonnenblume – ihren kompletten Lebenszyklus, also Keimung, vegetatives Wachstum, Blüte, Frucht, Welke/Samenverbreitung, vom Frühling bis zum Herbst durchläuft, entwickelt sich ein Baum über viele Jahre nur vegetativ. Das frisch gekeimte Samenkorn verwendet seine Energie vor allem zur Bildung von Wurzeln, wogegen der oberirdische Jahrestrieb in unseren Breiten nur wenige Zentimeter oder maximal einige Dezimeter groß wird. Anstelle kurzlebiger Blütenorgane werden beim Wachstum des Sprosses Strukturen eingebaut, mit denen die Härten des Winters oder Trockenperioden in südlichen Zonen überdauert werden können: die Knospen. Sie sind dazu bestimmt, sich im Folgejahr zu entwickeln, sie enthalten nämlich den Sprossembryo mit den Blattanlagen. Das Ganze ist teleskopartig komprimiert und wird von einem Schuppensystem geschützt, das für jede Art typisch ist. Es gibt Terminalknospen oder pseudoterminale, wenn die Spitze des Sprosses wegfällt, sowie Seiten- und Achselknospen, die in den Blattachseln sitzen.

Jahrestrieb der Buche im Sommer mit einer Terminal- und zwei Seitenknospen. (Foto E. Zürcher)

Diese Knospen kann man auch als Samen auf einer Mutterpflanze betrachten, die damit eine Kolonie individueller Geschwisterpflanzen hervorbringt und dem organischen Bauwerk, das der Baum darstellt, jedes Jahr ein weiteres Stockwerk hinzufügt. Durch diese Art von Wachstum können sich Bäume die dritte Dimension auf wesentlich effizientere und vor allem dauerhaftere Art erschließen als die Jahrespflanzen. Der Begriff »Knospensamen«, der auch mit dem »Baum als Kolonie« (französisch *arbre coloniaire*) verwandt ist, war schon Anfang des 18. Jahrhunderts formuliert worden. Francis Hallé, ein Experte für Tropenwälder und Anwalt einer neuartigen Annäherung an die Botanik, hat ihn erst in den letzten Jahren mit all seinen Auswirkungen weiterentwickelt.

Während der gesamten rein vegetativen Wachstumsphase, die bei Bäumen viele Jahre oder Jahrzehnte dauern kann, etabliert sich dank der Ausbildung sukzessiver Holzschichten in Stamm, Ästen und Wurzeln eine stabile Struktur im Raum (siehe Abbildung Seite 51). Es scheint, als ob der Impuls zum Blütenansatz und zur Bildung von Früchten und Samen zunächst als verholztes Gewebe »verinnerlicht« würde. Selbst wenn die Bäume später die reproduktive Phase erreicht haben, bleibt die Bildung von Blüten, Früchten und Samen relativ bescheiden und im Allgemeinen nicht besonders bunt; sie verhindert auch nicht das jährliche Holzwachstum unter der Rinde. Es ist bekannt, dass sich diese beiden Prozesse gegenseitig beeinträchtigen: In Jahren mit starker Fruchtbildung werden engere Jahresringe gebildet.

Dieses Wachstumsmodell mit Entwicklung einer Kolonie von Jahrestrieben, die vom gleichen Stamm und einem gemeinsamen Astwerk getragen sind, ist bei vielen Arten komplizierter und unterscheidet sich später durch »Neuaustriebe« (Reiterationen) desselben Architekturmodells im Kronenbereich des Baumes. Zu all den Jahrespflanzen, die oft mehrere zehn Meter über dem Boden eine Art »Prärie« am Rand der Krone bilden, kann man somit das Entstehen junger Bäume auf den Schultern des Mutterbaumes sehen, die weiter zum Erobern des Raumes beitragen. Das ist ein Schlüsselphänomen, die Botaniker sprechen deshalb auch von »potenzieller Unsterblichkeit« bei Bäumen. Dabei muss betont werden, dass die größten nicht unbedingt die ältesten sind: Riesenwuchs ist nicht mit der maximalen Lebensdauer vereinbar, weil das alte Individuum in diesem Fall exponierter ist.

Greifen wir hier das schöne Zitat des Entomologen Jean Henri Fabre auf, das diese Sichtweise von Bäumen veranschaulicht: »Wenn er wirklich ein kollektives Wesen ist, wo die aufeinanderfolgenden Generationen nach und nach aufeinander aufbauen, dann lebt der Baum sehr lange

Zurückgestutzte und sich selbst überlassene Eiche: Auf den alten tragenden Ästen entwickeln sich Neuaustriebe (Reiterationen), als ob neue junge Bäume auf dem alten Stamm aufsitzen würden. (Foto A. Hemelrijk)

und stirbt sozusagen nur einen Unfalltod, schließlich folgen auf die alten Knospen jährlich neue, die das Pflanzengefüge immer jung und bereit für die Zukunft halten (...). Das Individuum geht unter, aber die Gemeinschaft besteht weiter« (1876).

Es sei allerdings betont, dass die Fähigkeit zur Langlebigkeit nicht absolut und für alle Baumarten gleich ist. Angesichts der beeindruckenden Beispiele von Eiben aus dem ersten Kapitel und der Langlebigen Grannen-Kiefer aus Kalifornien darf man nicht vergessen, dass einige Waldbaumarten nicht älter als fünfzig Jahre oder maximal ein Jahrhundert alt werden. Sie gehören zur Gruppe der Pionierbaumarten, die sich an stark belichteten Plätzen auf offenen Böden dort ansiedeln, wo Wald zerstört worden ist (zum Beispiel durch Orkane, Waldbrände oder Erdbeben). In den ersten Jahren wachsen sie sehr schnell und sind schon bald ausgewachsen, allerdings werden sie nicht besonders hoch. Pionierarten sind bei der Waldsukzession die ersten, die sich ansiedeln; auf sie folgen Arten mit mittlerem Lichtbedarf, dann Halbschatten- und schließlich Schattenbaumarten. In unseren Breiten sind die Birken (*Betula* sp.), Pappeln (*Populus* sp.) und Weiden (*Salix* sp.) Pioniere, in der Äquatorialzone ist es der Afrikanische Schirmbaum *(Musanga cecropioides)* oder der Amerikanische Ameisenbaum *(Cecropia sciadophylla)*. Das Ende der Sukzession, auch Klimax genannt, besteht bei uns oft aus Arten, die in der Jugend langsam und im Unterwuchs wachsen, wie Buche *(Fagus sylvatica)* und Weißtanne *(Abies alba),* in deren Schatten sich manchmal die Eibe ausbreitet. So findet im Lauf der Zeit im Wald und am Waldboden eine Metamorphose statt, bei der bestimmte Arten die Aufgabe haben, die Ankunft anderer vorzubereiten. Diese werden schließlich von anderen Arten überholt und verschwinden wegen der Beschattung, die dadurch entsteht. Somit zeichnet sich der Organismus Wald durch eine Abfolge von Jugend-, Erwachsenen- und Altersphase aus. Dieses funktionale Naturverständnis ist für den Betrachter wesentlich ergiebiger, als wenn er sich nur auf das Prinzip von Konkurrenz und Überlebenskampf auf der Ebene des Individuums beschränken würde (Abbildung Seite 52).

Trotz vieler Ausnahmen lässt sich sehr verallgemeinernd folgende Regel aufstellen: Schnelles Wachstum, mittlere Größe und kurze Lebensdauer der Lichtbaumarten ergeben ein Holz mit hellen, großen Jahresringen und von schwacher Dauerhaftigkeit; die Schattenarten am anderen Ende der Waldsukzession haben ein langsames Wachstum, erreichen sehr große Höhen und sind von einer Langlebigkeit, die auf der Ausbildung enger, dichter und dunkler Jahresringe mit einer hohen natürlichen Beständigkeit gegenüber Pilzen und Insekten beruht.

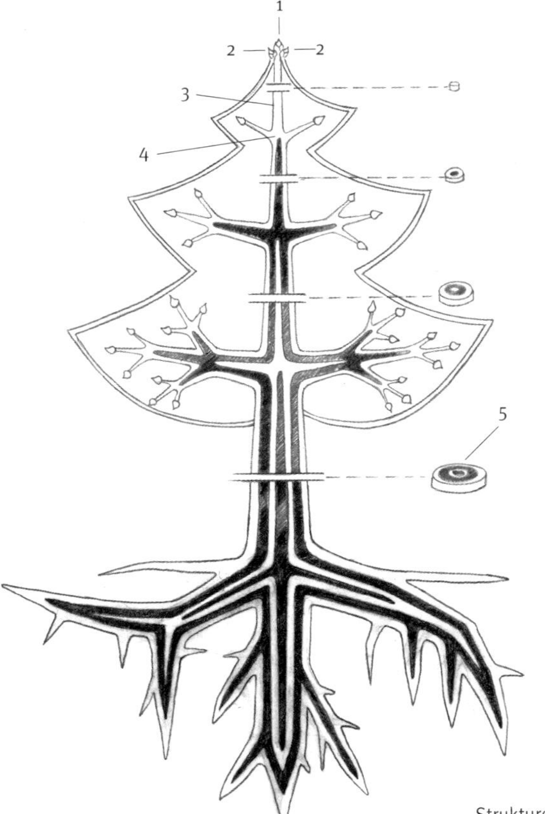

1 *Terminalknospe*

2 *Seitenknospen (aus denen Seitentriebe und Wirtel entspringen)*

3 *Terminaltrieb = Spitze*

4 *Wirtel: pro Jahr eine Astkrone*

5 *Ein Jahr entspricht einem Ring.*

Schematischer Aufbau eines Baumes mit der Abfolge von Wirteln und den entsprechenden Wachstumsringen (ergänzt nach RIOUX-NIVERT *1996; Zeichnung D. Rambert). Das dargestellte Wurzelsystem ist stark ausgeprägt, wie es in ariden Gebieten der Fall ist.*

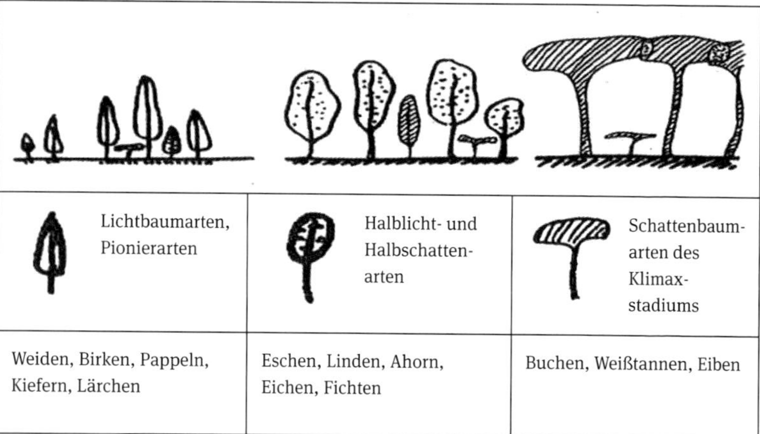

Lichtbaumarten, Pionierarten	Halblicht- und Halbschatten-arten	Schattenbaum-arten des Klimax-stadiums
Weiden, Birken, Pappeln, Kiefern, Lärchen	Eschen, Linden, Ahorn, Eichen, Fichten	Buchen, Weißtannen, Eiben

Sukzessionsstadien im Wald unter Beteiligung der Lichtbaumarten, dann der Halblicht- und Halbschattenbäume und schließlich der Schattenbaumarten. Bei den Baumarten lässt sich eine gewisse Flexibilität beobachten: Fichten können an vollsonnige Standorte gepflanzt werden und weisen dann auf fertilen Böden ein sehr schnelles Wachstum auf, während sie auf manchen natürlichen Waldstandorten zum abschließenden (Klimax-)Stadium der natürlichen Sukzession gehören und dort wesentlich langsamer wachsen. Die technischen Holzeigenschaften der Letztgenannten sind den ersten weit überlegen.

Organische Substanz: Entstehung aus dem Unwägbaren

Die Fotosynthese (vom Griechischen *phos,* »Licht«, *syn,* »zusammen«, und *tithenai,* »setzen«) ist der Vorgang, bei dem die Pflanze Sonnenlicht aufnimmt, das mithilfe des Chlorophylls in chemische Energie umgewandelt wird. Dieses organische Molekül, das die grüne Farbe der Blätter bedingt, ist vielleicht das wichtigste von allen. Seine Struktur ist dem des Hämoglobins in unserem Blut erstaunlich ähnlich, mit dem einzigen Unterschied, dass das zentrale Atom nicht Eisen, Fe, sondern Magnesium, Mg, ist. Beide Moleküle stehen in einem besonderen Verhältnis zum Sauerstoff, wenn auch in umgekehrter Form: Während durch die Einwirkung des Chlorophylls Sauerstoff freigesetzt wird, wird er vom Hämoglobin aufgenommen.

Die Fotosynthese verleiht den Pflanzen die Fähigkeit zur Autotrophie; dies zeichnet Organismen aus, die ihre Nährstoffe und Bestandteile aus den anorganischen Substanzen ihrer Umgebung gewinnen können. Im Gegensatz dazu steht die Heterotrophie: die Abhängigkeit von organischer Substanz, die erst durch andere Organismen gewonnen werden muss.

Es ist relativ wenig bekannt, dass praktisch alle Bäume (Laub- und Nadelgehölze) nicht nur in den Blättern Chlorophyll enthalten, sondern auch in der Rinde und selbst in den lebenden Holzzellen der jungen Stämme sowie im Mark. Bezüglich der Rinde kann man sich davon ganz einfach überzeugen, indem man leicht an der Epidermis eines solchen Stammes kratzt: Daraufhin erscheint eine intensiv grüne Zellschicht. Dank spezieller anatomischer Strukturen kann das Licht in diese tiefen Schichten eindringen. Dadurch lässt sich die Assimilation durch das Chlorophyll steigern und ein Teil des CO_2, das bei der eigenen Zellatmung entsteht, kann unmittelbar wiederverwendet werden. Zusätzlich wird das Problem der Anaerobiose (des Erstickens) im Inneren des verholzten Stammes verhindert.

Schätzungsweise sind es 100 Milliarden Tonnen, die chlorophyllhaltige Organismen, also Landpflanzen und Algen, weltweit jährlich an Kohlenhydraten und Zucker synthetisieren. Bäume sind hierbei die effizientesten Organismen, weil sie ungleich mehr Raum einnehmen als andere Lebewesen und weil sie Blätter ausbilden, die sich verschiedenen Lichtbedingungen anpassen können: Im unteren Kronenbereich entwickeln sich Schattenblätter, während die Lichtblätter an den direkt der Sonne ausgesetzten Partien wachsen. Ein tropischer Regenwald kann so pro Hektar und Jahr bis zu 20 Tonnen organischer Trockenmasse produzieren. In unseren Breiten sind Nadelbäume die effizientesten Holzproduzenten, weil sie nicht wie die Laubbäume große Mengen an Energie und Substanzen in die jährliche Ausbildung neuer Blätter investieren müssen. Eine andere Einschätzung auf globaler Ebene geht von 40 Milliarden Tonnen organischer Trockensubstanz aus, die jährlich von den Landpflanzen erzeugt wird, wobei drei Viertel dieser Masse den Wäldern zugeschrieben werden. In Hinblick auf eine nachhaltige Entwicklung entspricht dies einem »Jahresbudget« von ungefähr fünf Tonnen für jeden Menschen – letztlich ein verhältnismäßig geringer Betrag angesichts unseres aktuellen Verbrauchs an Lebensmitteln, verschiedenen Rohstoffen und Energie für das Wohnen und die Mobilität.

Die Bedeutung dieses Prozesses für den Naturhaushalt ist in ihrer ganzen Tragweite noch gar nicht so lange bekannt. Für die Betrachtungen des Aristoteles (384–322 v. Chr.) über die Zusammenhänge innerhalb der Natur spielte die Theorie der vier Elemente eine zentrale Rolle, die ein Jahrhundert zuvor von Empedokles von Agrigent entwickelt worden war. Erde, Wasser, Luft und Feuer sah man als die vier Bestandteile des Universums an: des Makrokosmos auf der einen Seite, der aus den Sternen, Planeten, Sonne und Erde bestand, und des Mikrokosmos auf der anderen, mit Menschen, Tieren, Pflanzen und Mineralien. Pflanzen und Tiere unterscheiden sich hier lediglich hinsichtlich der Proportionen der Elemente, aus denen sie bestehen: »Die einen sind aus einer größeren Menge an Erde gemacht, wie die Gruppe der Pflanzen, die anderen aus einer größeren Menge an Wasser, wie die der Wassertiere. Was die beflügelten Tiere oder die kriechenden betrifft, so bestehen die einen aus einer größeren Menge an Luft und die anderen aus einer größeren Menge an Feuer«, heißt es bei Aristoteles. Dieses Dogma wurde erst während der Renaissance infrage gestellt, vor allem von Jan Baptist van Helmont (1577–1644). Der anerkannte flämische Mediziner und Chemiker war Schüler des berühmten Paracelsus (1493–1541) und setzte dessen Entwicklung der pharmazeutischen Chemie (Iatrochemie) fort. Er entdeckte im Experiment die Gase, die er benannte und die sich von Dampf, Wasser und Luft unterscheiden. Für van Helmont war Wasser der Ursprung aller Körper und nicht die vier Elemente. Davon war er nach einem der ersten biologischen Experimente, das moderne wissenschaftliche Kriterien erfüllt, überzeugt.

»Dass alle Pflanzen direkt und wirklich alleine von dem Element Wasser abstammen, habe ich durch das folgende Experiment erfahren. Ich habe einen Topf genommen (aus Ton) und ihn mit 200 Pfund Erde

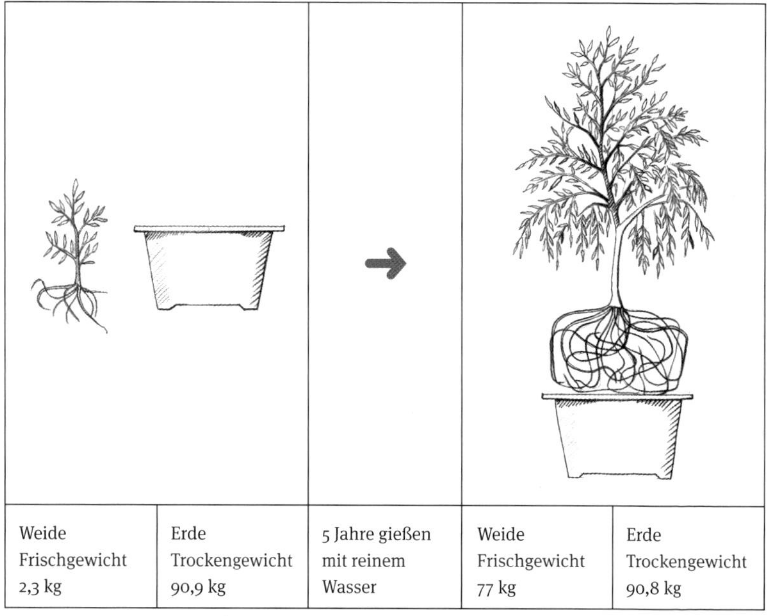

*Schema des Experiments von van Helmont mit einer Weide (*Salix *sp.), das sich mit der Frage nach dem Ursprung organischer Materie auseinandersetzt. (Zeichnung D. Rambert)*

gefüllt, die ich vorher im Ofen getrocknet und mit Regenwasser gegossen habe. Dahinein habe ich einen Weidenstamm von 5 Pfund gepflanzt. Nach fünf Jahren hat er sich in einen Baum mit einem Gewicht von ungefähr 169 Pfund und 3 Unzen entwickelt. Außer Regenwasser (oder destilliertem Wasser) habe ich nichts hinzugefügt. Die Blätter, die im Lauf der vier Herbste gefallen sind, habe ich nicht gewogen. Am Ende habe ich die Erde aus dem Topf wieder getrocknet und bis auf 2 Unzen die gleichen 200 Pfund wieder erhalten. Somit sind 164 Pfund Holz, Rinde und Wurzeln allein vom Wasser erzeugt worden« (Pagel in Lance 2013).

Innerhalb von fünf Jahren hat das Gewicht der Weide um 74,7 Kilogramm zugenommen, während die Erde im Topf nur um 57 Gramm abgenommen hat. Auf der Grundlage dieses Ergebnisses schloss van Helmont, dass die gesamte Substanz der Pflanze vom Wasser erzeugt wurde und von der Erde nichts dazugekommen war. Im Rückblick sind diese Schlüsse tatsächlich spektakulär, aber nicht ausreichend differenziert.

Gegen Ende des 18. Jahrhunderts verkündet der Geistliche, Universalgeist und Forscher Joseph Priestley (1733–1804), dass er »zufällig auf eine Methode gestoßen ist, mit der sich Luft, die durch das Abbrennen von Kerzen verbraucht ist, wiederherstellen lässt«. Nachdem er zehn Tage lang einen Zweig Minze in seinem Experimentiergefäß mit verbrauchter Luft platziert hatte, ließ sich dort wieder eine Kerze anzünden und vollständig abbrennen. »Das wiederherstellende Element, dessen sich die Natur hier bedient, ist die Vegetation.« In Folge stellte Priestley noch fest, dass die so wiederhergestellte Luft für eine Maus »ganz und gar nicht unbekömmlich« war (zitiert nach Lance 2013). In diesen Versuchen konnte erstmalig logisch demonstriert werden, dass Luft »rein« und für das Leben »günstig« gehalten werden konnte. Wir würden heute diese Arbeiten von Priestley einfach damit erklären, dass Pflanzen das Kohlendioxid aufnehmen, das durch Verbrennung oder bei der Atmung von Tieren frei geworden ist und Tiere den von den Pflanzen freigesetzten Sauerstoff atmen.

Im weiteren Verlauf bestätigte der holländische Arzt Jan Ingenhousz (1730–1799) die Arbeiten von Priestley und bewies, dass die Luft nur in Anwesenheit von Sonnenlicht und durch die grünen Pflanzenteile »wiederhergestellt« werden konnte. In der Terminologie seiner Zeit schlug er vor, dass sich die Kohlenstoffquelle für die Pflanze in der Luft und nicht im Boden befindet. Einen entscheidenden Beitrag lieferte im Anschluss Nicolas-Théodore de Saussure (1767–1845), der an der Genfer Universität Professor für Mineralogie und Geologie und Autor des Werkes »Recherches chimiques sur la végétation« (»Chemische Untersuchungen über die

Vegetation«) war, das als erstes modernes Lehrbuch der Pflanzenphysiologie gilt. Er bewies, dass Wasser für den Prozess gebraucht wird, bei dem gasförmiger Kohlenstoff aufgenommen und Sauerstoff abgegeben wird und der nicht nur der Luftreinigung, sondern vor allem der Gewichtszunahme der Pflanzen dient. In Folge davon konnte man die Proportionen zwischen den Kohlenstoff-, Wasserstoff- und Sauerstoffatomen bestimmen, wobei der Begriff »Kohlenhydrate« geprägt wurde, um die bei der Fotosynthese entstandenen Zucker zu bezeichnen.

Lange Zeit nahm man an, dass diese Kohlenhydrate das Produkt aus der Kombination des Wassermoleküls mit dem Kohlenstoffatom des CO_2 seien und der freigesetzte Sauerstoff von letzterem stammt. In quantitativer Hinsicht dachte man, dass sich sechs CO_2-Moleküle mit sechs Wassermolekülen vereinen müssten, um mithilfe der Lichtenergie ein Glukose- und sechs Sauerstoffmoleküle zu ergeben. Die in diesem Sinn aufgestellte Fotosynthesegleichung lautete also:

$$6\ CO_2 + 6\ H_2O + \text{Lichtenergie} \rightarrow \underset{\text{Glukose}}{C_6H_{12}O_6} + 6\ O_2$$

Diese Fassung scheint zunächst plausibel und taucht noch in vielen Werken zu dem Thema auf. Es hat sich dennoch herausgestellt, dass sie nicht der Realität entspricht, die noch viel erstaunlicher ist, als man sich bisher vorstellen konnte.

Die verkannte Seite der Fotosynthese

Der Forscher, der diese unvollständige und bis dahin hartnäckig gehaltene Vorstellung widerlegte, war der Mikrobiologe Cornelis van Niel (1897–1985) von der Stanford Universität, der als junger Student über die Fotosynthese bei unterschiedlichen Bakteriengruppen arbeitete. Eine dieser Gruppen – die Purpurschwefelbakterien (Thiorhodobakterien) – kann das CO_2 unter Sauerstoffabschluss (anaerob) zu Kohlenhydraten reduzieren, ohne Sauerstoff abzugeben. Hier ist nicht Wasser das notwendige Medium, sondern Schwefelwasserstoff, H_2S. Zusätzlich zu den Kohlenhydraten wird in diesem Prozess auch Wasser, H_2O, und elementarer Schwefel, S_2, freigesetzt, der in kugelartigen Einschlüssen in den Bakterien mikroskopisch nachweisbar ist. Van Niel begnügte sich nicht damit, sondern legte mit seiner Entdeckung eine neue allgemeine Fotosynthesegleichung vor. Darin stellte er fest, dass die Quelle für den Sauerstoff, der aus der Fotosynthese hervorgeht, tatsächlich das Wasser ist und nicht das Kohlendioxid.

Diese brillante Spekulation, die in den 1930er-Jahren vorgelegt wurde, konnte im darauffolgenden Jahrzehnt bewiesen werden, als Forscher aus Berkeley schwere Sauerstoffisotope (^{18}O) benutzten, um das Wassermolekül in der Reaktion zu markieren. Ergebnis: Der freigesetzte Sauerstoff kommt ausschließlich aus dem H_2O-Molekül. Für den Prozess bedeutet das, dass die vorrangige Wirkung der Sonnenstrahlung bei der Fotosynthese in einer Spaltung oder Fotolyse des Wassers besteht. Das auf diese Weise neu entstandene Wasser enthält seinen Sauerstoff aus dem absorbierten Kohlendioxid.

Die komplette Gleichung zur Produktion von Glukose (oder Saccharose, bei bestimmten Arten) durch die Fotosynthese, dem System, das die Grundlage sämtlicher Lebensvorgänge darstellt, enthält also eine zusätzliche Komponente. Das Verhalten der Wasseratome in der Gleichung ist hier mit fett gedruckten Buchstaben hervorgehoben:

$6\ CO_2 + 12\ \mathbf{H_2O}$ + Lichtenergie und Lebendes System $\rightarrow$
$C_6\mathbf{H}_{12}O_6 + 6\ \mathbf{O}_2 + 6\ \mathbf{H}_2O$
Glukose

Durch Umrechnung in Mol (Molekül-Gramm, nach der Terminologie der Chemiker), ist es möglich, den Materialfluss unter Einbeziehung der erforderlichen Energie (in Kilojoule) als Gewicht (in Gramm) auszudrücken.

6 Mol CO_2 (264 g) + 12 Mol $\mathbf{H_2O}$ (216 g) + Lichtenergie (2897 kJ) und
Lebendes System $\rightarrow$
1 Mol $C_6\mathbf{H}_{12}O_6$ (180 g) + 6 Mol $\mathbf{O}_2$ (192 g) + 6 Mol $\mathbf{H}_2O$ (108 g)

Die Abbildung auf Seite 60 stellt ebenfalls die Werte dar, wie sie der Holzsynthese entsprechen. Diese basiert zunächst auf Glukose, wird von Physiologen aber mittels einer leicht abweichenden allgemeinen Formel beschrieben. Aus dieser neu gewonnenen Erkenntnis über den Prozess ergeben sich bemerkenswerte Tatsachen:

- Für jede Tonne vom Baum gebildeter Holztrockenmasse werden der Atmosphäre 1,851 Tonnen gasförmiges CO_2 entzogen. Um ebenso viel wird der Treibhauseffekt gemindert, der Voraussetzung für die Klimaerwärmung ist, eine der derzeit größten Bedrohungen der Menschheit. Bei diesem Prozess handelt es sich um einen »Kohlenstoffspeicher«, der wirksam ist, solange das Holz nicht verbrannt oder zersetzt wird, was eine entsprechende Menge an CO_2 in der Atmosphäre wieder freisetzen würde. Daher wird in Zukunft die dauerhafte Verwendung von Holz eine wichtige Rolle spielen, sei es als Baumaterial oder als Bestandteil von Böden, wo es den Gehalt an schwer zersetzbarer organischer Masse erhöht (siehe Seite 184).

- Mit jeder Tonne vom Baum gebildeter Holztrockenmasse geht eine Masse von 1,392 Tonnen neu gebildetem Sauerstoff einher, der aus der Fotolyse (Zerlegung mithilfe von Lichtenergie) des Wassers stammt. Dieser hat schon im Reinzustand das beachtliche Volumen von 973 Kubikmeter. Noch beachtlicher sind die 4636 Kubikmeter an Volumen, die sich ergeben, wenn man den Anteil von 21 Prozent Sauerstoff der Luft zugrunde legt, die wir atmen, um am Leben zu bleiben. Hinsichtlich der Sauerstoffqualität ließe sich die vielleicht nicht ganz orthodoxe Frage stellen: Hat ein auf diese Weise neu gebildeter Sauerstoff, der zum ersten Mal in die Biosphäre eintritt, andere Eigenschaften als der »alte« Sauerstoff? Ist das vielleicht einer der Gründe dafür, dass Waldluft schon immer als besonders günstig für die Gesundheit empfunden wurde?
- Weiterhin gehört zu jeder Tonne vom Baum gebildeter Holztrockenmasse die Masse von 541 Kilogramm neu entstandenem Wasser. Wie bei der vorherigen Komponente handelt es sich hierbei um Wasser von perfekter Reinheit, das den Wasserkreislauf bestehend aus Verdunstung, Wolkenbildung, Kondensation/Niederschlag, Versickerung/Perkolation, Akkumulation und Wiederaustritt noch nicht durchlaufen hat. Der Gedanke liegt nahe, dass dieses neue Wasser die grünen Pflanzenteile durchdringt und dass es zusammen mit dem Phloemsaft, dem zuckerreichen Bildungssaft, zu den Geweben zirkuliert, die für das Wachstum verantwortlich sind. Auch hier stellt sich die Frage nach der Beschaffenheit, den Eigenschaften oder spezifischen Wirkungen eines solchen Wassers, besonders in Hinblick auf die vielfachen Verschmutzungen, denen das Wasser der externen Kreisläufe ausgesetzt ist. Eine solche Frage kann innerhalb der modernen wissenschaftlichen Thematik gestellt werden, und wenn sie auch zunächst sehr kontrovers diskutiert wird, findet sie doch immer mehr namhafte Verteidiger; so, wie die Frage nach dem »Gedächtnis von Wasser«, die von Pionieren wie Jacques Benveniste, Xy Vinh Luu, Luc Montagnier oder Gerald Pollack gestellt wurde. Um die Glaubwürdigkeit der Protagonisten und die Tragweite dieses Themas zu unterstreichen, erinnern wir hier daran, dass Professor Luc Montagnier 2008 den Nobelpreis für Medizin erhielt.

Bäume im Licht neuester Entdeckungen über Wasser

Das Entstehen eines neuen Verständnisses von Wasser erlaubt eine detailliertere Sichtweise auf Strukturen und Funktionsweise von Bäumen. Auf eine zufällige Beobachtung in einem japanischen Labor hin erfolgten in den frühen Jahren des neuen Jahrtausends eine Reihe von Experimenten, durch die eine bis dahin unbekannte Eigenschaft des Wassers zunehmend bestätigt werden konnte. Es handelt sich um die Tatsache, dass Wasser in der Gegenwart von (natürlichen und synthetischen) hydrophilen (Wasser anziehenden) Membranen bis mehrere Zehntel Millimeter Entfernung einen Zustand annimmt, der gleichzeitig mit dem Flüssigen und dem Festen verwandt ist. Dies veranlasste den Urheber der Entdeckung Gerald Pollack, Wissenschaftler und Professor für Bioengineering, der schon mit seinem Buch »Cells, Gels and the Engines of Life« (2001) bekannt geworden war, den Begriff »EZ-Wasser« zu benutzen (exclusion zone water, EZ Water, wegen seiner speziellen Reinheit) und eine »Vierte Phase des Wassers«, zusätzlich zu den festen, flüssigen und dampfförmigen Phasen zu postulieren. Erst vor Kurzem wurden die bisherigen Forschungen zu diesem Thema in dem von der wissenschaftlichen Gemeinde sehr beachteten Werk »The Forth Phase of Water. Beyond solid, liquid and vapor« (Pollack 2013) zusammengeführt.

Die anatomischen Strukturen von Pflanzen und insbesondere der Bäume, die aus einem komplexen System aus Membranen und hydrophilen Zellwänden mit dielektrischen Eigenschaften bestehen (von Pollack zusätzlich als relevant erkannt) und die Mechanismen für den Wassertransport zur Krone können ebenso wie der an die Fotosynthese gekoppelte Stoffwechsel durch dieses neue Konzept genauer interpretiert werden.

Zu erwähnen ist, dass sich dieses Wasser an den hydrophilen Membranen von »normalem« Wasser in vielerlei Hinsicht unterscheidet. So im Grad der Reinheit, dem pH-Wert, der Viskosität (der »Dickflüssigkeit«), dem Refraktionsindex (die Lichtbrechung), der Absorption von Lichtenergie, der elektrischen Ladung, dem Sauerstoffgehalt oder auch der Bildung supramolekularer Strukturen.

Die Entstehung von »neuem« Wasser als Produkt der Fotosynthese, neben Kohlenhydraten und Sauerstoff, erhält somit eine zusätzliche Bedeutung, da sie an komplexen Membransystemen *stattfindet, die den Kriterien zur Bildung vom Wasser des Typs EZ entsprechen. Die Tatsache, dass dieses Wasser 89 Prozent seiner Masse aus einem Teil des Sauerstoffs des CO_2 aus der Atmosphäre bezieht, ist an sich schon bemerkenswert, weil dadurch Pflanzen – und Bäume auf ganz spezielle Art – gleichzeitig Wasserproduzenten und -verbraucher sind. Dass Kohlenhydrate und Sauerstoff lebensnotwendig sind, ist allgemein anerkannt. Nun stellt sich die berechtigte Frage, ob dieses »neue« Wasser mit seinen speziellen Eigenschaften (die noch genauer zu analysieren sind) nicht von ebenso grundlegender Bedeutung ist.*

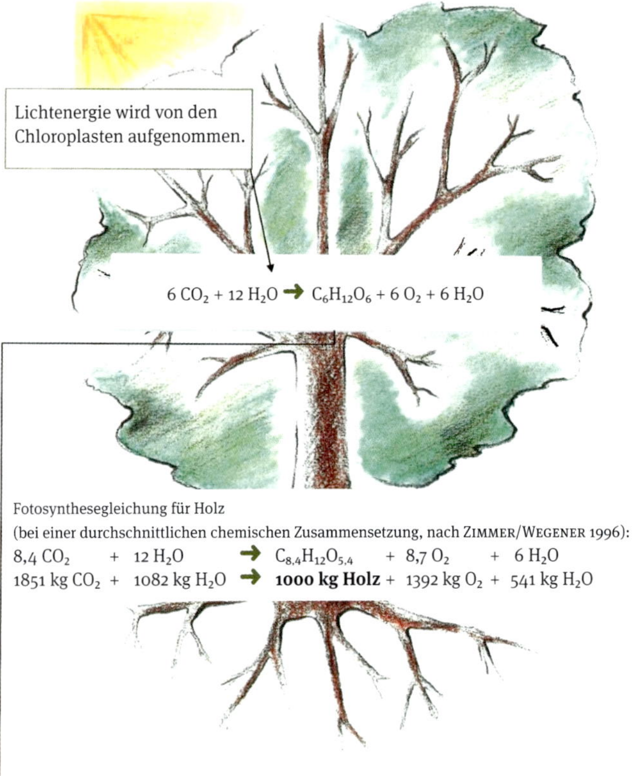

Allgemeine und vollständige Fotosynthesegleichung mit Hinweisen zum Werdegang der Komponenten (oben) und zu den für Holz bestimmten Mittelwerten unter Angabe der Gewichtsbeziehungen im Verhältnis zur Trockenmasse von Holz (unten). (Zeichnung D. Rambert)

Um auf die anfängliche Frage nach dem Ursprung der organischen Materie zu antworten, wie van Helmont sie sich gestellt hatte, und um sein Experiment zu begreifen, können wir heute Holz auch durch seine elementaren chemischen Bestandteile beschreiben. Hinsichtlich des Gewichts bestehen ungefähr 50 Prozent der Masse aus Kohlenstoff, 44 Prozent aus Sauerstoff und 6 Prozent aus Wasserstoff, unabhängig von der Baumart. Weniger als 1 Prozent der Masse machen Stickstoff, Phosphor, Kalzium und verschiedene Spurenelemente mineralischen Ursprungs aus, die nach der Verbrennung die Asche bilden. Somit lässt sich feststellen, dass 99 Prozent des Holzes von »Unsichtbarem« abstammen, nämlich von Kohlendioxid aus der Atmosphäre, oder von »zeitweise Unsichtbarem« im Fall von Wasser, das während seines Kreislaufs zwischen Himmel und Erde zwischen flüssigen, dampfförmigen und festen (Schnee/Eis) Phasen wechselt. Die Abbildung unten veranschaulicht diese Verhältnisse für einen der berühmtesten Bäume der Welt.

Jenseits der chemischen Bestandteile erwähnen wir schließlich noch die Menge, die an Sonnenenergie im Holz festgelegt wird, den Brennwert: ungefähr 19 Megajoule pro Kilogramm in absolut trockenem Holz (wasserfrei) oder ungefähr 14 Megajoule pro Kilogramm in lufttrockenem Holz (mit einem Wassergehalt von ungefähr 15 Prozent). Das ist die Wärmemenge, die bei der Nutzung als Brennstoff freigesetzt wird. Damit könnte man zum Beispiel eine Menge von 170 Liter Wasser von 10 auf 30 Grad

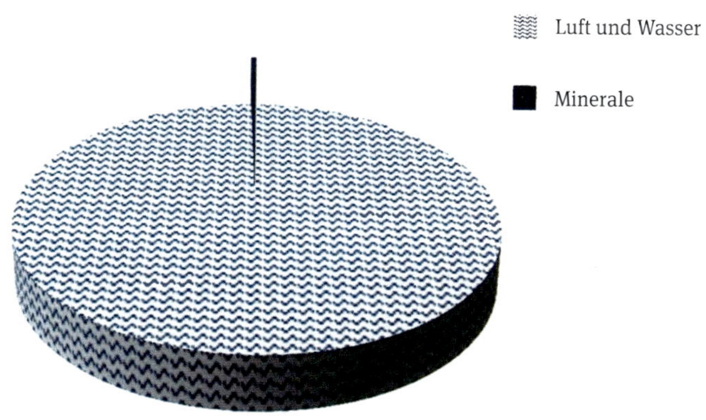

Ursprung organischen Materials am Beispiel des Riesen-Mammutbaums (Sequoiadendron giganteum) *»General Grant«, der in Bezug auf die Masse weltweit an zweiter Stelle steht: Stammvolumen 1350 Kubikmeter, 800 Tonnen geschätztes Trockengewicht, davon 798,4 Tonnen (99,8 Prozent) aus Luft und Wasser hervorgegangen und 1,6 Tonnen (0,2 Prozent) aus mineralischen Substanzen aus dem Boden.*

Celsius erwärmen; das kommt einem Bad recht nahe. Schließlich ist nicht zu vernachlässigen, dass Holz während der Verbrennung nicht nur eine große Menge der ursprünglich aufgenommenen Energie abgibt, sondern zusätzlich auch noch Licht: die Flamme des Feuers.

Die Bildung von Biomasse: Vom Keimling zum Riesen

Bäume sind zu beeindruckenden Leistungen fähig: Der Riesen-Mammutbaum (Sequoiadendron giganteum) *mit dem Beinamen »General Sherman« hat eine Gesamtbiomasse von schätzungsweise 1200 Tonnen und stellt damit derzeit den weltweit schwersten lebenden Organismus »in einem Stück« mit einer einfachen tragenden Struktur (Stamm) dar. Nach Angaben des USDA Forest Service enthält ein Kilogramm Saatgut dieser Art 200 000 Körner, was einem Gewicht von 0,005 Gramm pro Korn entspricht. Diese winzige Masse – die dennoch schon einen* Sequoiadendron giganteum *darstellt – wurde im Verlauf der 2200 Jahre Wachstum um den Faktor 240 Milliarden vervielfacht!*

Das Beispiel eines Tisches

Gibt es etwas Konkreteres und Fassbareres als einen Massivholztisch, zum Beispiel aus Eiche? Der Tisch, an dem ich selbst arbeite, hat eine Platte von 115 mal 130 Zentimeter, 30 Millimeter dick, was ein Volumen von 0,045 Kubikmeter darstellt. Der Rahmen und die vier Füße entsprechen noch einmal diesem Volumen. Das Gesamtvolumen ist somit ungefähr 0,1 Kubikmeter, das ergibt eine Masse von 65 Kilo (die mittlere Dichte von Eiche beträgt 0,65). Diese Masse setzt sich wie folgt zusammen:

- *32,4 kg (ca. 50 Prozent) Kohlenstoff*
- *28,5 kg (ca. 44 Prozent) Sauerstoff*
- *3,9 kg (ca. 6 Prozent) Wasserstoff*

Alle drei Elemente entstammen der Atmosphäre und dem Wasserkreislauf. Lediglich das Gewicht der Asche von 200 Gramm (0,3 Prozent) würde auf den Anteil mineralischer Substanzen aus dem Boden zurückgehen, wenn der Tisch verbrannt würde. Somit wird klar: Dieser Tisch besteht aus himmlischen Stoffen! (vgl. Fengel/Wegener 2003)

Nadelbäume und Laubbäume: Ursprüngliche Einfachheit gegen moderne Vielfalt

Die Bäume sind in zwei große Gruppen unterteilt: Nacktsamer (Nadelbäume oder Koniferen) mit nicht in einem Fruchtknoten eingeschlossenen Samen und Bedecktsamer (Laubbäume), bei denen die Samen von einer Hülle umgeben sind. Die Holzstruktur – der »Holzbauplan« – der Nadelbäume (beispielsweise von Fichte, Tanne oder Lärche) ist relativ einfach und einheitlich, verglichen mit dem der Laubbäume (zum Beispiel von Eiche, Buche oder der afrikanischen Wenge). Bei Letzteren spiegelt die Differenzierung und der Zusammenschluss von Zellen gleicher Art zu Geweben mit unterschiedlichen Funktionen ein fortgeschrittenes Stadium der Pflanzenevolution wider. Die Modernität geht mit einer anatomischen Spezialisierung und der Diversifizierung der Arten einher. Während es von den Nacktsamern, Relikten der ersten Epochen pflanzlichen Lebens, bis heute nicht mehr als ungefähr 700 Arten gibt, ist die Biodiversität der verholzenden Bedecktsamer buchstäblich explodiert und auf eine noch nicht genau bekannte Anzahl zwischen 60 000 und 100 000 Arten (ungefähr 80 000 nach RUSSEL/CUTLER 2008) angewachsen. In anatomischer Hinsicht gibt es einen entscheidenden Unterschied

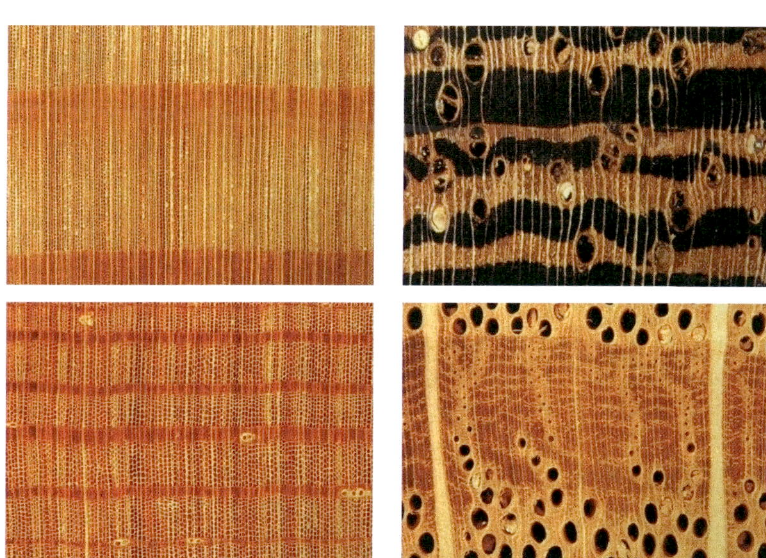

Kontrast zwischen dem einfachen Querschnitt eines Nadelholzes unter der Lupe (Weißtanne, Abies alba, *oben links; Europäische Lärche,* Larix decidua, *unten links) und der Komplexität des Querschnitts durch ein Laubholz, ebenfalls bei Lupenvergrößerung (Wenge,* Millettia laurentii *aus Äquatorialafrika, oben rechts; Amerikanische Rot-Eiche,* Quercus rubra, *unten rechts).*

zwischen dem einfach aufgebauten Holz der Nacktsamer (homoxyl) und dem der Bedecktsamer mit komplexen Strukturen (heteroxyl), für die der Ausdruck »Xylodiversität« (nach dem griechischen Wort für *xulon*, »Holz«) angebracht wäre.

Die Anatomie des Holzes: Ein Wunder der Architektur und Kohärenz

Wer sich mit der Holzanatomie befasst, ist schnell von deren Ästhetik überrascht. Schon auf der Ebene der Strukturen eröffnet sich eine gewisse Schönheit und man bekommt den Eindruck, dass eine Art von Intelligenz dahinterstehen müsse. Begnügen wir uns also nicht mit dem Was, sondern versuchen wir, das Wie und das Warum mit unseren geistigen und experimentellen Mitteln zu erfassen. Dadurch entdecken wir Stück für Stück die Verbindungen physiologischer und physischer Natur, die diese Strukturen zusammenhalten und uns zeigen, dass ihre Schönheit einen Sinn ergibt: Diese Strukturen erfüllen nämlich spezifische Funktionen. Somit kann man Holz auch als architektonisches Wunder betrachten.

Etymologie des Wortes »Architektur«

Archos, »der Anführer«; arché, »das Prinzip«; tekton, »der mit Holz arbeitet«, »der Zimmermann«. Man kann »Architektur« allgemein als »geplante Realisierung einer dauerhaften Struktur mit spezifischen Funktionen« beschreiben oder konkreter als »die Kunst und Weise, eine nützliche und dauerhafte Wohnstätte (aus Holz) zu bauen«.

Wir laden hier zu einer Reise ins Innere der Gewebe und Zellstrukturen im Baum ein und versuchen damit, die Verbindung vom Teil zum Ganzen, von der Struktur zur entsprechenden Funktion herzustellen.

Auf unserem Weg entdecken wir zunächst die Rinde, die äußere und robuste Schutzschicht, die den weichen Bast schützt, unter dem sich das Kambium befindet: eine feine, ununterbrochene Zellschicht, die eine innere Hülle bildet, deren Hauptaufgabe in der Produktion von Holzzellen nach innen besteht. Tatsächlich kommt auf ungefähr zehn produzierte Holzzellen (die Botaniker reden von »Xylem«) nur eine Bastzelle (Phloem), die in Richtung der Rinde ausgebildet wird. Dieser geschlossene Kambium-

1 Das Kernholz ist das zentrale Stützelement des Baumes. Dagegen hat es keine Leitungsfunktion für Nährstoffe mehr.
2 Das Splintholz stellt das Leitungssystem zur Wasserversorgung des Baumes von der Wurzel bis zur Krone dar, es dient auch als Ort zur Speicherung von Reservestoffen.
3 Das Kambium ist das Wachstumsgewebe (vom Lateinischen *cambiare*, »wechseln«); durch Teilung werden Bastzellen nach außen und Holzzellen nach innen gebildet.
4 Der Bast ist die innere Schicht der Rinde und hat eine Leitungsfunktion. Hier werden die Nährstoffe in die übrigen Pflanzenteile transportiert.
5 Die Borke ist die äußerste Schutzschicht. Bast und Borke bilden zusammen die Rinde.

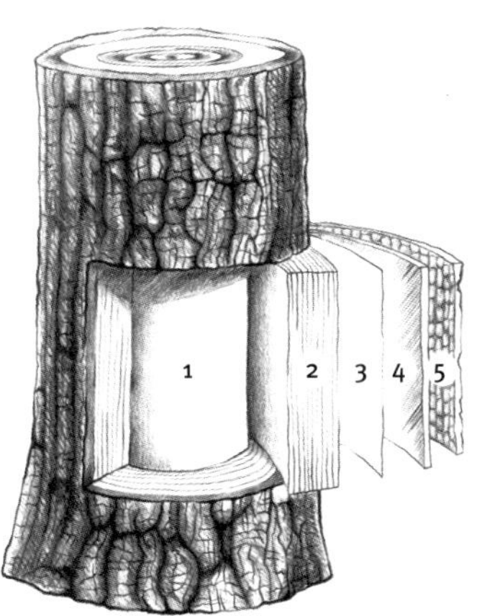

Schematischer Aufbau eines Baumstammes unterteilt in Kernholz, Splintholz, Kambium, Bast und Borke. Bei vielen Arten ist das Kernholz dunkler als das Splintholz, das noch lebende Zellen enthält, bei anderen lässt sich kein Farbunterschied feststellen.

mantel, der sich Jahr für Jahr ausweitet, macht den Unterschied zwischen einem Baum – einem Raum einnehmenden, die Zeit überdauernden Lebewesen – und einer kurzlebigen krautigen Pflanze aus, die nach der Blüte verschwindet (Abbildung oben und Seite 66).

Dank der Kambiumhülle und der von ihr produzierten angrenzenden lebenden Gewebe bildet der Baum allmählich eine zusammenhängende Einheit, kommuniziert innerhalb seiner selbst und mit seiner Umwelt und entfaltet Stück für Stück die typische Architektur seiner Krone. Diese innere Kommunikation ist eine anatomische und physiologische Realität. Vom höchsten Trieb bis zur tiefsten Wurzel stellen die lebenden Zellen auf dem Weg über die Plasmodesmen ein Austauschsystem dar. Letztere sind winzige Kanäle durch die Zellwand, die das Cytoplasma (die durchsichtige Flüssigkeit, welche die Organe enthält) von einer Zelle mit dem der angrenzenden Zelle verbinden. Oft formen diese lebenden Gewebe ein vernetztes Gebilde von mehreren zehn Metern Länge, eine Art Kommunikationssystem, in dem Nährstoffe und Hormone ausgetauscht werden. Diese Vorgänge geschehen unter Einwirkung von kleinsten lokalen elektrischen Feldern und vermutlich unter Abgabe von niedrigenergetischen Lichtsignalen (Biophotonen).

Als innere Komponente des Stammes erfüllt die Holzstruktur verschiedene Funktionen, damit der Baum sich als Organismus entwickeln und erhalten kann.

Nachweis des Kambiums (links), von hier geht das Dickenwachstum aus; diese Schicht steht in ständiger Verbindung zu den apikalen und lateralen Meristemzellen (im Ruhezustand in den Knospen enthalten). Die Kambiumschicht, zwischen dem Bast und dem Holz gelegen, ist die verletzlichste Stelle des Stammes (hier ein Beispiel von einem jungen Haselstrauch, Corylus avellana*), gleichzeitig aber auch das Gewebe, das die Wundheilung ermöglicht wie hier an einer vor zwei Jahren zugefügten Verletzung (oben). (Foto E. Zürcher)*
Beim ausgewachsenen Baum (rechts) erzeugt das Kambium die lebenden Gewebe der inneren Rinde und des Splintholzes, welche die tote Masse des Kernholzes umgeben (Platane, auf einer Seite verletzt mit Überwallung). (Foto A. Hemelrijk)

Sich teilen, aber vereint bleiben: Das Grundprinzip einer neuen Biologie

Während der Zellteilung (Mitose) teilt sich eine Zelle und ergibt zwei genetisch identische Tochterzellen. Die beiden Tochterzellen aus derselben Mutterzelle sind von einer zellulosehaltigen Zellwand getrennt, die mit Plasmodesmen durchsetzt ist, Kommunikationskanälen zwischen den entsprechenden Zytoplasmen. Ein Ganzes (die ursprüngliche Mutterzelle), das sich in zwei Tochterzellen aufteilt, stellt also immer noch ein Ganzes dar, ist aber funktional mehr oder weniger differenziert (oben – unten, innen – außen, rechts – links, Gewebe A – Gewebe B). In seinem »Aufruf zu einer Neuen Biologie« unterstreicht Francis Hallé *(1999), dass bestimmte Botaniker »eine radikal innovative Auffassung entwickeln, in der die Zelle nicht mehr das Basis-*

element der Morphogenese ist, sondern nur Kennzeichen. Unter dieser Annahme würde das Basiselement durch die eigentliche Form des Organismus ersetzt und dieser sich sekundär – und manchmal sogar unvollständig – in Zellen aufteilen«.

Funktionale Annäherung

Die **Wasserleitungsfunktion** besteht darin, Wasser vom Wurzelsystem bis in die Krone zu leiten, wo die Assimilation stattfindet. Bei Nadelbäumen erfolgt dieser Transport durch ein Leitungssystem, das aus Zellen besteht, die Tracheiden genannt werden. Bei Laubbäumen findet er durch einen Verbund von Gefäßzellen statt. Die große Frage, die sich ein Ingenieur hierbei sofort stellt, lautet: Wie leitet man kaltes (schweres) Wasser in diese Höhen, die der Hitze ausgesetzt sind, zumal bei den größten Bäumen Höhen von über 100 Metern bewältigt werden müssen? Wie wird das Gesetz der Schwerkraft überwunden?

Die Lösung kommt von den Physiologen und heißt »Kohäsions-Spannungs-Theorie«: Wasser wird mit seinen gelösten Mineralsalzen entlang der Zellröhren durch den »negativen Druck« angezogen, der bei der Transpiration in den Blättern des Baumes entsteht. Um die (abhängig vom Luftdruck) kritische Höhe von 10 Metern zu übersteigen, muss das Wasser absolut frei von gasförmigen Blasen sein und damit über die Gesamtheit seiner internen Kohäsionskräfte verfügen (durch die sich zum Beispiel zwei Glasscheiben mithilfe von Wasser aneinanderkleben lassen). Dieser Zustand wird bei den Nadelbäumen durch die sogenannten Tüpfel erreicht. Dabei handelt es sich um bewegliche Kontaktstrukturen zwischen den Tracheiden und ihren benachbarten Zellen. Sie funktionieren gleichzeitig als Ventil und als Sieb, um jede Art von Embolie auszuschließen, die von sich eventuell anhäufenden Luftblasen ausgehen könnte. Dieses hoch anspruchsvolle Leitungssystem funktioniert in der Peripherie des Stammes, also im Splintholz, dem lebendigen Teil des Holzes, das durch bioelektrische Felder gekennzeichnet ist. Die oben erwähnte, kürzlich von Gerald Pollack gemachte Entdeckung zeigt, dass Wasser beim Durchlaufen der Tracheiden oder Gefäße und im direkten Kontakt zu den hydrophilen Zellwänden eine besondere Struktur entwickelt, nämlich »flüssigkristallin«. Dadurch entwickelt es überraschende physikalische, chemische und elektrische Eigenschaften, die vermutlich eine entscheidende Rolle beim Erreichen der physiologischen Rekorde von Bäumen spielen. Die Tatsache, dass es durch kapillare Systeme fließt, ermöglicht es dem

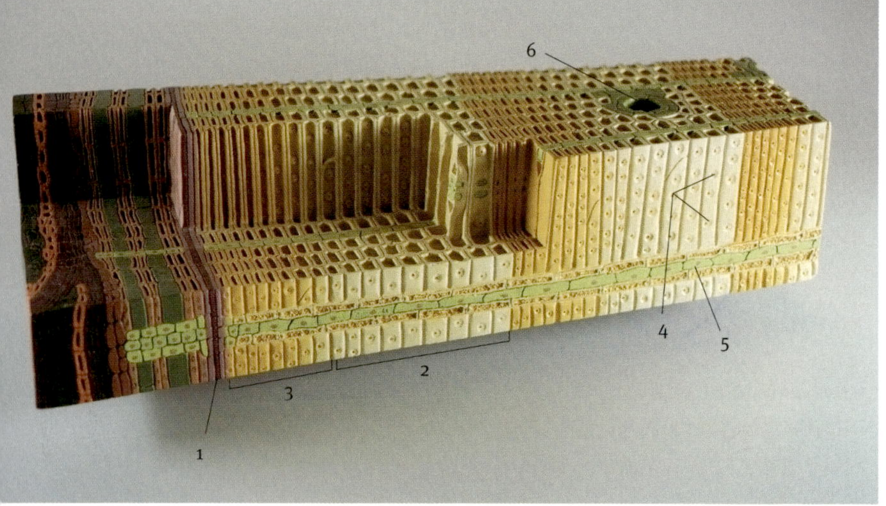

Dreidimensionales Modell einer Waldföhre/Kiefer (Pinus sylvestris). *Begrenzt vom Kambium (1), besteht das Holz zu 95 Prozent aus den axialen Tracheiden des Früh- (2) und des Spätholzes (3). Der Weg des Wassers von einer Tracheide zur nächsten führt durch die Hoftüpfel (4). Die horizontal angelegten Holzstrahlen sind von Parenchymzellen mit Speicherfunktion gebildet (5), begleitet durch horizontale Tracheiden. Wie viele Nadelbäume bildet auch die Kiefer zahlreiche Harzkanäle aus (6). (Foto F. Beaud)*

Wasser, bei bestimmten Baumarten bis zu einem Temperaturbereich von −15 Grad Celsius flüssig zu bleiben, anstatt die Strukturen im Winter durch die Bildung von Eiskristallen zu schädigen. Elektrophysiologen beobachten ihrerseits, dass elektrische Spannungen, die in lebenden Geweben erzeugt werden, den Fluss des Xylemsaftes anregen. Diese Beobachtungen schließen an eine Reihe von früher gemachten Experimenten an, die den Effekt solcher Spannungen auf die Wasserbewegung in Glaskapillaren untersuchten.

Die Wasserleitungsfunktion in aufsteigender Richtung wird bei Nadelbäumen von den Tracheiden im Frühholz (das im Frühling und Frühsommer gebildet wird) erfüllt, die mit zahlreichen Hoftüpfeln ausgestattet sind. Dies sind die Durchgangsstellen für Wasser von einer Zelle zur nächsten auf dem Weg nach oben zur Krone, wo die Fotosynthese stattfindet. Die Tracheiden des Spätholzes (das gegen Ende der Vegetationsperiode gebildet wird) haben eine wesentlich dickere Zellwand, die weniger Hoftüpfel enthält; ihre Funktion besteht nicht darin, den Xylemsaft zu leiten, sondern vor allem darin, die gesamte Struktur zu stützen, wie im Weiteren beschrieben wird (Abbildung oben sowie Seite 69 oben links). Das Funktionsprinzip eines Tüpfels, dieser für die Sicherheit des Leitungssystems so wichtigen Struktur, ist in der Abbildung Seite 69 oben rechts dargestellt: Es handelt sich hier um ein effizientes und »raffiniertes« System, um einen charakteristischen Bestandteil der funktionellen Anatomie.

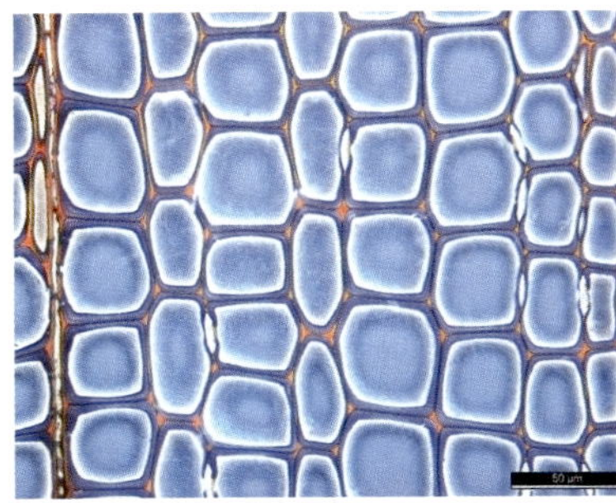

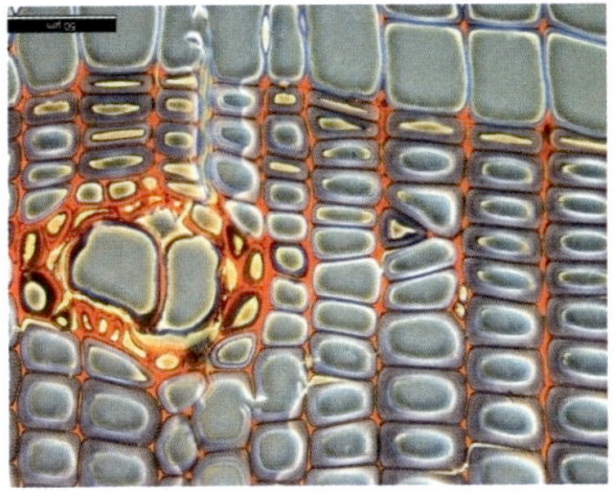

Querschnitt durch das Frühholz eines Nadelbaumes (Fichte, Picea abies*) unter dem Lichtmikroskop mit einem Größenvergleich von 50 Mikrometern (oben); manche Tracheiden haben in den gemeinsamen Seitenwänden eine Art Aussparung, der den in der nächsten Abbildung erwähnten Hoftüpfeln entspricht. Das untere Bild zeigt im unteren Bereich eine Spätholzzone mit dicken Zellwänden, die einen Harzkanal enthält, und im oberen Bereich eine Frühholzzone mit dünnen Wänden, die im folgenden Jahr gebildet wurde. (Fotos Th. Volkmer)*

Rechts, oben: Querschnitt durch den Jahresring einer Amerikanischen Rot-Eiche (Quercus rubra), *einem ringporigen Laubholz, das durch sehr große Gefäße im Frühholz (unterer Bereich) im Vergleich zu den viel kleineren Gefäßen im Spätholz (oberer Bereich) gekennzeichnet ist. Bei der Eiche erscheinen dickwandige Fasern als dichte und dunkle Zonen. Unten: Eschenblättriger Ahorn* (Acer negundo), *ein zerstreut-poriges Laubholz, bei dem die Gefäße von gleicher Größe und einheitlich in der Grundmatrix verteilt sind, die aus Fasern mittlerer Dichte besteht. (Fotos Th. Volkmer)*

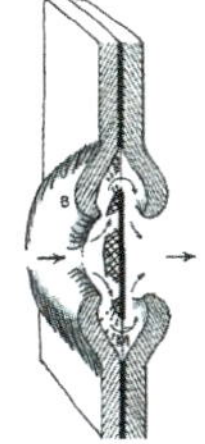

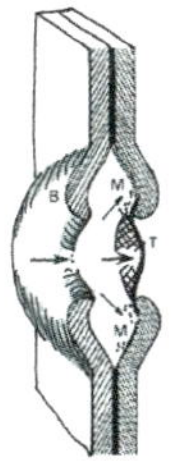

Schema des Prinzips eines Hoftüpfels: Im Normalzustand (links) umfließt das Wasser den zentralen, wasserundurchlässigen Bereich der gemeinsamen Membrane und gelangt so zur benachbarten Tracheide. Kommt es aufgrund einer Verletzung durch Eindringen von Luft zu einer Embolie, so bewirkt ein relativer Druckanstieg einen Sog und damit das Schließen der Membrane am Inneren des gegenüberliegenden Hofes. Die jüngsten Entdeckungen über Wasser lassen vermuten, dass dieser obligate Durchfluss durch das Fibrillengeflecht der äußeren Membrane dem Wasser eine zusätzliche »flüssig-kristalline« Phase verleiht, die sich durch hohe Viskosität und einen abgesenkten Gefrierpunkt auszeichnet, eine entscheidende Eigenschaft von Baumarten kalter Regionen.

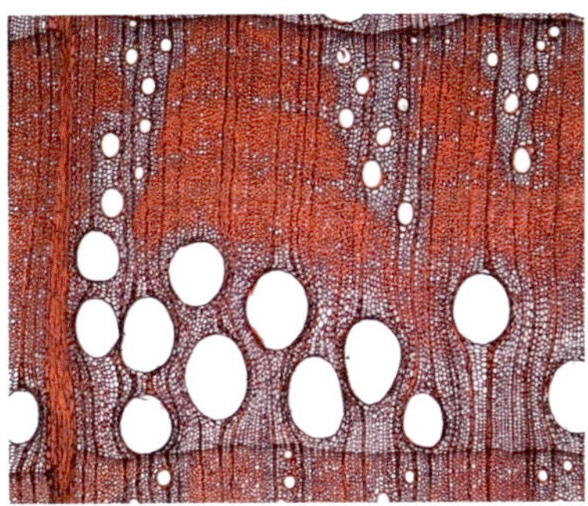

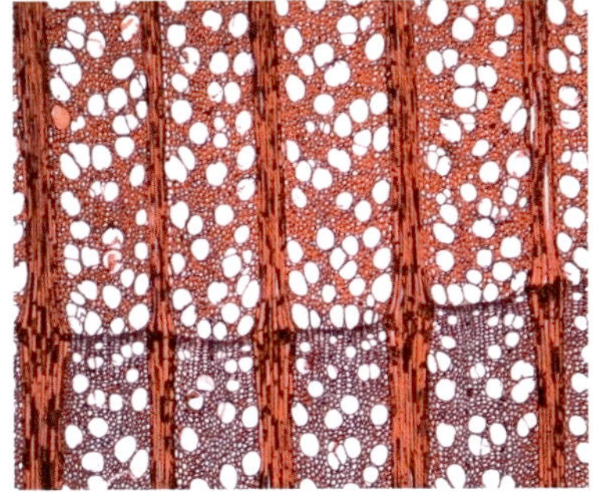

Im Vergleich zu den Koniferen ist die Anatomie der Laubgehölze viel komplexer, hier haben sich Formen von funktioneller Spezialisierung herausgebildet. Die Abbildungen Seite 69 unten zeigen zwei unterschiedliche Gefäßverteilungen: mit Bildung eines Porenringes in dem Fall, wo zwischen dem Früh- und dem Spätholz ein starker Unterschied ist, oder mit zerstreuten Poren, wenn die Gefäße praktisch den gleichen Durchmesser haben und gleichmäßig auf den ganzen Jahresring verteilt sind.

Die zweite Funktion von Holz steht zur ersten in diametralem Kontrast, es handelt sich um die **Speicherfunktion.** Der Strom der Substanzen, die bei der Assimilation entstanden sind – in erster Linie Wasser mit darin gelösten Zuckern – bedient sich seinerseits der Schwerkraft, damit seine Inhaltsstoffe von den Blättern oder Nadeln aus den sonnenreichen Zonen bis zu den Gewebezellen des Stammes und in das wesentlich kühlere Wurzelsystem gelangen. Dieser Fluss nach unten findet unter positivem Druck in der Peripherie des Kambiums durch den oben erwähnten Bast statt und verteilt sich danach in den Holzstrahlen. Vor allem dort werden die Zuckermoleküle während des Winters in Form fester Stärke gespeichert, und zwar in den dünnwandigen und langlebigen Parenchymzellen. Die Speicherfunktion spielt eine entscheidende Rolle für das Wachstum von Bäumen durch die Tatsache, dass die Stärke jeden Frühling wieder in Zucker umgewandelt wird und so die schnelle Bildung von neuen Zweigen, Blättern und Blüten ermöglicht. So kann der Baum eine neue Kolonie von Pflanzen auf einer lebendigen organischen Basis entwickeln, wie wir es weiter oben beschrieben haben.

Interessanterweise werden die Reservestoffe während des Winters im Stamm und vor allem im Wurzelsystem gut geschützt eingelagert: Damit sichert sich der Baum gegen eventuelle Brüche in der Krone oder dem Stamm ab und ermöglicht für diesen Fall einen maximalen Austrieb und Ersatz der verlorenen Teile (Abbildung rechts).

Die beiden ersten Funktionen können sich in ihrem ganzen Ausmaß nur aufgrund einer Tragstruktur entwickeln, die gleichzeitig robust und flexibel ist. Dies entspricht der **Stützfunktion** des Holzes. Hier spielen die Zellwände, insbesondere diejenigen der Tracheiden im Spätholz bei den Nadelhölzern und die Fasern bei den Laubhölzern die entscheidende Rolle. Auch hier sprechen die Wissenschaftler von einer »Erfindung« der Natur, die es den Pflanzen ermöglicht, vom festen Boden aus nach oben zu wachsen, und die sich Bäume in ganz besonderem Maße zunutze machen. Es handelt sich um das Lignin, eine komplexe organische Substanz mit räumlicher Struktur. In größeren Mengen der faserigen Zellulose hinzugefügt, die ihrerseits zugfest und biegsam ist, erhöht es deren Druck-

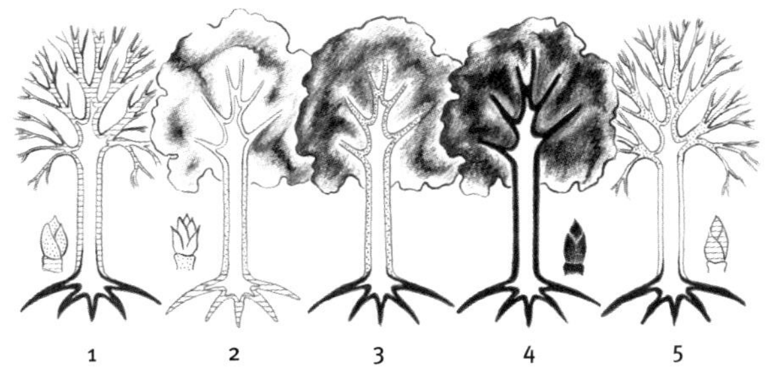

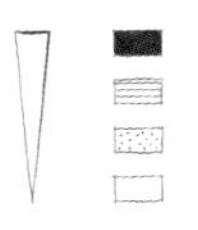

Einlagerung von Reservestoffen (Stärke) im Jahresverlauf am Beispiel der Buche (Fagus sylvatica). *Die Konzentrationsstufen sind schwarz markiert (hoch), schraffiert oder punktiert (schwach). 1: im Frühling vor dem Austrieb; 2: während des Laubaustriebs; 3: im Sommer; 4: im Herbst vor dem Laubfall; 5: mitten im Winter, aufgrund einer reversiblen Umwandlung von Stärke in lösliche Zucker, die als Frostschutz dienen. (Larcher 1980; Zeichnung D. Rambert)*

festigkeit. Damit entspricht das Lignin der Betonmatrix von Stahlbeton, die Zellulosefasern dem Stahlgitter. Besonders hoch ist die theoretische Bruchfestigkeit dieses Verbundmaterials unter seinem Eigengewicht, also die Länge eines Balkens, die dieser theoretisch haben muss, um im hängenden Zustand an seinem eigenen Gewicht zu zerbrechen; Voraussetzung ist fehlerfreies Material, also ohne Knoten und mit parallel ausgerichteten Fasern. Bei der Esche *(Fraxinus excelsior)* mit einer mittleren Dichte von 0,73 Gramm pro Kubikzentimeter beträgt die theoretische Bruchlänge ungefähr 20 Kilometer. Zum Vergleich: Der Bruchpunkt von Stahl ist je nach Qualität schon nach vier bis acht Kilometern erreicht.

Die Erklärung für die hohe Bruchfestigkeit des Holzes liefert das hohe Verhältnis zwischen Leistung und Dichte, also eine hohe Widerstandsfähigkeit trotz niedrigen Gewichts pro Volumeneinheit. Diese spezielle Holzeigenschaft ist nicht nur für den Baum selbst interessant: Sie beschreibt auch ein ideales Baumaterial für den Menschen. Bei gleicher Leistung ist es vorteilhafter, mit einem relativ leichten Material zu arbeiten (siehe Seite 73). Nadelhölzer haben im getrockneten Zustand meist eine Dichte von 0,4 bis 0,5 Tonnen pro Kubikmeter und die Mehrzahl der Laubhölzer von 0,5 bis 0,7 Tonnen pro Kubikmeter, während Eisen oder Stahl eine bis zu 20 Mal höhere Dichte aufweisen, nämlich bis zu 7,9 Tonnen pro Kubikmeter).

Lignin und das Leben auf der Erde

Bei der Evolution der Pflanzen stellte der Übergang vom Wasser- zum Landleben eine der größten Veränderungen dar. Die ursprünglich nur wenig steife Zellwand (reich an Zellulose) wurde durch die Einlagerung von Lignin verstärkt. Dabei handelt es sich um eine organische makromolekulare amorphe Substanz, deren Zusammensetzung von der Funktion der Pflanzengruppe (Laub- oder Nadelbäume), der Baumart und der Lokalisation im Zellgewebe abhängt. Dadurch variiert der Anteil des Lignins im Holz zwischen 20 und 40 Prozent. Wie Zellulose besteht auch Lignin ausschließlich aus den Elementen Kohlenstoff, Sauerstoff und Wasserstoff, allerdings aus einer wesentlich hydrophoberen Form, mit einem hohen Anteil an Phenolringen, wodurch es schwer zersetzbar wird. Außerdem übernimmt es in der Zelle die Rolle von Zement, der den inneren Druckkräften Widerstand leistet.
Dadurch konnten sich baumartige Formen mit perennierender Struktur entwickeln, die sich den klimatischen Belastungen über Jahrhunderte oder sogar Jahrtausende widersetzten und die heute den größten Teil der oberirdischen Biomasse ausmachen. Weniger offensichtlich ist der Einfluss des Lignins auf die Entstehung organischer Böden, die den Ansprüchen von Hochleistungspflanzen, wie Bäume sie darstellen, genügen. Dank eines erhöhten Ligninanteils in den Wurzeln und der Waldstreu kann sich bis in sehr tiefe Bodenschichten eine große Menge an stabilem Humus entwickeln (FENGEL/WEGENER 2003).
Zur Etymologie: Lignin stammt vom lateinischen lignum, »Holz«, »verholzende Teile einer Frucht«.

Die vierte Funktion ist die **Ausscheidungs- und Schutzfunktion,** die bei vielen Nadelhölzern von den Harzkanälen übernommen wird, wie auf Seite 68 und 69 dargestellt ist. Harz, das von manchen Botanikern als Ausscheidungsprodukt physiologischer Prozesse bezeichnet wird, hat auch eine abwehrende Wirkung auf Holz zersetzende Pilze. Analog dazu wird Lignin auch als »Abfallprodukt« des Stoffwechsels gesehen.

Als flüchtiger Duftstoff freigesetzt, erfüllt das Harz noch andere Funktionen, die eingehendere Untersuchungen wert wären; auf dieses Thema wird im Kapitel über die geheimen Botschaften, auf Seite 135, eingegangen.

Zu den technischen Eigenschaften von Holz, insbesondere der Stützfunktion, gibt es unerwartete Verwendungsbereiche: Oft unbemerkt leistet Holz erstaunliche Dienste bis hin zu seiner Verwendung als Baumaterial für Flugzeuge in den tragischen Kämpfen während des Zweiten Weltkrieges – zu einem enormen Preis, den die Natur zu bezahlen hat. Schon während des Ersten und später im Verlauf des Zweiten Weltkrieges haben nämlich die außergewöhnlichen Eigenschaften des Sitka-Fichtenholzes aus den Wäldern British Columbias der Baumart zu dem Beinamen »Flugzeug-Fichte« verholfen. Das berühmteste Flugzeug aus diesem zugleich leichten und widerstandsfähigen Holz, kombiniert mit Holz der Douglasie, der Birke, der Esche und des Balsabaumes, war der Jagdbomber Mosquito DH-98, hergestellt von der Havilland Aircraft Company und ausgerüstet mit Propellermotoren von Rolls Royce. Die ungewöhnliche Geschwindigkeit und die Fähigkeit, sehr hoch zu fliegen, machten die Mosquito für die deutsche Luftwaffe praktisch unbesiegbar. Das leichte Flugzeug flog so schnell, dass die Amerikaner ihrerseits den Befehl gaben, dass ihr schnellstes Flugzeug, die Lightning P38, ja nicht an seiner Seite fliegen sollte! Die Kehrseite der Medaille ist, dass die Hölzer für den Bau der Flugzeuge von 500 bis 800 Jahre alten Bäumen gewonnen wurden, nur diese konnten die notwendigen Eigenschaften aufweisen. Nach Einschätzung von Spezialisten ist es wenig wahrscheinlich, dass die Neuanpflanzungen jemals die Qualität der ehemaligen Urwälder wieder erbringen werden. (Foto R. Ore)

Bauplan des Holzes: Spiegel unsichtbarer Organisationsebenen

Hinsichtlich der anatomischen Holzstrukturen stellt man fest, dass Bäume nicht nur Effizienz und Ästhetik beispielhaft in ihren funktionalen Lösungen miteinander verbinden, wenn es um ihren architektonischen Aufbau und den arttypischen Holzbauplan geht. Bei der Betrachtung stellen sich auch grundlegende Fragen über die Grundursachen, die zur Differenzierung biologischer Strukturen führen.

Tatsächlich stellt sich den Forschern hinsichtlich der Aktivität des Kambiums und seiner Produkte die Frage nach den Ursachen und den Kausalzusammenhängen. Richten wir unsere Aufmerksamkeit auf die fusiformen (d.h. spindelförmigen) Kambiuminitialen, langgezogene Zellen, die den größten Teil des Kambiums ausmachen. Beispielhaft lassen sich daran drei Arten von Möglichkeiten beschreiben, die den weiteren Verlauf des Wachstums bestimmen:

- Wird sich eine fusiforme Kambiuminitiale (verantwortlich für das Dickenwachstum des Stammes) in ihren tangentialen oder der radialen Ebene teilen? Im ersten Fall tragen die neuen Holz- oder Bastzellen zur Vergrößerung des Durchmessers bei; sie werden nämlich durch die Initiale in radialen Reihen angelegt. Im zweiten Fall entstehen daraus neue Kambiumzellen, was den Zuwachs des Kambiummantels im Umfang ermöglicht und somit die Bildung neuer Radialzell-Reihen – eine geometrische Notwendigkeit, die exakt dosiert sein will (siehe Abbildung Seite 75 oben)!
- Bei Teilungen in der Radialebene hat man beobachtet, dass die neue Wand sich nicht von der einen zur anderen Spitze der Kambiuminitiale entwickelt. Tatsächlich verläuft sie im Allgemeinen leicht schräg zur Längsachse, weshalb man hier von »pseudotransversaler« Teilung spricht. Dabei eröffnen sich zwei weitere Möglichkeiten: Verläuft die schiefe pseudotransversale Ebene nach rechts oder nach links? Für den Fall zum Beispiel, dass die Ausrichtung nach einer Seite überwiegt, wachsen die Fasern in die gleiche Richtung. Bestimmte Baumstämme zeigen oft einen mehr oder weniger ausgeprägten spiralförmigen oder schraubenförmigen Wuchs, den Drehwuchs. Durch diese Ausrichtung der Fasern erreicht der windexponierte Baum eine besondere Flexibilität gegenüber den Torsionskräften.
- Die dritte Entscheidung betrifft die Funktion, die die frisch gebildete Zelle übernehmen soll, ihre »Bestimmung« (Abbildung Seite 75 unten). Bei einem Laubbaum heißt die Frage: Wird aus ihr ein Gefäß mit Leitfunktion, eine Faser mit Stützfunktion oder unterteilt sie sich nochmals in einige parenchymatöse Zellen, die Reservestoffe einlagern können?

Angesichts dieser Möglichkeiten und »Entscheidungen« auf zellulärer Ebene, die sich auf die funktionale Entwicklung des Bauplans auswirken, der für jede Baumart typisch ist, sprechen die Forscher von einem »morphogenetischen Feld«. Hierbei spielen Pflanzenhormone, besonders Auxin, eine vermittelnde Rolle. Holzanatomen bezeichnen es als »suprazelluläres« System, das die Ausrichtung der Teilungen im Kambium und die Determination der daraus hervorgehenden Zellen reguliert.

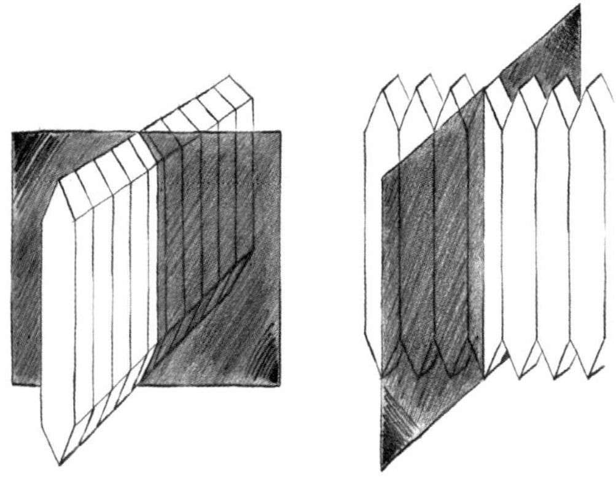

Schema der zwei Teilungsarten der Kambiuminitialen. Links auf tangentialer Ebene, wodurch die Zahl der Zellen in radialen Reihen um ein Vielfaches gesteigert wird; dies löst das Dickenwachstum aus. Rechts auf radialer Ebene, um den Kambiumumfang zu erhöhen. (Zeichnung D. Rambert nach Bosshard 1974)

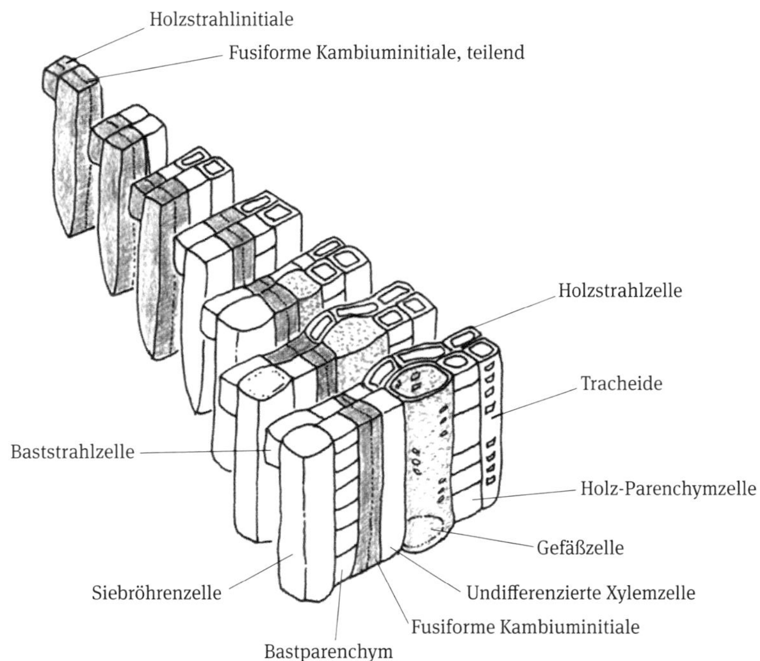

Differenzierung eines Gefäßelementes und parenchymatöser Zellen in Folge kambialer Teilung, von links nach rechts in sechs Schritten. Hier ist das Gefäßelement die größte der abgebildeten Zellen und wird von Parenchymzellen begleitet. (Zeichnung E. Zürcher nach Ray 1972)

Betrachtet man das Kambium als plankonkave Oberfläche, so lassen sich sogenannte Wellen morphogenetischer Phänomene beobachten, die sich entlang der Kambiumebene von oben nach unten bewegen. Diese Vorgänge können erfahrungsgemäß mit dem Fluss endogener Auxine in Zusammenhang gebracht werden, der von der Krone ausgeht. Auxin ist das bekannteste Pflanzenhormon, das in den apikalen Meristemen und in jungen Blättern gebildet wird. Es spielt für die Gefäßbildung bei Laubhölzern eine zentrale Rolle; an der Ausdifferenzierung der Fasern sind allerdings noch weitere Hormone beteiligt. Physiologen beobachteten, dass der Strom der Pflanzenhormone Schwankungen unterliegt und in Wellen auftritt. Das Ganze findet in einem dreidimensionalen Raum statt, da die Hormonströme nicht auf die Ebene des Kambiums beschränkt sind, sondern auch in den abgeleiteten Tochterzellen wirken, die sich weiter teilen. Die Beobachtung, dass morphogenetische Zonen ihre Lage schneller verändern, als Hormonströme bekanntermaßen fließen, lässt an ein »System gekoppelter Oszillatoren« denken. Simultaneität und Koordination bestimmter Aufbauprozesse lassen sich wahrscheinlich mit elektrophysiologischen Vorgängen erklären, da lebende Gewebe praktisch immer eine bioelektrische Spannung aufweisen. Diese können sowohl endogenen als auch exogenen Charakters sein; oft sind sie reversibel oder rhythmischer Art.

Wir befinden uns hier an der Schnittstelle von Vorgängen, die innerhalb der Stoffströme in gelöster Form oder in Suspension geschehen – die Domäne der Pflanzenphysiologie –, und den Prozessen, die bei der Ausbildung fester und permanenter anatomischer Strukturen stattfinden.

Paradoxerweise determinieren nicht allein Strukturen die Bahn der Flüssigströme, ebenso sehr sind es Ströme (von Flüssigkeiten oder elektrische), die das Kambium und seine neuen Derivate über Art und Funktion der entsprechenden neu zu bildenden Strukturen informieren.

Die Fragen, die sich bezüglich der Stoffströme stellen, sind:

- Wie erhalten die »morphogenetischen Wellen« ihre Impulse (Amplitude, Frequenz, Verbreitungsgeschwindigkeit) in den Knospen, dem Ursprung der Auxine?
- Was lässt sie von einem Verlauf parallel zur Stammachse abweichen, woraus beispielsweise der Drehwuchs entsteht?
- Wie können die Hormone auf der winzigen Strecke von der Größenordnung einer jungen Zelle in verschiedenen Konzentrationen und Zusammensetzungen aktiv werden?
- Ein Rätsel im Zusammenhang mit der Bildung von Strukturen ist: Was veranlasst die Zellen des Kambiums, diese Basiseinheiten, dazu, die

> Elemente für die Bildung der Gefäßbahnen zu produzieren? Diese sind manchmal mehrere Meter lang und bestehen aus perfekt zusammengefügten Zellen, umhüllt von genau der richtigen Menge Stützgewebe (Fasern) und Speichergewebe (Parenchym) – und das auf unterschiedliche Weise, je nach Baumart. Bei der Eiche zum Beispiel wird ein ganzes Gefäß im Frühholz simultan gebildet; es besteht aus einer Röhre mit einem Durchmesser von einem Drittel Millimeter, die über zehn Meter lang sein kann. Das entspricht einer gleichzeitigen Reihenbildung von 30000 Zellelementen, die über ihre durchlässigen Enden miteinander kommunizieren.

Diese Art der Fragestellung zielt nicht mehr auf Mechanismen, sondern auf Ursachen ab, die zu anderen Organisationsebenen gehören. In diesem Kontext ist die jüngst aufgestellte Emergenztheorie zu erwähnen. **Emergenz** bezeichnet das Phänomen, das auftritt, wenn einfache Systeme durch Interaktion oder Evolution ein komplexes Niveau erreichen, das nicht vorhersehbar ist und sich nicht durch die Analyse dieser Einzelsysteme beschreiben lässt.

Das Phänomen findet sich in allen dynamischen Systemen wieder, die eine Rückkopplung beinhalten. Ein typisches Merkmal der Emergenz bezeichnet die Eigenschaften: Ab einem bestimmten Komplexitäts- und Organisationsniveau von materiellen Teilchen oder biologischen Komponenten entstehen neue, authentische Eigenschaften. Die neuen Eigenschaften sind nicht auf einfachere reduzierbar und lassen sich nicht von den Phänomenen des niedrigeren Ausgangsniveaus ableiten. Ein Beispiel aus dem Bereich der Chemie: Nimmt man die Eigenschaften von Wasserstoff und von Sauerstoff jede für sich, so lassen sich daraus nicht die Eigenschaften des Wassermoleküls vorhersagen – und noch weniger diejenigen von Aggregatszuständen von Wasser in Kapillarstrukturen, wenn man an die jüngsten Arbeiten von Gerald POLLACK (2013) denkt. Allgemeiner gesagt: Wenn man von der unbelebten Materie ausgeht, ist es unmöglich, daraus die Eigenschaften der belebten abzuleiten (KIEFER 2007). In der Biologie ermöglicht diese Idee der Emergenz eine Umkehrung der Betrachtungsweise: So kann man von einem Organismus wie zum Beispiel einem Baum als funktionaler Einheit ausgehen, die eine hierarchische Ordnung hat. Tatsächlich ist der Organismus aus Organen aufgebaut und diese aus Geweben oder Zellgruppen mit ähnlicher Funktion. Die Zellen ihrerseits enthalten Organellen, die aus Makromolekülen bestehen. Ein Protein ist ein solches Riesenmolekül, mit Eigenschaften, die keines der chemischen Elemente, aus denen es zusammengesetzt ist, besitzt.

Auf jedem Organisationsniveau, das dem Organismus entspringt, lassen sich die Auswirkungen von Form- und Organisationsprinzipien erkennen – »aktive Informationsinhalte« im Sinn von Bohm und Peat (zitiert in HEUSSER 2013). Diese Form gebenden Prinzipien *(Causa formalis)* gliedern die Materie, die hier als notwendige Bedingung für ihre Manifestation und nicht als Grundursache des höheren Emergenzniveaus gesehen werden muss. In diesem Sinne organisiert sich die Natur selbst, aber nicht, wie oft angenommen wird, bloß »von unten«, durch spontane Zusammenfügung von Teilchen. Es geschieht auch »von oben«, das heißt als die Verwirklichung höher geordneter Substanzgesetze in einem ihnen untergeordneten Material. Dieses stellt allerdings die notwendige Bedingung dar für jene Manifestation (HEUSSER 2013).

Eine schöne Formel eines der Pioniere der modernen Botanik beschreibt diese Idee der erweiterten Emergenz und des morphogenetischen Felds: »Die Pflanzen bilden die Zellen, und nicht die Zellen die Pflanzen« (Anton de Bary, 1879, zitiert in HAGEMANN 1982).

POLARITÄT UND SPIRALITÄT

Durch das Unsichtbare par excellence, nämlich die dem reinen Denken zugeordneten Wissenschaften von Mathematik und Geometrie, erschließen sich uns überraschende Zusammenhänge hinsichtlich der Formgebung. Es handelt sich um spiralförmige Strukturen im Verhältnis der Goldenen Zahl (Φ), die sowohl bei den einjährigen als auch den mehrjährigen Pflanzen eine feste botanische Größe ist. So erfolgt die Anordnung der Blätter am Spross bei allen höheren Spermatophyten (den Samenpflanzen) zunächst in Form einer Spirale. Im Lauf der Evolution kommt es zu Modifikationen wie zweizeiliger (auf zwei Linien entlang einer Achse), kreuzweise gegenständiger (je zwei Blattpaare stehen im rechten Winkel zueinander) oder quirlständiger (mehr als zwei Blätter pro Etage) Blattstellung. Daher treten Spiralformen an vielen Bäumen in Erscheinung, besonders bei den Nacktsamern aufgrund ihres archaischen Charakters. Vermutlich waren Pinienzapfen die ersten Pflanzenorgane, deren spirale Geometrie genauer analysiert wurde.

Ehe die Spiralform genauer untersucht werden kann, gilt es, die zentrale Funktion der Achse zu verstehen, entlang derer sie sich aufbaut.

Polarität: Ein wichtiger Grundbegriff für das Verständnis des Pflanzenwachstums

In jeder Keimzelle findet beim Aufbau eines Organismus, sei es im Pflanzen- oder im Tierreich, eine erste Festlegung der Entwicklung durch eine Polarisierung statt, ein Phänomen, das Biologen schon lange bekannt ist. Das heißt: Es entwickelt sich ein »Oben« und ein »Unten«, ein »Vorn« und ein »Hinten«, ein »Rechts« und ein »Links«. Wie bei den vielzelligen

Tieren ist die Eizelle der höheren Pflanzen schon vor der Befruchtung funktionell polarisiert. Daraus entwickelt sich das befruchtete Samenkorn mit dem Embryo, der in einen Sprosspol und einen Wurzelpol differenziert ist. Nach der Keimung wächst der Spross im Allgemeinen aufwärts, der Gravitation entgegen, die Wurzel nach unten in die Erde. Der Spross kann jedoch nicht nur als »negativ geotrop« betrachtet werden, sondern auch als »fototropisch« oder »heliotropisch«, da sich seine Lebensenergie zur Sonne hin ausrichtet.

Innerhalb des Sprosses befinden sich die Leitbündel (Abbildung unten links), welche die Xylem- und Phloemsäfte transportieren und so den Kreislauf der flüssigen Substanzen gewährleisten. Der aufwärts fließende Strom besteht aus Wasser mit gelösten Mineralsalzen und ist von dem absteigenden, mit Zuckern angereicherten Phloemsaft durch eine dünne Schicht teilungsfähiger Meristemzellen getrennt, dem Kambium. Bei Bäumen führt die anatomische Weiterentwicklung zur Ausbildung einer flä-

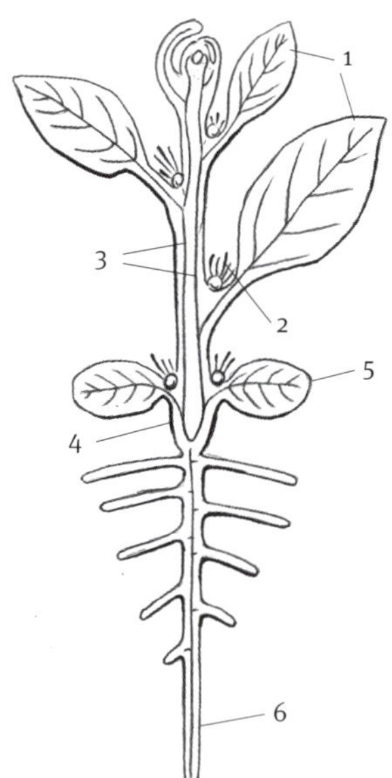

Links: Allgemeiner Pflanzenaufbau (»Pflanzentypus«) nach dem Botaniker Wilhelm Troll (1897–1978). Dieser Grundbauplan ist für morphologische Modifikationen bei den unterschiedlichen Arten offen. 1 Blatt; 2 Knospen; 3 Leitbündel; 4 Hypokotyl; 5 Kotyledonen; 6 Wurzel. (Zeichnung D. Rambert).
Rechts: Zweijähriger Spross einer jungen Waldföhre/Kiefer (Pinus sylvestris). *Die Nadeln werden immer paarweise nach einem spiralförmigen Muster an der Sprossachse angelegt. Das Anordnungsmuster besteht aus steilen rechtsdrehenden und flacheren linksdrehenden Spiralen. (Foto E. Zürcher)*

Junge Eichenpflanze (Quercus sp.) *mit verzweigter Achse und Wurzelsystem als Beispiel für die Polarität. (Zeichnung D. Dellas)*

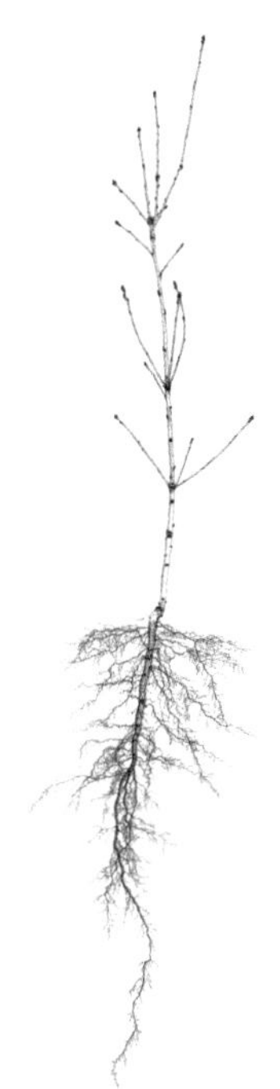

chigen, in sich geschlossenen zylindrischen Kambiumschicht. Sie liegt zwischen dem Splintholz, wo der Flüssigkeitstransport nach oben stattfindet, und der Rinde, wo der Strom durch das Bastgewebe nach unten fließt.

Die Flüssigkeitskreisläufe in der Pflanze und ihre Ausrichtung zwischen Himmel und Erde lassen uns die Pflanze als ein Lebewesen verstehen, das seine Entfaltung zwischen Wachstumsbedingungen terrestrischer Natur einerseits und kosmischer Natur andererseits realisiert. Letztere lassen sich nicht auf die Sonne allein zurückführen. Ihre Wirkung wird durch die anderer Gestirne (Mond, Planeten, feste Konstellationen) und ihre relativen Bewegungen bestimmt, wie wir im Kapitel zur Chronobiologie auf Seite 90 sehen werden.

Spiralform und die Goldene Zahl

Die spiralförmige Anordnung der Nadeln am jungen Kiefernspross verläuft nach einem allgemeinen Prinzip mit ausgesprochen geometrischem Charakter. Goethe (1749–1832) bezeichnete es als grundlegend und nannte es »Spiraltendenz, welche in der Natur waltet« und immer im Zusammenhang mit einer »Vertikaltendenz« steht. Der Genfer Philosoph und Naturforscher Charles Bonnet (1720–1793) hatte gezeigt, dass die Verteilung von Blättern oder Nadeln entlang eines Sprosses (Gegenstand der Phyllotaxie, Abbildung Seite 80 rechts) ebenso wie die Struktur eines Kiefern- oder eines anderen Nadelholzzapfens oder zum Beispiel auch einer Distelblüte in einer Abfolge gekreuzter Spiralen besteht. Diese streben immer einem bestimmten Verhältnis zu: dem Goldenen Schnitt oder der Goldenen Zahl. Dieses Zahlenverhältnis, das ursprünglich von Euklid (325–265 v. Chr.) beschrieben worden war, taucht unter anderem in der berühmten Zahlensequenz von Leonardo von Pisa (ca. 1170–1250), auch Fibonacci genannt, auf. Es handelt sich um eine Sequenz, bei der jedes Glied die Summe der beiden vorangehenden darstellt:

1 – 1 – 2 – 3 – 5 – 8 – 13 – 21 – 34 – 55 – 89 – 144 – ...

Aus dieser Serie lässt sich eine Reihe von rationalen Verhältnissen bilden 2/1, 3/2, 5/3, 8/5, 13/8 ... 144/89 ... , die gegen den Wert Phi (Φ) = 1,61803... verläuft. Analog konvergiert die Reihe 1/2, 2/3, 3/5, 5/8 ... gegen den Wert phi (φ) = 0,61803 (= Φ – 1). Betrachtet man den Zapfen der Waldföhre *(Pinus sylvestris)* von unten, wird die Anordnung der Schuppen in zwei Spiralsystemen sichtbar: Eine Gruppe von 13 Spiralen ist nach rechts (im Uhrzeigersinn) und eine aus 8 Spiralen nach links orientiert (wie in der Abbildung rechts am Beispiel der Strandkiefer dargestellt). Auch die Weymouth-Föhre *(Pinus strobus)* ist nach dem Goldenen Schnitt aufgebaut, allerdings im Verhältnis 8/5. An einem analysierten Exemplar der gewöhnlichen Kratzdistel *(Cirsium vulgare)*, einer einjährigen, krautigen Pflanze, waren die Samen am Blütenstand in einem doppelten Spiralsystem im Verhältnis von 26/16 angelegt. Dieses Verhältnis gehört zwar nicht der Fibonacci-Reihe an, ergibt aber mit 1,625 einen Wert, der nahe an der Goldenen Zahl liegt. Zudem ist dieses Verhältnis gleich 13x2/8x2, wodurch sich eine Annäherung an die Ausgangsreihe ergibt.

Ausgangspunkte für die Entfaltung von Leben

In der Regel werden die nach rechts und links ausgerichteten Spirallinien (siehe Abbildung rechts) von der Basis aus im beziehungsweise gegen den Uhrzeigersinn gezählt, also in aufsteigender Richtung, wenn man von der Achse des Zapfens oder dem Spross mit Blättern oder Knospen ausgeht. In Anlehnung an den berühmten österreichischen Förster und Hydrologen Viktor Schauberger (1885–1958) könnte man sich auch vorstellen, dass sich bei der Entstehung von Pflanzenorganen Serien von aufsteigenden Spiralen und Serien von absteigenden Spiralen kreuzen. In seiner Vorstellung ist von weiblichen, aufsteigenden Energien die Rede, welche von abwärts gerichteten männlichen Energien befruchtet werden. Konkret könnte man die Achselknospen am Spross und die Samenanlagen, die sich im Blütenboden oder entlang der Zapfenachse (an der Schuppenbasis) entwickeln, als Lebenskeimpunkte verstehen. Diese werden demnach in einem Gegenstromsystem nach dengenauen mathema-

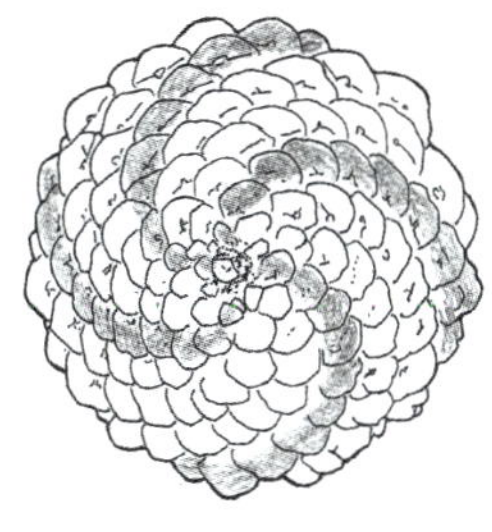

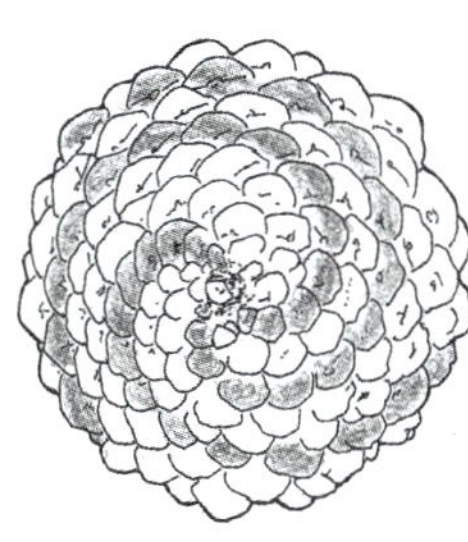

Zapfen einer Strandkiefer (Pinus pinaster) aus dem westlichen Mittelmeergebiet. Hier ist die doppelt-spiralförmige Schuppenanordnung im Verhältnis 13/8 erkennbar (links). Bei solchen Zapfen, und auch bei Blütenstrukturen wurden zudem übergeordnete »Diagonalspiralen« entdeckt, die ebenfalls der Fibonacci-Reihe angehören (G. BERGMANN 1989).

tisch-geometrischen Verhältnissen des Goldenen Schnittes angelegt. Im Sinne eines Pflanzenverständnisses, das die Wechselwirkung mit den astronomischen Rhythmen berücksichtigt, die unter anderem die Erdanziehung beeinflussen, erscheinen diese Lebenskeimpunkte auch als

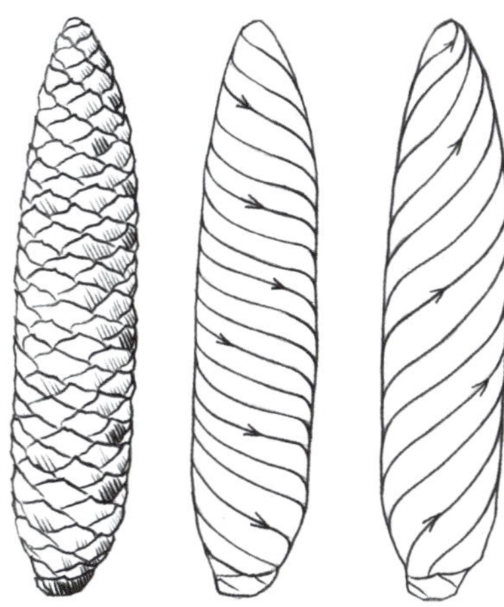

Schematische Vorstellung von zwei sich kreuzenden spiralförmig angelegten Energieströmen (die männlichen abwärts, die weiblichen nach oben fließend) (nach COATS *1996).*

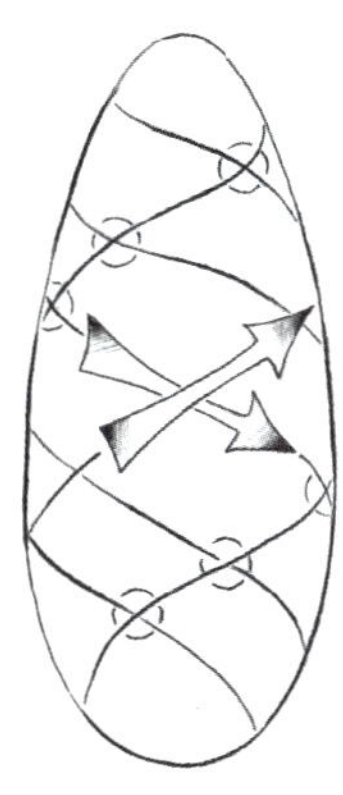

Räumliche Platzierung der Samenanlagen an den Kreuzungspunkten der artspezifischen Spiralen. (Zeichnung D. Rambert)

die Punkte, wo sich kosmische und terrestrische »Kraftlinien« kreuzen und befruchten (Abbildung Seite 83).

Die Auffassung, dass diese Kreuzungspunkte zweier Ströme besondere Orte sind, aus denen Leben entspringt, lässt sich auf die Zellen des Primärkambiums übertragen, welche die Leitbündel im jungen Spross unterteilen, und auf das erweiterte »Sekundärkambium«, das einen geschlossenen Zylinder bildet und die Basis für das Dickenwachstum des Stammes ist: Beide befinden sich genau zwischen dem im Xylem aufwärts fließenden Rohsaft und dem im Phloem (Bast) nach unten fließenden Bildungssaft.

Durch Einspritzen farbiger Flüssigkeit in das Splintholz am Fuß des Stammes konnten Physiologen (HARRIS 1989) feststellen, dass der Transport des Xylemsaftes nicht geradlinig, sondern im Allgemeinen ebenfalls in Form einer Spirale um die Achse des Baumes erfolgt. Je nach Baumart, aber auch in Abhängigkeit von den Wachstumsbedingungen konnten fünf verschiedene Arten beschrieben werden, wie Wasser bis in die Äste transportiert wird. Davon waren vier eindeutig nicht linienförmig, sondern spiralförmig und entweder nach rechts, links oder sogar alternierend nach beiden Seiten ausgerichtet. Diese Ströme gehen auf die Holzanatomie zurück, die Drehwuchs aufweist. Es sind wasserleitende Zellen, die mehr oder weniger von der achsialen Richtung abweichen und bei vielen Nadelhölzern eine radikale Richtungsänderung aufweisen, wenn der Baum vom Jugend- in das Altersstadium kommt, also bei Erreichen der definitiven Baumhöhe. Diese Phänomene garantieren, dass jede Wurzel annähernd jeden Ast mit Wasser versorgen kann, besonders die Spitze, den wichtigsten Teil der Krone. Das analoge Experiment über die absteigenden Ströme innerhalb des Phloems steht noch aus: Bewegen sie sich in umgekehrter Neigung abwärts?

Viktor Schauberger

Der österreichische Forstbeamte Viktor Schauberger hielt sich bewusst abseits des Universitätsbetriebes und war doch ein Hydrologe und Erfinder, der Techniker und Akademiker seiner Zeit in Erstaunen versetzte. Sein erstes realisiertes Projekt waren revolutionäre Flößanlagen zum Holztransport, die die damaligen Grenzen der Physik zu überwinden schienen. Als großer Beobachter von Naturphänomenen erforschte er verschiedene Wassereigenschaften und übersetzte die Erkenntnisse in technische Anwendungen bis hin zu Regenerationssystemen.

Im Wasser sah er nicht nur die Trägersubstanz jeglichen Lebens, sondern auch die Basis eines gemeinsamen »terrestrischen Gewissens«. Seine Überlegungen und Entdeckungen setzte er direkt in der Hydrologie (Wasserbau, Stauwerke, Dynamisierung von Wasser) um. Auch in der Forstwirtschaft und der Landwirtschaft fanden seine Einsichten Anwendungen. Lange vor unserer Zeit hatte er die Vision einer umweltschonenden Bewirtschaftung in Einklang mit der Natur (ALEXANDERSSON 2008, BARTHOLOMEW 2014).

In Anknüpfung an dieses Phänomen aus der Pflanzenwelt, wo die Selbstreproduktion einer räumlich-geometrischen Ordnung folgt, soll hier erwähnt werden, dass auf der Ebene des Zellkerns auch die Desoxyribonukleinsäure (DNS beziehungsweise DNA, die zentrale Substanz bei der Zellteilung) in Form einer doppelten Spirale nach dem Goldenen Schnitt aufgebaut ist. Ein kompletter Abschnitt der Doppelhelix hat eine Länge von 34 Ångström (1 Å = 10^{-10} Meter oder 1 Zehntel Milliardstel Meter), während seine Breite 21 Ångström misst: beides Ziffern aus der Fibonacci-Folge, die ein Verhältnis von 1,61905 bilden. Hierbei ist allerdings zu erwähnen, dass diese Größenabschätzungen je nach angewandter Technik leicht variieren. Bestimmte Forscher sehen hier einen Zusammenhang mit Schwingungs- und Resonanzphänomenen.

Der menschliche Körper: Ein Gründungsmythos und der Blutstrom

Hinsichtlich unserer unmittelbaren Erfahrungen ist die Goldene Zahl schon seit Langem als wesentlich für das Verständnis der Proportionen und der Harmonie des menschlichen Körpers bekannt. Beispielsweise liegt die Höhe des Nabels (wie auch die des Ellenbogens) beim Erwachsenen ungefähr im Goldenen Verhältnis zur Scheitelhöhe. Analog sind auch die Maße von Armen und Händen in diesem Verhältnis zu sehen und dadurch bedingt auch die traditionellen Maßeinheiten, die man davon abgeleitet hat wie Elle, Fuß, Spann und Handbreit (nach L. RIBORDY 2010).

Durch eine andere Art, solche Maßverhältnisse zu beschreiben, eröffnen sich in diesem Zusammenhang neue Perspektiven, darunter auch solche philosophischer oder ethischer Art: »Eine Ganzheit im Goldenen Schnitt zu teilen heißt, sie so zu teilen, dass der kleinere Teil sich zum

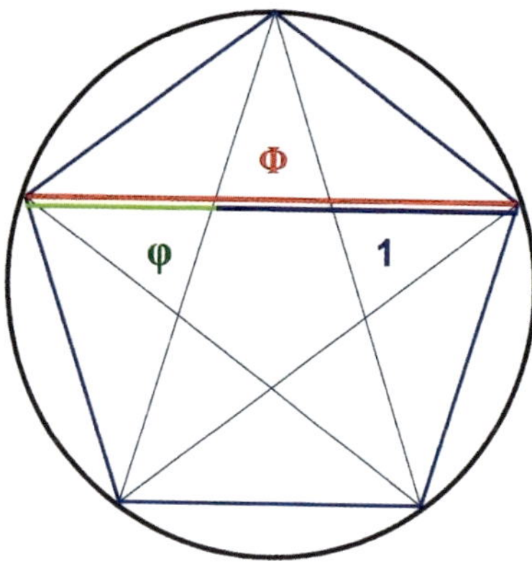

Zeichnet man einen fünfzackigen Stern in ein regelmäßiges Pentagon, so lässt sich daran der Fall eines Segments im Goldenen Schnitt demonstrieren. φ ist grün dargestellt, die Einheit blau und Φ rot: φ / 1 = 1 / Φ, weil 0,61803 = 1 / 1,61803 = 1,61803 – 1. Umgekehrt gilt auch: 1 / φ = φ (1– φ).

größeren verhält wie dieser zum Ganzen« (BÜHLER 1996). Das heißt: φ / 1 = 1 / Φ, also (0,61803… / 1) = (1 / 1,61803….) (siehe Abbildung oben). Dieses Maß wird von manchen Autoren als »Schöpfungsprinzip« gesehen, was im menschlichen Körperbau besonders ausgeprägt erscheint. Allgemeiner gesagt ist es eines der Schlüsselprinzipien, um »dynamische« Formen zu entwickeln, die sich jeglicher statischen Schwerfälligkeit entziehen.

Eng an diese geometrische Form, die in mehrfacher Hinsicht vom Goldenen Schnitt geprägt ist, ist die Form des Apfels gebunden, die Frucht des Apfelbaumes (*Malus sylvestris*, aus der Familie der Rosaceen). In der europäischen Symbolik nimmt er einen besonderen Platz ein. In der Volksüberlieferung steht er für die Frucht vom Baum der Erkenntnis, die Adam und Eva verboten war. Schneidet man ihn quer durch, zeigt er

In jedem Apfel ist das Kerngehäuse in Form eines fünfzackigen Sterns angelegt und damit ein Musterbeispiel für den Goldenen Schnitt. Orientiert man sich an den fünf Spuren der Leitbündel, die im Fruchtfleisch erkennbar sind, lässt sich noch ein zweiter fünfzackiger Stern in die Zwischenräume des ersten zeichnen. Während sich bei den noch relativ primitiven Koniferen die Samen spiralförmig entlang einer Achse anordnen, finden wir sie hier, bei einem wesentlich »moderneren« Rosengewächs, auf eine kleine Fläche begrenzt.

eine Struktur, in die sich hervorragend ein fünfzackiger Stern zeichnen lässt (Abbildung Seite 86 unten). Analog ergibt ein Querschnitt durch das Modell der erwähnten DNA ein gleichschenkliges Zehneck, in dem jede der Spiralen der Doppelhelix ein Fünfeck darstellt.

Um auf die spiralförmigen Flüssigkeitsströme zurückzukommen, wie sie beim Stofftransport in den Bäumen verlaufen: Dank moderner Technik konnten Kardiologen erst kürzlich ihre Existenz innerhalb des Herz-Kreislauf-Systems bestätigen und visualisieren. Blut fließt nämlich nicht turbulent durcheinander, sondern in spiralförmigen Wirbelbewegungen. Dies hängt mit der Struktur der Blutgefäße zusammen, die nicht als gerade Röhren, sondern ebenfalls leicht spiralförmig verlaufen, ein entscheidendes Detail für einen besseren Durchfluss. Diese Erkenntnisse werden inzwischen in der Herzchirurgie genutzt, wo man bei Bypass-Operationen die Vene, die aus dem Bein entnommen wird, leicht verdreht einsetzt.

Wirbelartige Flüssigkeitsströme

Dadurch, dass der aufsteigende Xylemsaft durch Einfärben im unteren Stammbereich sichtbar gemacht wurde, konnte nachgewiesen werden, dass der Strom nicht direkt in Richtung der Krone fließt, sondern spiralförmig entlang der Achse des Stammes. Eine interessante Parallele, die die Einheit biologischer Systeme verdeutlicht: Der Blutfluss in den großen Blutgefäßen und innerhalb der menschlichen Herzkammern bildet ebenfalls Wirbel, wie aus Studien mit dem Doppler-Echokardiografen und der kardialen Magnetresonanztomografie hervorgeht.

Aufgrund der jüngsten wissenschaftlichen Erkenntnisse über Wasser, die auf dem Phänomen der »Vierten Phase«, besonders in Kontakt mit hydrophilen organischen Membranen beruhen, erscheint die wirbelförmige Struktur beim Flüssigkeitstransport in einem neuen Licht. Eine der besonderen Eigenschaften dieser Wirbel besteht nämlich darin, dass sie den Sauerstoffgehalt von Wasser erhöhen und Energieemissionen durch Strahlung reduzieren, wobei die Temperatur deutlich zurückgeht. Diese letztgenannte Eigenschaft war von dem bereits erwähnten Viktor Schauberger entdeckt worden, der sie für die Erhaltung »biologischer Systeme« wie Bäume oder Wasserläufe als besonders wichtig erachtete (Sengupta 2012, Pollack 2013).

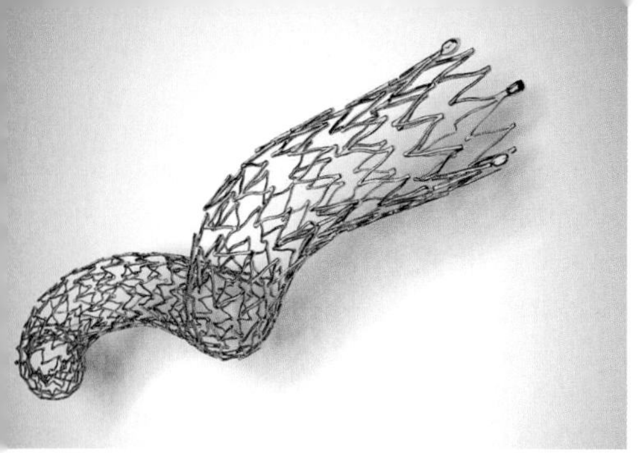

Ein revolutionärer Stent

*Die neuesten Erkenntnisse über den spiralförmigen Blutstrom wurden bei der Entwicklung eines Stents (einer künstlichen Arterie) angewandt, der dehnbar ist und eine leicht verdrehte Form hat. Er wurde von Prof. Colin Caro und seinem Team entwickelt (Patent Helical Stent US 82226704 B2, angemeldet 2012). Die Beschreibungen lesen sich so, als wären sie direkt von den Anleitungen inspiriert, die Viktor Schauberger vor 80 Jahren dem Bau hydraulischer Anlagen zugrunde gelegt hatte. Bei Versuchen an Schweinen im Labor war die neue Entwicklung den Standardmodellen deutlich überlegen und übertraf alle Erwartungen (*DAY *1998,* CARO *et al. 2013; Foto oben: V. Lee, Veryan Medical Limited).*

Die Waldrebe (Clematis vitalba) *ist eine verholzende, aber nicht sich selbst tragende Pflanze, die der Gruppe der Lianen angehört (rechts, Zeichnung D. Dellas). Von allen Pflanzen erreichten sie beim Transport des Xylemsaftes die höchsten Geschwindigkeiten: Das Maximum wurde von* KUCERA *und* BOSSHARD *(1981) gemessen und betrug 222 Meter pro Stunde.*

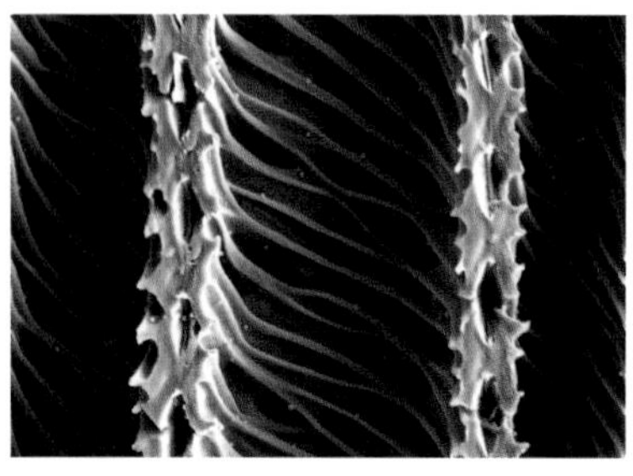

Vergleichsweise fließt der Saft bei Nadelbäumen mit einer Geschwindigkeit von 1 bis 2 Metern pro Stunde. Die stark spiralförmig ausgeprägte Struktur der Gefäßwände der Waldrebe (links, Foto Th. Volkmer) spielt hierbei vermutlich eine entscheidende Rolle.

In Anbetracht der Wechselwirkung von Spiralität und Polarität erhält der »archetypische« Charakter der Bäume eine neue Dimension und verleiht ihm eine noch tiefere Bedeutung für unser Naturverständnis. Darüber hinaus stellt sich die Frage: Wenn wir nach denselben mathematischen Verhältnissen strukturiert sind wie Pflanzen und insbesondere Bäume und wenn unsere Physiologie nach den gleichen hydraulischen Gesetzen funktioniert – heißt das nicht auch, dass wir viel mehr voneinander abhängen als bisher angenommen?

CHRONOBIOLOGIE

In diesem Kapitel über die beobachtbaren Rhythmen im Bereich der Baummorphologie und -physiologie soll der Schwerpunkt nicht auf den Rhythmen liegen, die von der Sonne gesteuert werden – wie die leicht wahrnehmbaren Veränderungen im Lauf des Tages oder der Jahreszeiten. Es werden hier viel subtilere Rhythmen thematisiert, häufig unsichtbar für denjenigen, der sie nicht sucht: die Rhythmen der Bäume, die in Einklang mit Bewegungen oder Positionen des Mondes im Verhältnis zu anderen Himmelskörpern stehen.

Die Biologie der Rhythmen

Ein typisches Merkmal der belebten Welt besteht darin, dass vielen Wachstumsprozessen und den Strukturen, die dabei gebildet werden, ein Rhythmus zugrunde liegt. Am offensichtlichsten ist dieses Merkmal beim Wechsel von intensiver Aktivität mit Ruhephasen. Bei Bäumen wurden solche Rhythmen im Zusammenhang mit dem Verlauf der Jahreszeiten und der Abfolge phänologischer und morphologischer Entwicklungsstadien beschrieben, die sich auch im Zustand der Meristeme und der anatomischen Strukturen widerspiegeln. Auf dem Gebiet der Physiologie macht sich der Tagesrhythmus ebenfalls bemerkbar, wie zum Beispiel bei den Mechanismen, welche die Stomata – die Blattöffnungen auf der Unterseite – regulieren, den Gasaustauch ermöglichen und bei der Organisation der Wasserbewegungen durch die Pflanze mitwirken.

Die nachweisbaren Rhythmen innerhalb von Prozessen oder Strukturen, die direkt durch Umwelteinflüsse wie Temperatur, Licht oder Feuchtigkeit ausgelöst oder beeinflusst werden können, nennt man »exogen« im Gegensatz zu »endogenen« Rhythmen, die offensichtlich artspezifisch sind. Letztgenannte dienen vornehmlich der Selbstregulation auf der inneren Ebene, ohne direkt erkennbaren ursächlichen Zusammenhang mit Einwirkungen von außen; die Umweltfaktoren spielen hier eher eine verändernde Rolle. Ein Beispiel dafür ist die regelmäßige Alternanz von Parenchymgewebe mit faserigen Zonen oder Gefäßen in den Jahresringen vieler Tropenhölzer. Ebenfalls zur Kategorie der endogenen Rhythmen zählen vermutlich die hochfrequenzartigen Oszillationen, die in einem circa 40-minütigen Rhythmus bei der Wasserspannung und der Transpiration an den Blättern der Baumwollpflanze (*Gossypium* sp.) gemessen wurden.

Lange Zeit dienten die nächtlichen Bewegungen von Bohnenpflanzen als Beispiel für eine autonome Bewegung oder einen endogenen Rhythmus: Tatsächlich beträgt die Periode des Rhythmus, der an der Blattstellung bei der Schwertbohne *(Canavalia ensiformis)* beobachtet werden konnte, in kontrollierter Umgebung (unter konstanten Bedingungen) deutlich mehr als 24 Stunden und ist damit unabhängig vom Tag-Nacht-Rhythmus. Noch dazu zeigen Nachbarpflanzen der gleichen Art, die unter den gleichen Laborbedingungen wachsen, offensichtlich unabhängige Blattbewegungen, oft in entgegengesetzter Richtung. Dies war für die Forscher der Anlass, von einer »inneren biologischen Uhr« zu sprechen. Erst 79 Jahre später führte eine erneute genaue Analyse der Ausgangsdaten zu folgender Feststellung: Der Beginn der Bewegung einer bestimmten Pflanze fand immer 6,2 Stunden oder ein Vielfaches dieses Zeitraums nach dem Beginn der vorhergehenden Bewegung statt. Nun ist die einzige Kraft, die auf der Erde in einem Rhythmus von 6,2 Stunden wirkt, die der gravimetrischen Gezeiten, deren kompletter »circadianer« mittlerer Rhythmus 24 Stunden, 50 Minuten und 28 Sekunden beträgt, also ungefähr vier Mal 6,2 Stunden. Deshalb gab Gunter Klein, der Vater dieser Entdeckung, seinem Buch den Titel »Der Abschied von der ›inneren Uhr‹« (1999).

Dieses letzte Beispiel zeigt, wie gut wir daran tun, wenn wir uns nicht damit zufriedengeben, bestimmte Rhythmen bei den Pflanzen einfach als endogen zu bezeichnen und damit den Bezug zur Außenwelt zu vernachlässigen. Stattdessen gilt es, die Übereinstimmungen mit den großen Rhythmen aus dem Bereich der Astronomie aufzudecken. Dadurch erkennen wir zum einen zusätzliche Zusammenhänge für unser Naturverständnis, zum anderen führt es uns zur (Wieder-)Entdeckung von Techniken für zeitbezogenes Arbeiten mit pflanzlichen Organismen.

Ein paar Fachbegriffe rund um Chronos

Die Wissenschaftsdisziplin, die sich mit den zeitlichen Strukturen der Organismen befasst, nennt sich Chronobiologie. Sie beschäftigt sich mit all den Lebensprozessen, die in rhythmischer Form auftreten: Tagesrhythmen, Mond- und Jahresrhythmen, Rhythmen in der Größenordnung von Stunden oder Minuten, wie sie unser Verdauungssystem kennzeichnen, oder diejenigen mit noch höherer Frequenz (im Bereich von Millisekunden), wie sie zum Beispiel in unserem Nervensystem vorherrschen. Die Chronobiologie hat sich im Lauf der vergangenen fünfzig Jahre beträchtlich entwickelt und in unterschiedliche Richtungen aufgespaltet. Die Chronophysiologie beschreibt und analysiert die Konfiguration rhythmischer Prozesse von verschiedenen Funktionen des Organismus und wie sie mit den Umweltfaktoren in Wechselwirkung stehen. Die Chronopharmakologie analysiert die chronobiologische Wirkung von Medikamenten. Man unterscheidet in der modernen Medizin übrigens Chronopathologie, Chronotoxikologie, Chronotherapie und Chronohygiene.

Das Säen und Pflanzen im Einklang mit den Mondphasen

Als heterotrophes Wesen, also eines, das sich von anderen Organismen ernährt, musste der Mensch für sein Überleben schon immer auf rhythmische Vorgänge bei Pflanzen achten. Beim Lesen von Büchern über volkstümliche Bräuche und Bauernregeln wie auch bei der Lektüre alter Autoren (wie Hesiod, ein griechischer Dichter aus dem 8. Jahrhundert v. Chr. und Verfasser des Lehrgedichtes »Werke und Tage«) oder auch im Gespräch mit Gärtnern, Landwirten, Förstern oder Holz verarbeitenden Fachleuten und Künstlern kann man immer wieder zwei Feststellungen machen:

- Abgesehen vom Rhythmus der Jahreszeiten, die, geozentrisch gesehen, von der Sonne gesteuert werden, nennen diese Quellen und Personen systematisch die Mondphasen als einen Faktor, der das Wachstum, die Struktur, die Eigenschaften und sogar manche Qualitäten der Pflanzen beeinflusst;
- Trotz großer geografischer Entfernungen, die zwischen den einzelnen Informationsquellen bestehen, stößt man diesbezüglich oft auf übereinstimmende Angaben.

Dies scheint auf eine eventuelle Existenz objektiver Fakten hinzuweisen. So stimmen die allgemeinen Regeln, die das Fällen von Bäumen betreffen, insofern überein, als sie den Faktor »Mond« nennen, egal, ob sie im Bereich der Alpen oder im Nahen Osten, in Indien, Ceylon, Brasilien oder in Guyana, Korea, Mali oder Finnland formuliert wurden. All diese Traditionen scheinen auf ähnlichen Beobachtungen zu beruhen: Zum Beispiel wird die Phase des abnehmenden Mondes als die günstigste für das Fällen von Bäumen angesehen, die festes, gegen Insekten und Pilze resistentes Bauholz ergeben. Noch allgemeiner sind Erfahrungsregeln verbreitet, nach denen Keimverhalten und Wachstum von Kulturpflanzen begünstigt werden können, indem man bestimmte Phasen oder die astronomische Position des Mondes bei der Aussaat berücksichtigt.

In diesem Zusammenhang ist zu betonen, dass der Mensch sich früher länger und ruhiger der Beobachtung widmen konnte. Diese war für ihn, wegen der im Vergleich zu heute schwierigeren Existenzbedingungen, von lebenswichtiger Bedeutung. Bis vor Kurzem drängte sich zwischen den Menschen und den Gegenstand seiner Arbeit keine Maschine und keinerlei Automatisierungsprozess, was ihm vermutlich erlaubte, die Qualität seiner Wahrnehmung extrem zu verfeinern.

Wahrscheinlich kam ab dem Moment, wo die genaue, objektive und wiederholte Beobachtung zugunsten einer blinden Übernahme traditioneller Regeln aufgegeben wurde, zu den realen Fakten manchmal ein Teil Aberglaube hinzu. Auch beim Übergang von der mündlichen Überlieferung zum geschriebenen Text kam es vielleicht zu einigen Verdrehungen, weil der Autor des Textes und die Person mit dem Pflanzenwissen nicht mehr identisch waren.

Astronomische Rhythmen

Der Bestimmung des richtigen Aussaat- oder Fällzeitpunktes liegen in den historischen Aufzeichnungen oder den aktuellen mündlichen Mitteilungen drei Arten von Regeln zugrunde:

- Nach den Mondphasen, damit ist der synodische Mondrhythmus gemeint, dessen Periode 29,531 Tage dauert. Dieses Maß umfasst zunächst den Übergang von einem Neumond zum Vollmond, also eine zunehmende Phase, und die darauf folgende abnehmende Phase beim Fortschreiten zum nächsten Neumond (Abbildung Seite 95). Im Tagesablauf lässt sich dieser synodische Rhythmus beim Wechsel der Gezeiten beobachten, dessen Hauptperiode 24,8 Stunden dauert – wobei dieser Rhythmus in den Überlieferungen nur selten erwähnt wird. Eine derzeit bekannte Anwendung betrifft den Schnitt der Bambusart *Phyllostachys aurea* in Equador: Um die Stunden mit Ebbe zu bestimmen, die sich auf die Haltbarkeit des Bambus günstig auswirkt, schneiden die Bauern im Inland eine so genannte Wasserliane, die genau während dieser Phase keinerlei Ausscheidungen absondert.

– Nach dem »aufsteigenden« und dem »absteigenden« Mond im Verhältnis zum Horizont der Erde, was dem tropischen Mondrhythmus entspricht. Dieser für den Beobachter weniger deutlich wahrnehmbare Rhythmus bezieht sich auf die Höhe der sich wiederholenden Umlaufbahn des Mondes im Verhältnis zum Horizont, die sich systematisch verändert. Dreizehn oder vierzehn Mal steigt die Höhe dieser Umlaufbahn, danach kehrt sich die Tendenz für die zweite Hälfte des tropischen Monats, dessen Periode genau 27,32158 Tage beträgt, um. Hier soll auf eine mögliche Quelle für Verwechslungen hingewiesen werden: Der Ausdruck »aufsteigender/absteigender« Mond wird manchmal für »zunehmenden/abnehmenden« Mond benutzt, wobei sich die Perioden dieser beiden Zyklen um 2,21 Tage unterscheiden. Beide Rhythmen fallen immer gegen Ende Dezember zusammen, wenn Vollmond oder Neumond in der höchsten beziehungsweise niedrigsten Passage der tropischen Umlaufbahn stattfindet.
– Nach den Sternbildern des Tierkreises, in denen sich der Mond befindet: Hier existiert eine dritte, als beeinflussend geltende Ebene, die schon seit langer Zeit erwähnt wird. Bestimmte, wenig bekannte Zeugnisse, wie die Mani-Schriften, gehen bis zur Zeit des Perserreichs zurück. Sie berufen sich auf den siderischen Mondrhythmus, dessen Periode sehr nahe an der des tropischen Mondrhythmus ist und sich auf die Sternbilder des Tierkreises bezieht, den der Mond auf seiner Bahn um die Erde durchläuft. Ein angenommener Referenzpunkt eines Sternbildes wird nach einem Zeitraum von 27,32166 Tagen wieder erreicht. Eine Fehlerquelle über große Zeiträume und eine Verwechslung mit den konventionell festgelegten astrologischen Tierkreiszeichen rührt daher, dass die astronomischen Sternbilder, die zu einem bestimmten Zeitpunkt des Jahres beobachtet werden können, ihre Lage wegen der langsamem Kreiselbewegung der Erdachse (Präzession) unmerklich verändern. Die Periode des siderischen Mondumlaufs überschreiet die des tropischen lediglich um sieben Sekunden.

Der wichtigste Mondrhythmus, der synodische, teilt sich in mehrere kürzere Rhythmen auf; sie sind an das Phänomen der Gezeiten gekoppelt, die wiederum auf die Erdrotation zurückgehen. Man unterscheidet:

Periode	Rhythmus oder Mondphase	Einheit
12,42 Stunden	Gezeitenrhythmus, tidal	halbtägliche Gezeiten
(24 Stunden	täglich	Tag: Sonnenzyklus als Referenz)
24,85 Stunden	bitidal, lundian	Mondtag
7,38 Tage	circaseptan	Mondwoche
14,76 Tage	semilunar	Syzygie (Konjunktion oder Opposition bezüglich der Sonne)
29,53 Tage	lunar, synodisch	Mondwechsel, Mondmonat: Neumond, Vollmond, Neumond

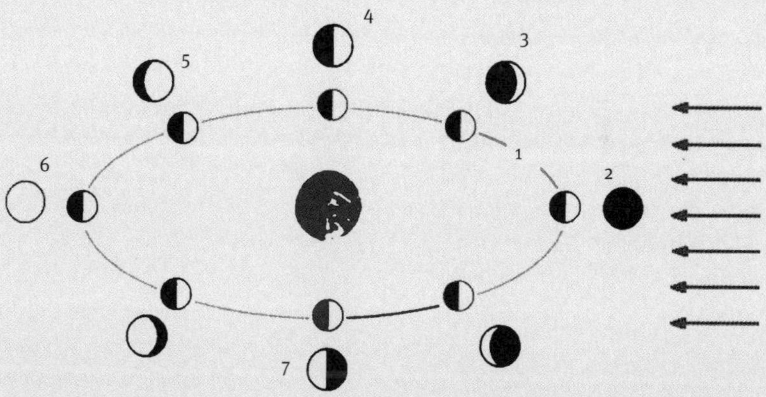

Die Mondphasen des synodischen Zyklus mit einer Umlaufzeit von 29,53 Tagen. Die Umlaufbahn des Mondes um die Erde (1), aus der Perspektive eines Beobachters, der das Erde-Mond-System von einem über dem Nordpol gelegenen Punkt aus betrachtet, das Sonnenlicht kommt von rechts. Bezüglich dieser Umlaufbahn sind die Formen der Ausleuchtung des Mondes so dargestellt, wie sie von der nördlichen Hemisphäre der Erde aus zu sehen sind. Die Aufzählung erfolgt im Gegenuhrzeigersinn: Neumond (2), zunehmende Sichel (3), erstes Viertel oder zunehmender Halbmond (4), zunehmender Dreiviertelmond (5), Vollmond (6), abnehmender Dreiviertelmond, letztes Viertel oder abnehmender Halbmond (7), abnehmende Sichel.

Die vier Elemente und die Tierkreiskonstellationen

Die erste schriftliche Ausarbeitung einer Kosmogonie, die von den vier Elementen Luft, Feuer, Erde und Wasser geprägt ist, geht auf den griechischen Vorsokratiker Empedokles (ca. 490–435 v. Chr.) zurück. Beachtenswert ist, dass lange Zeit nicht geklärt werden konnte, woher die

Verbindung ursprünglich stammt, die den vier Elementen und den Tierkreiskonstellationen zugeschrieben wird.

Die Entdeckung alter Schriften, die als Folge einer Reihe von glücklichen Umständen 1930 in Medinet Madi in Ägypten gemacht wurde, lässt den Ursprung dieser Relation im frühen Perserreich vermuten. Tatsächlich stellen die in koptische Sprache übersetzten Fassungen der Lehrschriften eines der ersten Vertreter des Christentums, Mani (216–276 oder 277) eine solche Verbindung her. Sie erwähnen in den Kapiteln 69 und 70 der »Kephalaia«, eine Verbindung der zwölf »Zodia« mit vier Bereichen oder spezifischen Prozessen wie 1) Vierbeiner, 2) Pflanzen, 3) die Zukunft der Menschheit und 4) Wasser. Diese Bereiche wiederholen sich immer wieder. Der erste dieser Bereiche ist den Abschnitten des Tierkrei-

Die Sternbilder des Tierkreises und ihre jeweilige Ausdehnung (in Grad), wie sie von der Erde aus beobachtet werden können

Fische 351 bis 29 Grad	Widder 29 bis 53 Grad	Stier 53 bis 89 Grad	Zwillinge 89 bis 117 Grad
Krebs 117 bis 138 Grad	Löwe 138 bis 173 Grad	Jungfrau 173 bis 219 Grad	Waage 219 bis 238 Grad
Skorpion 238 bis 268 Grad	Schütze 268 bis 298 Grad	Steinbock 298 bis 326 Grad	Wassermann 326 bis 351 Grad

Traditionelle Qualitäten und Elemente

Wasser	Feuer	Erde	Luft

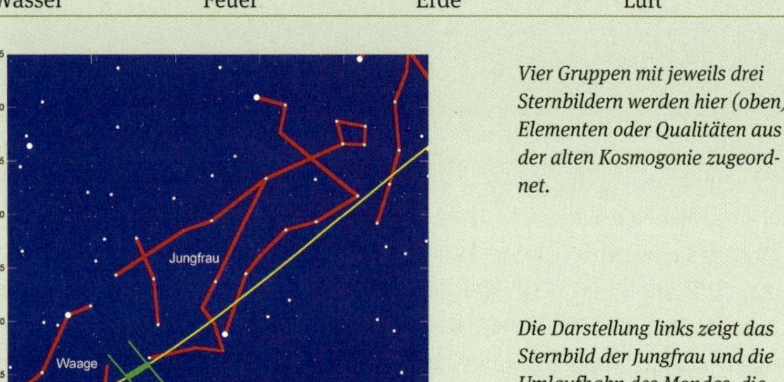

Vier Gruppen mit jeweils drei Sternbildern werden hier (oben) Elementen oder Qualitäten aus der alten Kosmogonie zugeordnet.

*Die Darstellung links zeigt das Sternbild der Jungfrau und die Umlaufbahn des Mondes, die als Nächstes im Sternbild der Waage verläuft (*Baumgartner/Flückiger *et al. 2004).*

ses untergeordnet, die später zu den drei »Feuerzeichen« werden: Widder, Löwe, Schütze, der zweite den »Erdzeichen« Stier, Jungfrau, Steinbock, der dritte den »Luftzeichen« Zwillinge, Waage, Wassermann und der vierte den »Wasserzeichen« Krebs, Skorpion, Fische.

Wie wir im folgenden Kapitel sehen werden, stehen die Schwankungen der Holzeigenschaften, die vom Fälldatum abhängig sind, nicht nur in einem synchronen Zusammenhang mit dem synodischen Mondrhythmus, sondern mindestens genauso signifikant mit dem siderischen Mondrhythmus, was man so nicht erwartet hätte.

Drei Pionierinnen der Chronobiologie des Mondes und eine in Vergessenheit geratene These

Eine der ersten Untersuchungen an Pflanzen bezüglich der lunaren Chronobiologie, die wissenschaftlichen Kriterien genügte, ist Elizabeth Semmens zu verdanken. Sie wurde 1923 in der berühmten Zeitschrift »Nature« erstmals veröffentlicht und 1947 noch präzisiert. Die Forscherin weist darauf hin, dass Senfsamen (*Sinapis* sp.). unter dem Einfluss von Mondlicht deutlich schneller keimen. Im Experiment stellt sie eine Verbindung zwischen diesem Phänomen und der polarisierten Natur dieses Lichts her, die auf Reflexion zurückzuführen ist. Diese Polarisierung ist zu bestimmten Zyklusphasen deutlicher ausgeprägt. Dieser Lichttyp verstärkt den Zersetzungsvorgang in dem stärkehaltigen Samen durch die Amylase, ein Enzym, das die Hydrolyse dieses Reservestoffes bewirkt.

Mittels sehr umfangreicher Laborversuche hat eine weitere Forscherin, Lili Kolisko, von 1927 bis 1935 Wachstumsvariationen bei Pflanzen in Abhängigkeit vom synodischen Mondrhythmus bewiesen. Für ihre Untersuchung wählte sie Gemüse-, Blumen- und Getreidesamen (Salat, *Lactuca sativa;* Blumenkohl, *Brassica oleracea;* Lauch, *Allium porrum;* Tomate, *Lycopersicon esculentum;* Erbsen, *Pisum sativum;* Bohnen, *Phaseolus vulgaris;* Liebstöckel, *Levisticum officinale;* Schafgarbe, *Achillea millefolium;* Zitronenmelisse, *Melissa officinalis;* Eisenhut, *Aconitum napellus;* Mais, *Zea mays;* Weizen, *Triticum* sp.; Hafer, *Avena sativa,* und Gerste, *Hordeum vulgare*). Diejenigen Pflanzen, die zwei Tage vor Vollmond gesät worden waren, keimten besser, wuchsen stärker, bildeten mehr Blüten aus und lieferten eine bessere Ernte als diejenigen, deren Aussaatzeitpunkt zwei Tage vor Neumond lag. Manche Versuchsreihen wiesen abrupte Veränderungen auf, wenn man vom idealen Zeitpunkt circa zwei Tage vor Vollmond auf den genauen Tag des Vollmondes wechselte, was auf eine Art Phasenverschiebung zwischen der sichtbaren Bahn unseres Satelliten und seiner Wirkung auf das Keimverhalten schließen lässt. Kolisko arbeitete mit sehr homogenem Material und wählte die von Rudolf Steiner vorgeschlagenen Zeitpunkte aus, dem Begründer der biodynamischen Landwirtschaft, die seit 90 Jahren mit zunehmendem Erfolg praktiziert wird.

Es stellte sich heraus, dass die genaue Mondphase zum Aussaatzeitpunkt auch auf die gesamte sich anschließende Entwicklung der Pflanze großen Einfluss hatte, also bei der Keimung, bei Wachstum und Blütenansatz beziehungsweise beim Fruchtansatz. Dieser Einfluss ergänzte den der Jahreszeiten, die ihrerseits in Verbindung mit der astronomischen Beziehung zwischen Erde und Sonne stehen.

Die Existenz dieser Periodizitäten wurde weiterhin und wird bis heute durch eine ganze Reihe von Versuchen mit Jahrespflanzen bestätigt, aber auch mehrfach durch Arten differenziert, die sich offensichtlich dem Phänomen entgegengesetzt verhalten.

Die systematischen Langzeitversuche von Maria Thun erlauben nach ihrer Aussage die Einteilung in vier verschiedene Stimulations- und Wachstumstypen (Wurzel/Spross, Blatt, Blüte, Frucht) in Abhängigkeit von der Position des Mondes im Tierkreis (dem oben definierten siderischen Rhythmus) zum Saatzeitpunkt. Diese Versuchsergebnisse, die leider nicht Gegenstand von Veröffentlichungen nach aktuellen wissenschaftlichen Standards sind, veranlassten die Forscherin, jedes Jahr einen »Aussaatkalender« herauszugeben, der von vielen Gärtnern geschätzt wird. In diesem Zusammenhang existieren auch einige Arbeiten, welche die Realität des Phänomens bestätigen, sie sind jedoch wegen der relativen Komplexität eines adäquaten Versuchsdesigns weniger zahlreich.

Erwähnen wir noch die Arbeit von William Jackson MILTON, die 1974 als Dissertation an der Northwestern University in Evanston, Illinois (USA), veröffentlicht wurde. Diese praktisch unbeachtete Doktorarbeit verdeutlicht am Beispiel von Mais die vielfältigen Auswirkungen des synodischen Mondrhythmus anhand von Messungen am jungen Spross (der Koleoptile) eine Woche nach der Aussaat. Aussaatserien im Tagesabstand und unter Laborbedingungen führen zum Nachweis eines Wochenrhythmus, der Mondvierteln entspricht. Dem Maximum vor dem Vollmond steht einerseits ein Minimum zwischen letztem Viertel und Neumond, andererseits Minima genau im Moment des ersten Viertels und genau bei Vollmond gegenüber.

Diese systematischen Schwankungen innerhalb kurzer zeitlicher Abstände könnte die offensichtliche Divergenz in den Ergebnissen anderer Forscher erklären, die bei der Wahl des genauen Saatzeitpunkts für

Mais weniger exakt vorgegangen waren. Im Übrigen erwiesen sie sich als wertvoll bei der Planung und Interpretation von Versuchen mit Bäumen.

Keimung und Initialwachstum bei Bäumen

In einer Forstbaumschule in Ruanda boten sich durch die Lage in den Tropen günstige Bedingungen für Experimente zum Keim- und Wachstumsverhalten von verholzenden Arten im Zusammenhang mit dem Faktor Mond an: Tageslänge und -temperaturen sind dort geringeren Schwankungen unterworfen als in höheren Breitengraden, und die Trockenzeiten können durch Gießen kompensiert werden. Die Arbeiten erstreckten sich über drei Jahre: Vorstudie, Hauptversuch mit zwölf Aussaaten in vier gleichzeitigen Wiederholungen mit jeweils 50 Samenkörnern und schließlich ein Kontroll- und Komplementärversuch. Die Aussaaten des Hauptversuchs fanden abwechselnd zwei Tage vor Vollmond und zwei Tage vor Neumond statt und bezogen sich damit auf die schon erwähnten Arbeiten von Kolisko.

Beim Musizi (*Maesopsis eminii*, Umbrella Tree), einer afrikanischen Rhamnacee mit einem Verbreitungsgebiet von Liberia bis Kenia, unterliegen Keimgeschwindigkeit und Keimrate ebenso wie die mittleren und maximalen Wachstumswerte während der ersten Monate deutlichen rhythmischen Schwankungen mit vergleichsweise höheren Werten für die Saaten, die vor dem Vollmond gesät wurden (Abbildung unten).

Aussaat nach Mondphasen

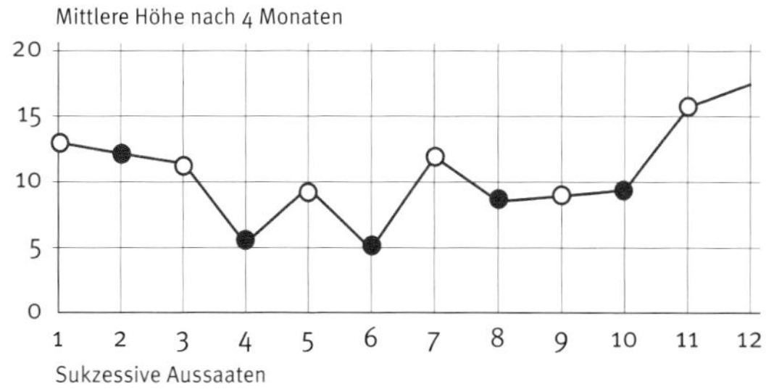

○ Aussaat zwei Tage vor dem Vollmond
● Aussaat zwei Tage vor Neumond (ZÜRCHER 1992)

Mittlere Höhe von vier Monate alten Jungpflanzen der Gattung Maesopsis eminii, *die zwischen Mai und Oktober 1990 im Zusammenhang mit den Mondphasen gesät wurden.*

Unabhängig davon wurde fünf Jahre später in Westafrika nach der gleichen Methode ein Versuch mit vier Baumarten aus Trockenzonen gemacht (*Sclerocarya birrea, Adansonia digitata, Afzelia africana* und *Detarium microcarpum*), der diesen Rhythmus bestätigt, allerdings ausschließlich bezogen auf einen Entwicklungszeitpunkt der Pflanzen zwei Monate nach der Saat.

Wichtig ist bei dieser Art von Versuchen, dass bei der Auswahl des Saatzeitpunktes mit größter Genauigkeit gearbeitet wird: Der Aussaatzeitpunkt des Vollmondtages selbst liegt nahe an den günstigen Terminen zwischen dem ersten Viertel und dem Vollmond. In einem Komplementärversuch mit *Maesopsis eminii* liefert er aber manchmal sogar schlechtere Ergebnisse als die Aussaaten, die zwei Tage vor Neumond gemacht wurden, eine Beobachtung, die schon von Milton beim Mais gemacht wurde. Dennoch ist davon abzuraten, sich ein schematisches Bild von dieser Übereinstimmung zwischen den Vegetationsrhythmen und den Mondphasen zu machen. Tatsächlich können manche verholzende Arten (*Acacia melanoxylon* und *Sesbania sesban*) ein entgegengesetztes Verhalten aufweisen und auf den Aussaatzeitpunkt vor Neumond positiv reagieren, ähnlich wie das 1933 von Popp und später 1994 von Spiess bei der Kartoffel beobachtet wurde. Diese ersten positiven Ergebnisse, die forstlich genutzte Baumarten betrafen, zeigten, welche Bedeutung die Mond-Chronobiologie für die Arbeit von Baumschulen haben kann, die gesunde und kräftige Bäume produzieren möchten.

Ein Versuch neu interpretiert

In seiner kurzen Darstellung der Forschungen über Mondphasen in der Pflanzenwelt, die 1946 in »Nature« erschien, stützte C. F. C. Beeson seine im Allgemeinen eher skeptische Haltung auf die Arbeiten von Ernst Rohmeder im Jahr 1938, welche dieser offensichtlich dem Thema gegenüber sehr kritisch und vorurteilsbehaftet durchgeführt hatte. Ziel dieser Arbeiten war es, die von Kolisko aufgedeckten Besonderheiten zu überprüfen. Das Experiment wurde mit einem Vorrat an hoch keimfähigem und homogenem Fichtensaatgut *(Picea abies)* in den Jahren 1936 (vier Monate) und 1937 (sieben Monate) sehr exakt durchgeführt. Bei 87 Serien mit jeweils 1200 Samenkörnern, insgesamt also 104 400, wurden Keimgeschwindigkeit und Keimrate nach 7, 10, 14 und 21 Tagen bestimmt. Pro synodischen Mondmonat wurden acht Zeitpunkte für die Aussaat gewählt: das erste Viertel, Vollmond, das letzte Viertel, Neumond sowie die erste zunehmende Sichel, der zunehmende Dreiviertelmond, der abnehmende Dreiviertelmond und die abnehmende Sichel.

Die Schwankungen, die in beiden Jahren innerhalb einer relativ kleinen Spanne auftraten, die Auswirkungen durch den Alterungsprozess der Samen, die in der langen Serie 1937 stärker waren als der Faktor »Mond«, und die Tatsache, dass die Wachstumskurven der »mondbasierten« Aussaatzeitpunkte manchmal divergierende Verläufe zeigten: All das führte den Autor zur abschließenden Erkenntnis, dass diese Versuche »keinerlei Beweis dafür liefern, dass die Mondphasen die Keimung der Fichtensamen beeinflussen«. Allerdings hatte er keinerlei statistische Analyse gemacht (ob das zu der Zeit noch nicht üblich war?).

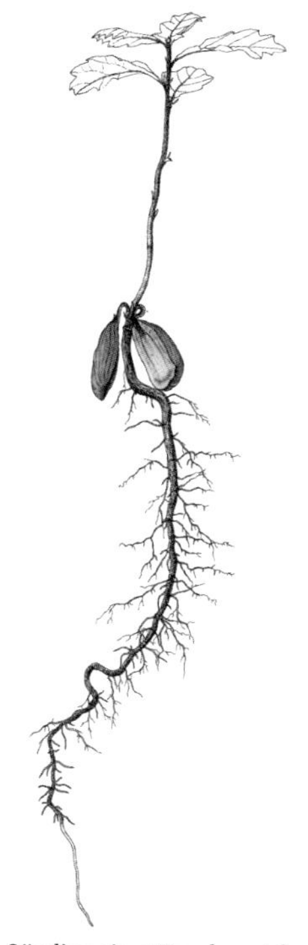

Sämling einer Traubeneiche (Quercus petraea). *Mit dieser wichtigen Baumart wurden anscheinend noch keine Aussaatversuche nach den Mondphasen durchgeführt. (Zeichnung D. Dellas)*

Wenn wir heute, etwa 80 Jahre später, eine statistische Varianzanalyse für alle Daten der beiden Versuchsjahre erstellen und dabei den Alterungseffekt des Saatgutes eliminieren, so bewegen sich die Schwankungen der Keimraten tatsächlich nur in einer kleinen Spanne um einen allgemeinen Mittelwert herum, trotz allem sind die Unterschiede dennoch deutlich signifikant.

Die Aussaat, die zwischen dem ersten Viertel und dem Vollmond gemacht worden war, ergibt ein besseres Ergebnis als die vom Tag des Vollmondes selbst. Das Ergebnis ist aber auch besser als bei den vor dem Neumond oder den beiden nach dem Neumond gemachten Aussaaten (ZÜRCHER/SCHLAEPFER 2014).

Diese Unterschiede führen uns wieder zur ursprünglichen Frage im Zusammenhang mit den Ergebnissen von Kolisko zurück, unter anderem deshalb, weil jetzt die Aussaaten vor dem Vollmond signifikant um 2,8 Prozent überlegen gegenüber denjenigen erscheinen, die vor dem Neumond gesät worden waren, und außerdem signifikant über den Werten der Aussaaten liegen, die am Vollmondtag selbst, in der ersten Mondsichel und im ersten Viertel durchgeführt worden waren.

Die Ergebnisse von Kolisko finden hier eine späte Bestätigung für eine Forstbaumart erster Ordnung, wie es die Fichte ist, aber auch für *Maesopsis eminii*, wo bei der Aussaat am Tag des Vollmondes selbst ein abrupter Abfall des Initialwachstums festgestellt worden war (im Vergleich zu Aussaaten am Tag vor dem Vollmond).

Die Entdeckung »grüner Gezeiten«

Eine interdisziplinäre Forschergruppe (E. ZÜRCHER et al. 1998) befasste sich mit der Wiederaufnahme von Ergebnissen aus bereits veröffentlichten Studien über die Schwankungen im Durchmesser von Baumstämmen unter konstanten Bedingungen (Finsternis). Es zeigte sich, dass auch im Tagesgang ein synodischer Mondrhythmus existiert, den gravimetrischen Gezeiten entsprechend. Bei den gravimetrischen Gezeiten handelt es sich um den synodischen Mondrhythmus auf Tagesebene; er ist an die Bewegung unseres Satelliten im Verhältnis zur Erde und an ein Durchlaufen der Verbindungslinie (Konjunktion oder Opposition) zwischen Erde und Sonne gebunden.

Hinter dem foto- und thermoperiodischen 24-Stunden-Zyklus, der bei den meisten physiologischen Prozessen bekannt ist und auf den Einfluss der Sonne zurückgeht, zeigt sich nun, dass sich der Durchmesser der Baumstämme nach einem latent wirksamen lunaren Zyklus mit einer Periode von 24,8 Stunden verändern kann. Die Forscher erwägen, welche Prozesse zu diesen reversiblen Durchmesserschwankungen führen, wobei sie eine Alternanz des relativen Wassergehalts in der Zellwand im Verhältnis zum Zytoplasma als Ursache vermuten.

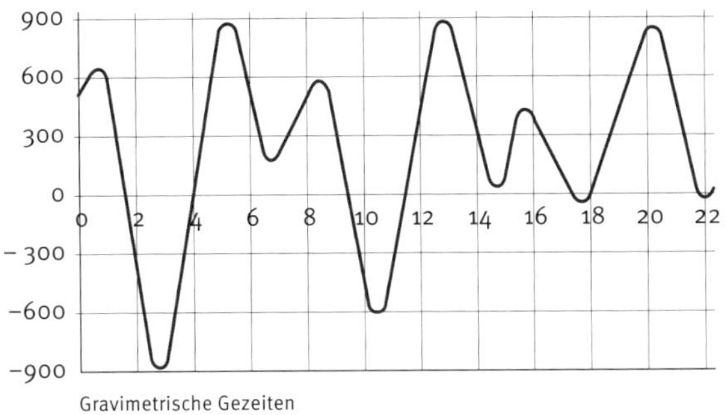

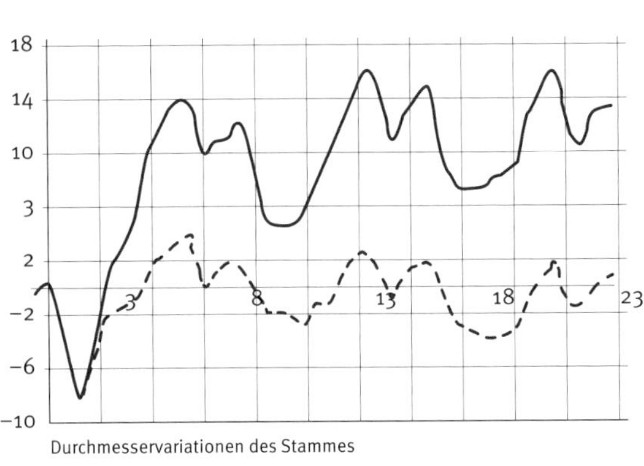

Schwankungen im Stammdurchmesser von zwei jungen Fichten (Picea abies), *die in Töpfen und für die Versuchsdauer bei konstanter Dunkelheit gehalten wurden; die Maßeinheit sind Hundertstel Millimeter. Diese Schwankungen verlaufen synchron mit der Kurve der gravimetrischen Gezeiten, die hier für den Ort (Florenz, Italien) und den Zeitraum (17. bis 20. Juli 1988) der Messungen berechnet wurden. Die Einheit für die gravimetrischen Schwankungen sind Zehntel Mikro-Gal. (ZÜRCHER et al. 1998)*

Die Schwerkraft scheint den Ästen dieses Baumes nichts anzuhaben, dennoch nimmt er ihre unendlich schwachen Schwankungen wahr. (Foto A. Hemelrijk)

Auf der Basis der gleichen und auch zusätzlicher Rohdaten, die an Bäumen erhoben wurden, wandten Barlow, Mikulecky und Strestik (2010) zwölf Jahre später verbesserte statistische Methoden an. Dies erlaubte nicht nur die Bestätigung einer Tagesrhythmik, die auf Mond und Sonne zurückgeht, sondern auch das Formulieren der Hypothese, dass die Schwankungen des geomagnetischen Feldes (die ebenfalls durch den Mond beeinflusst werden) in diesem Zusammenhang eine Rolle spielen könnten. Noch aktueller ist der Nachweis von Barlow von der Bristol University und Fisahn vom deutschen Max-Planck-Institut, dass die gravimetrischen Schwankungen im Tagesverlauf bis zum Wurzelwachstum der berühmten Laborpflanze *Arabidopsis thaliana,* der Ackerschmalwand, spürbar sind.

Der unmerkliche Puls der Knospen

Auswirkungen der Mondphasen auf die Form, analog zu oben erwähnten Erscheinungen beim Stammdurchmesser, waren schon zu Beginn der 1980er-Jahre von dem englischen Autodidakten Lawrence Edwards mittels fotografisch exakter Beobachtungsreihen von Baumknospen entdeckt worden. Mithilfe eines Formfaktors, der in der projektiven Geometrie entwickelt wurde, kann jede Knospe, egal, ob ihre Form rund, elliptisch, eiförmig oder mehr oder weniger länglich ist, durch einen eindeutigen Wert Lambda λ beschrieben werden. Diese Form beziehungsweise der entsprechende Wert, verändert sich nicht nur während des Laubaustriebs radikal, sondern variiert leicht den ganzen Winter über

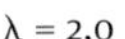

λ = 1,0

λ = 0,5

Knospenformen und Lambdawerte. Drei verschiedene Formen, die durch den Wert Lambda (λ) beschrieben werden können, der von Lawrence Edwards für die Analyse der Formveränderungen angewandt wurde. (Zeichnung D. Rambert)

während der Vegetationsruhe – tatsächlich schon ab der Knospenbildung im Verlauf der vorhergehenden Vegetationsperiode. Das Phänomen zeigt sich als eine rhythmische Abfolge von Dehnungs- und Entspannungsphasen der Knospen im Winter, so als ob sie atmen würden oder einen leichten Herzschlag hätten. Es ist als würden sich bereits leichte Öffnungs- und Schließbewegungen andeuten. Edwards weist darüber hinaus darauf hin, dass dieses Auf und Ab der Form bei bestimmten Arten mit der Stellung des Mondes im Verhältnis zur Sonne (synodischer Rhythmus) im Einklang steht, bei anderen aber von der Stellung des Mondes im Verhältnis zu bestimmten Planeten abhängt, im Fall der Buche *(Fagus sylvatica)* zum Beispiel zum Saturn oder der Eiche (*Quercus* sp.) zum Mars.

Bioelektrizität oder: Der Baum unter Spannung

Das Phänomen der mondbezogenen Schwankungen im Stammdurchmesser konnte in der Linie der Arbeiten, die der kalifornische Mediziner Harold S. Burr während der 1940er-Jahre durchgeführt hat, auf eine andere Weise anschaulich bestätigt werden, wobei noch weitere Aspekte auftauchten. 2002 legt Kurt Holzknecht für seine Doktorarbeit an der Universität Innsbruck eine extrem empfindliche Messapparatur vor, mit der das bioelektrische Potenzial lebender Bäume gemessen werden kann. Damit kann er bei der Fichte *(Picea abies)* und der Arve/Zirbelkiefer *(Pinus cembra)* Rhythmen im Einklang mit dem Tagesgang der gravimetrischen Gezeiten ebenso nachweisen wie solche, die durch den monatlichen synodischen Mondrhythmus beeinflusst werden – und das, während sich die Bäume, die normalen äußeren Bedingungen ausgesetzt sind, in der Vegetationsruhe befinden, also vor allem im Winter. Der normale 24-Stunden-Rhythmus dagegen, der von der Sonne bestimmt wird, herrscht während der Wachstumsphase der Bäume vor. Eine wenig bekannte Tatsache spiegelt sich ebenfalls in diesem Experiment wider: Auch der atmosphärische Druck variiert im Zusammenhang mit dem Tagesgang der gravimetrischen Gezeiten (Abbildung Seite 105). Zu diesem

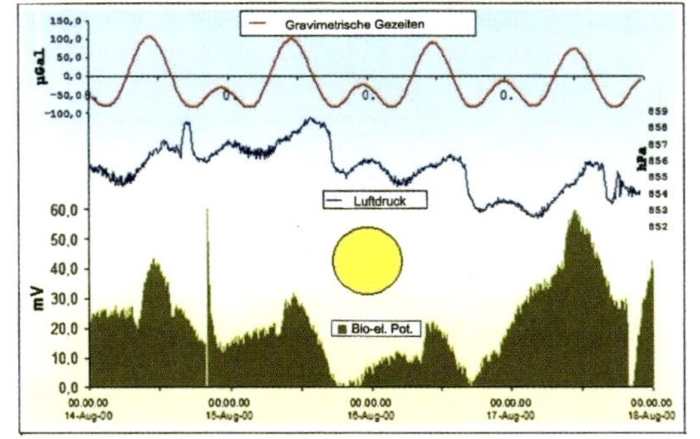

Schwankungen des bioelektrischen Potenzials (in Millivolt) einer Fichte (Picea abies) *in Abhängigkeit von den gravimetrischen Gezeiten (in Micro-Gal, rote Kurve) und den Fluktuationen des atmosphärischen Drucks (in Hektopascal, blaue Kurve) um den Vollmond am 16. August 2000, vermutlich während einer nur kurzen und vorübergehenden Vegetationsruhe. (HOLZKNECHT 2002; HOLZKNECHT/ZÜRCHER 2006)*

Thema erschien kürzlich innerhalb eines Werks über die Elektrophysiologie von Pflanzen ein von BARLOW (2012) verfasstes Kapitel mit dem Titel »Moon and Cosmos: Plant Growth and Bioelectricity«. Dort beschreibt er ausführlich, wie sich die Blattbewegungen, die Formveränderungen und die Modulationen der elektrischen Potenziale dem Rhythmus der gravimetrischen Gezeiten anpassen.

Ein reales Phänomen wird zum Gegenstand wissenschaftlicher Forschung

Dieser Überblick über nachgewiesene Auswirkungen der Mondphasen auf die Pflanzenwelt beschreibt ein reales Phänomen, das zu den wichtigsten – neben den von der Sonne ausgelösten – exogenen Rhythmen gezählt werden kann. Die von der Sonne ausgehenden Rhythmen, die vor allem foto-thermoperiodischer Natur sind, werden so um weitere rhythmische Vorgänge ergänzt. Die Auswirkungen der Sonne sind allgemein bekannt und lassen sich bezogen auf Tages- und Jahreszeiten beobachten, darüber hinaus besteht wahrscheinlich ein zusätzlicher Zusammenhang mit der Sonnenfleckenaktivität, die um eine circa elf Jahre dauernde Periodik schwankt. Der Mond beeinflusst diesen exogenen Hauptrhythmus der Sonne im Zeitraum von Stunden, da die gravimetrischen Gezeiten im Allgemeinen zweimal täglich in Form von Flut und Ebbe stattfinden, oder, nach dem synodischen Zyklus, auf der Ebene von Woche und Mondmonat. Gleichzeitig und von Fall zu Fall verschieden beeinflusst der Mond unter Umständen auch Vorgänge des Lebens durch den tropischen Zyklus seines Auf- und Abstiegs, oder anomalistisch in Abhängigkeit von

Perigäum und Apogäum, im Zusammenhang mit seiner Lage auf einer Linie zu den Planeten, oder auch durch den siderischen Zyklus, wo sein Verhältnis zu den Fixsternen im Hintergrund beobachtet wird, was unsere Beispiele vermuten lassen (siehe auch im folgenden Kapitel ab Seite 113 die Versuche mit Holz). Die Mondrhythmen gewinnen an Ausprägung, wenn der Einfluss der Sonne abnimmt, wobei es keinen Unterschied macht, ob dies natürlich geschieht oder im speziellen Versuchsaufbau durch Verdunkelung nachgestellt wird. Parallel zur Grundlagenforschung über die beteiligten Prozesse eröffnet die Einbeziehung der Mond-Chronobiologie bei der Arbeit mit Pflanzen neue Perspektiven, wenngleich sie bei manchen traditionellen Methoden bereits praktiziert wird:

- Produktion und Auswahl von Pflanzensorten unter Berücksichtigung der grundsätzlichen rhythmischen Natur jeder Art. Diesen vielversprechenden Ansatz hatte schon Martin Schmidt, als er in den Jahren 1944 bis 1964 eine neue Roggensorte züchtete, die heute angebaut wird. Die Methode berücksichtigt zusätzlich zu den Rhythmen für die Auswahl der weiter zu züchtenden Samen die Verteilung entlang der Ähre, analog zu den Praktiken in tropischen Regionen bei der Samenwahl der Papaya *(Carica papaya).*
- In Hinblick darauf, dass Forstwirtschaft und Agroforsten in Zukunft zunehmend die Aufgabe der Kohlenstoffspeicherung übernehmen sollen, besteht ein Bedarf an hochwertigen Wiederaufforstungen mit krankheitsresistenten Pflanzen. Für Baumschulen wird es dadurch noch wichtiger, hohe Keimraten und wüchsige Jungpflanzen zu erzielen.
- Pharmazeutische Nutzung von Pflanzen: maximale Wirksamkeit durch Beachtung der zyklischen Konzentration aktiver Bestandteile.

Den Faktor Zeit als eine grundlegende Umweltkomponente zu beachten führt zur Entwicklung von Biotechnologien im eigentlichen Sinn des Wortes. Diese ermöglichen Organismen, und hier insbesondere Pflanzen und ihren spezifischen Bestandteilen, die volle Ausschöpfung ihrer Potenziale.

Die beschriebenen Vorgänge beschränken sich nicht auf die Lebensprozesse von Pflanzen im Allgemeinen und Bäumen im Besonderen: Bei letzteren hinterlassen sie ihre Spuren langfristig anscheinend auch im Holz, also in der inerten organischen Masse. Dass diese Auswirkungen physikalisch und mechanisch messbar sind, zeigt das folgende Kapitel.

HOLZ: TRADITION UND FAKTEN

Es gibt kaum einen Bereich, wo die Auswirkungen »unsichtbarer« Prozesse mehr überraschen, als beim Holz. Ist es doch in erster Annäherung ein gewöhnliches, konkretes und greifbares Material.

Effektiv lassen sich auch hier bei den physikalischen, mechanischen und hygroskopischen Eigenschaften sowie der Beständigkeit Schwankungen im Zusammenhang mit kosmischen Zyklen beobachten. Diese Tatsache führte schon sehr früh zur Erkenntnis, dass dieser Einflussfaktor für manche Formen der Holznutzung entscheidend sein könnte – was die Forschung ihrerseits gerade schrittweise bestätigt. Dabei zeichnet sich ab, dass diese Phänomene komplexer sind, als es die traditionellen Regeln vermuten lassen.

Fällzeitpunkt und Holzeigenschaften

Der genaue Zeitpunkt, an dem ein Baum gefällt wird oder auch einfach nur Holzproben entnommen werden, ist von einer Bedeutung, deren Größe im Allgemeinen unterschätzt wird. Tatsächlich muss man sich dieses Material wie ein dichtes Gewebe organischer Substanz vorstellen, bei dem die Wassersättigung in rhythmisch veränderlichen Verhältnissen, bedingt durch zyklisch variierende Kräfte, erfolgt. Das Trocknungsverhalten (Wasserverlust und Schwindmaß), die daraus resultierenden mechanischen Eigenschaften, wie beispielsweise die Druckfestigkeit und sogar die Beständigkeit gegenüber zersetzenden Organismen wie Pilze und Insekten, werden also im positiven oder negativen Sinn vom Zeitpunkt der Ernte beeinflusst.

Je nach Baumart und Wuchsbedingungen kann sich Holz – die den Baum tragende Struktur – dem natürlichen Zersetzungsprozess sehr unterschiedlich widersetzen. Eine tote Eiche wird deutlich länger aufrecht stehen als zum Beispiel eine Pappel. Über diese allgemeine Beobachtung hinaus ist schon lange bekannt, dass die Position des Mondes und seine Phasen zum Fällzeitpunkt eines lebenden Baumes ebenfalls eine beachtliche Rolle spielen. (Foto A. Hemelrijk)

Traditionelle Methoden, die noch regelmäßig praktiziert werden

Auch heute noch werden die Regeln zum Fällen nach den Mondphasen von bestimmten Holz verarbeitenden Handwerkern befolgt. Interessanterweise entspringen diese Regeln Traditionen, die in zahlreichen Regionen der Welt von den Vorfahren überliefert wurden. Wir wollen hier keine Abhandlung über die vielfältigen »Mondkalender« schreiben, die momentan sehr verbreitet sind und ohne experimentellen Hintergrund viele Lebensbereiche mit einem gewissen Absolutheitsanspruch behandeln. Die folgenden Beispiele betreffen entweder Fälle, die mir selbst persönlich bekannt sind, oder solche aus wissenschaftlich dokumentierten Quellen. Sie sollen die Bandbreite der Holzverwendungsformen demonstrieren, bei denen sich der Mond als wichtiger Faktor zur Erzielung bestimmter Qualitäten oder besonderer Eigenschaften erwiesen hat. Allerdings muss dazu gesagt werden, dass sich dieser Faktor in den meisten Fällen erst an zweiter oder dritter Stelle auswirkt, während in der Regel der Zeitraum innerhalb des Jahres – hier ist insbesondere der Wert des so genannten Winterholzes hervorzuheben – und der Standort den größten Einfluss haben. Aus dem Standort ergeben sich die Wachstumsbedingungen: Das langsam wachsende Bergholz aus natürlichen Beständen wird beispielsweise besonders hoch geschätzt. Mitunter finden auch bestimmte Winde (wie in den Alpen der Föhn) Erwähnung, die sich angeblich im Moment der Holzernte negativ auf bestimmte Holzeigenschaften auswirken sollen.

____ Bauholz

Die am meisten geforderte Eigenschaft von Bauholz ist gleichzeitig die mechanische Widerstandsfähigkeit (gegenüber Druck, Zug und Verbiegen) und die Beständigkeit gegenüber Pilzen und Insekten. Eine Grundregel besagt: »Weiches Holz bei Zunahme, hartes Holz bei Abnahme«. Dies würde bedeuten, dass man das beste Bauholz, also besonders festes und dichtes Holz, durch Schlagen der Bäume während der abnehmenden Mondphase erhält. Der erste schriftliche Nachweis über diese Erkenntnis findet sich bereits bei dem griechischen Gelehrten Theophrast von Eresos (372–287 v. Chr.). In seiner »Historia Plantarum« (»Geschichte der Pflanzen«, V, 1, 3) stellt er fest, dass es für das Fällen von Bäumen eine geeignete Jahreszeit gibt (gemeint ist vermutlich der Winter mit der Saftruhe) und dass das Holz besser aushärtet und weniger fäulnisanfällig ist, wenn es innerhalb dieses Zeitraums zu Beginn des abnehmenden Mondes gefällt wird. Bemerkenswert ist, dass diese alte Quelle genauer ist als viele neue, weil sie den Zeitpunkt des Fällens auf den Beginn der abnehmenden Mondphase einschränkt – ein nicht zu vernachlässigendes Detail, wie wir im weiteren Verlauf noch sehen werden.

____ Dach- und Wandschindeln

Dabei handelt es sich um kleine gespaltene Brettchen, deren Größe sich von Region zu Region unterscheidet und die wie Ziegel zum Dachdecken oder als Fassadenverkleidung benutzt werden. Dadurch sind sie den Witterungsbedingungen und damit der Fäulnis ganz besonders ausgesetzt. Hierfür geeignetes Holz kann nur von Arten kommen, die sich dafür bereits bewährt haben. Das ist bei der Eiche (*Quercus robur* und *Quercus petraea*), der Edelkastanie *(Castanea sativa)* oder der Lärche *(Larix decidua)* der Fall. Weiter sind die Fichte *(Picea abies)* und die Tanne *(Abies alba)* zu nennen, die von manchen Schindelmachern zu bestimmten Mondphasen gefällt werden, um ein Material zu erhalten, das nach Regenfällen schnell trocknet. Für manche spielt selbst der Zeitpunkt, zu dem die Schindeln am Gebäude verlegt werden, eine Rolle.

Kamine

In manchen Gegenden Zentraleuropas wurde Holz sogar für den Bau von Kaminen eingesetzt, die teilweise zum Räuchern von Fleisch genutzt wurden. Auch für diesen Einsatzbereich finden sich »Mondregeln« zum Fällzeitpunkt mit dem Ziel, weniger leicht entflammbares Holz zu erhalten. Diese Regeln wurden ebenso beim Bau von Feuerwehrleitern angewendet, die für den Einsatz aus leichtem, aber auch stabilem, Hitze nicht leitendem Holz sein mussten.

Feuerholz

Eine von Olivier de Serres (1600) erwähnte Regel, die zum Beispiel im Jura noch häufig befolgt wird, empfiehlt: »Der Zeitpunkt des Mondes ist bemerkenswert: Wenn er zunimmt, schneide das Feuerholz, wenn er abnimmt, das zum Bauen.« Man beachte, dass es hier um gute Brennbarkeit geht, die auf einer geringen Dichte und maximalen Porosität beruht, nicht um Härte oder Widerstandsfähigkeit gegenüber zersetzenden Organismen. Die Formulierung gilt analog zur oben erwähnten Regel von Theophrast für Bauholz.

Klangholz

Bei der hochwertigsten Form der Fichtennutzung als »Klangholz«, nämlich für den Bau von Geigen, Gitarren oder Klavieren, ist der Fällzeitpunkt in Einklang mit dem Mond Teil des Berufsgeheimnisses vieler Geigenbauer und kann sowohl vom synodischen wie auch vom siderischen Zyklus abhängen. Dies ist einer von vielen Einflussfaktoren; ein anderer ist zum Beispiel ein zwischen 1000 und 1500 Meter hoch gelegener Standort, die Lage in einer topografischen Senke auf der schwach besonnten Nordseite, die ein langsames Wachstum bedingt, ein perfekt symmetrischer Kronenaufbau in windgeschützter Lage und ein astfreier Stamm ohne Knoten ebenso wie völlig gerade verlaufende Fasern. All diese Bedingungen begünstigen die Ausbildung von gleichzeitig hartem, aber leichtem Holz mit sehr feinen und regelmäßigen Jahresringen, das wenig Spätholz enthält. Die »Musikalität« dieses Holzes bemerkt man in dem Moment, wo man es in die Hand nimmt oder leicht darauf klopft (Abbildung rechts). Im berühmten Wald von Risoux, der sich beiderseits der Grenze von Schweizer und Französischem Jura erstreckt, schätzte man, dass nur eine von 10 000 Fichten als Klangholzlieferant geeignet ist. Erst kürzlich entdeckte man ganz in der Nähe einen Forst im Tal der Brévine, das für sein »sibirisches« Klima bekannt ist und wo solche außergewöhnlichen Bäume deutlich häufiger vorkommen. Inzwischen wird

Oben: Unterschiede in der Holzstruktur der Fichte; ganz links im Bild ein Muster für Klangholz mit feinen Jahresringen. (Foto E. Zürcher)
Unten: Bei der Geigenbauerin. (Foto Ph. Domont)

Klangholz-Fichte in der Alpenregion Pays-d'Enhaut, Forêt des Arses, Kanton Waadt. (Foto E. Zürcher)

die Bewirtschaftungsweise dort mit dem Ziel gelenkt, solche Qualitäten zu produzieren, was auch ein schrittweises Entfernen der Äste im unteren Stammbereich umfasst.

Das Violoncello nimmt innerhalb der Geigenfamilie einen besonderen Platz ein: Es ist eines der Instrumente mit dem größten Stimmumfang. Seine Grundschwingung reicht von ungefähr 65 Hertz (Hz) bis 1000 Hertz (in manchen virtuosen Werken sogar bis 2000 Hertz). Oft sagt man, es sei das Instrument, das der menschlichen Stimme am nächsten kommt.

Fässer und Tonnen

Nach Beobachtungen von Handwerkern erhält man die dichtesten Dauben weder zu einer beliebigen Jahreszeit noch zu einer beliebigen Mondphase. Empirische Versuche haben tatsächlich ergeben, dass bei Eichenscheiben, die im März entnommen worden waren, sogar das Kernholz sehr porös und wasserdurchlässig war, während diejenigen vom Dezember oder Januar ein undurchlässiges Material lieferten.

Bambus

Diese Pflanzen sind eigentlich nicht mit Bäumen zu verwechseln, es handelt sich um Riesengräser. Weit verbreitete Traditionen in Südamerika (Kolumbien, Ecuador, Brasilien) und auch Indien beziehen sich beim Schneiden von besonders schädlingsresistentem Bambus jedoch ebenfalls auf den Mondkalender. Manche gehen sogar so weit, dass sie die richtige Stunde mithilfe einer bestimmten Lianenart herausfinden, indem sie beobachten, ob sie beim Durchschneiden Wasser absondert oder nicht, ein Phänomen, das synchron mit den geografisch ferneren Meeresgezeiten steht. Die Holzarbeiter im spanischen Baskenland (Gipuzkoa) berichten von einem analogen Verhalten der Buche *(Fagus sylvatica)*, das im Einklang mit den Gezeiten läuft, die dort jedoch unweit der Wälder direkt beobachtet werden können.

Flößen

Mehrere unabhängige traditionelle Quellen erwähnen, dass nicht nur Holzeigenschaften, sondern auch die Art, wie die Stämme in den Flüssen schwimmen, von den Mondphasen abhängt. Manche berichten, dass kalte Vollmondnächte ein dichteres und damit »tragfähigeres« Wasser bewirken, andere halten die Phase des absteigenden Mondes (beim tropischen Mondzyklus) für den richtigen Zeitpunkt zum Triften, weil das Holz dann in der Mitte des Flusses schwimmt und dadurch die Ufer nicht beschädigt werden.

Herausforderungen für die Forschung

Angesichts dieser forstlichen Traditionen und Praktiken – ähnliche könnten analog aus dem Bereich der Landwirtschaft angeführt werden –, die auf den ersten Blick und bei unserem aktuellen Wissensstand überraschen, ist die Wissenschaft auf den Plan gerufen. Der Forscher steht vor der Herausforderung, objektiv und kritisch zu überprüfen, inwieweit in diesem »alten Wissen« ein wahrer Kern steckt und hinter diesen Phänomenen und Vorgängen, die von Praktikern beobachtet werden, sich nicht tatsächlich eine Realität verbirgt. Tatsachen müssen von Aberglaube differenziert und anschließend quantifiziert werden; dies erfordert die Bereitschaft, einige unserer aktuellen Theorien infrage zu stellen und zu erweitern. Für den Fall, dass sich bestimmte dieser Phänomene bestätigen, und sei es nur teilweise, werden wir mit einem ganzen Schatz bereichert, der auf Jahrtausenden von Naturerfahrungen beruht und für uns ebenso viele Arbeitshypothesen und Entwicklungsmöglichkeiten birgt. Die Situation ist analog zur pharmazeutischen Forschung, die sich vom

Wissen von Heilern und Schamanen heute wieder inspirieren lässt. Es handelt sich hier ebenfalls um traditionelle Rezepte, oft geprägt von erstaunlicher Komplexität, Genauigkeit und Wirksamkeit.

Eigentlich wurde ein solches Vorgehen im Zusammenhang mit der Chronobiologie der Jahrespflanzen schon mehrfach mithilfe moderner wissenschaftlicher Methoden verfolgt und die Wissenschaft macht hier auch laufend Fortschritte. Dem gegenüber wurden Bäume erst später untersucht. Manchmal stießen die Forscher unerwartet, fast zufällig, auf Rhythmen, die vom Mond ausgelöst werden. Gleichwohl geht es darum, die wissenschaftliche Gemeinschaft und die jeweiligen Anwender über dieses Innovationspotenzial in Kenntnis zu setzen. Die Herausforderungen, die diese Phänomene an die Grundlagenforschung stellen, sind von erheblicher Tragweite für ein nicht reduktionistisches Naturverständnis und für die Beziehung zwischen Mensch und Natur. Als Reduktionismus wird eine Vorgehensweise bezeichnet, die sich auf die Betrachtung von Einzelelementen fokussiert, wobei angenommen wird, dass ein Verständnis des Ganzen durch eingehende Untersuchungen der Einzelteile erreicht wird. Es ist völlig offensichtlich, dass diese Methode für unsere Problematik ungeeignet ist, geht es doch darum, zu verstehen, wie ein Einzelelement (das Holz einer bestimmten Baumart) seine Eigenschaften reversibel verändert in Abhängigkeit von einem großen Ganzen (der Himmelsbewegungen) und dessen Einwirkungen auf die Umweltbedingungen.

Genauere Angaben und Vorversuche an Bäumen

Hinsichtlich der Forschung über Holz haben wir es mit einem Bereich zu tun, der eine besondere Methodik erfordert, weil die Wissenschaftler einerseits mit ganzen Bäumen, andererseits auch bezogen auf die physikalischen Eigenschaften des Materials Holz arbeiten. Traditionelles Wissen berichtet über zyklische Schwankungen, was auf die moderne Wissenschaft zunächst erstaunlich wirkt. Eine der jüngsten Veröffentlichungen konnte diesbezüglich nachweisen, dass die beobachteten Schwankungen gleichzeitig auf dem synodischen (dem Zyklus Neumond-Vollmond-Neumond) und dem siderischen Mondrhythmus (Durchgang des Mondes vor den Sternbildern) beruhen. Beide sind Variationsfaktoren mit simultanem Effekt, der zu den Auswirkungen durch die sonnenbezogenen Jahreszeiten hinzukommt.

Proben für Tests und Analysen müssen sowohl aus dem teilweise noch lebenden Splintholz als auch aus dem wesentlich trockeneren Kernholz entnommen werden, das keine aktiven Zellen mehr enthält und beim

Baumpilze gehören zu den größten Holz zersetzenden natürlichen Organismen. Um dieses außergewöhnliche Material maximal zu nutzen, hat der Mensch schon immer nach Möglichkeiten gesucht, diesen Zersetzungsprozess zu beeinflussen – unter anderem durch die sinnvolle Wahl des Fälltermins. (Foto A. Hemelrijk)

erwachsenen Baum den größten Teil des Stammvolumens ausmacht. Somit haben wir es bei Kernholz überwiegend mit physikalischen Phänomenen oder Vorgängen zu tun und bei den Proben aus dem Splintholz mit biologischen.

In der Holzphysik wurden die Holz-Wasser-Beziehungen eingehend untersucht, allerdings noch nicht unter Berücksichtigung der Zeit als rhythmischem Faktor, der sich auf die Eigenschaften der Proben auswirken kann. Derzeit spielt dieser Faktor nur im Zusammenhang mit Aussagen zur Hysteresis der Wasseraufnahme und der Viskoelastizität eine Rolle. Zum besagten Verhältnis Wasser/Pflanze gibt es mindestens zwei Veröffentlichungen, auf die hier hingewiesen werden soll: Es handelt sich um die Versuche zur Wasseraufnahme durch Bohnensamen *(Phaseolus vulgaris)*, die BROWN und CHOW 1973 durchgeführt hatten. Dabei entdeckten sie zufällig eine Schwankung, die in Einklang mit den vier synodischen Mondphasen stand. Diese Versuche, die in einem einfachen Eintauchen der Samen in Wasser bestanden, wurden in größerem Umfang 15 Jahre später von belgischen Forschern wiederholt, wobei der mondabhängige Rhythmus klar bestätigt wurde. Besonders aufgrund der Tatsache, dass sich die Samen zum Zeitpunkt des Eintauchens in der Ruhephase befanden, ist hier die große Schwankungsbreite bemerkenswert, die innerhalb einer halben Woche bis zu 20 Prozent betrug.

Polnische Forscher konnten durch eine zweimal pro Monat (am Tag des Vollmondes und des Neumondes) wiederholte Entnahme von Kern-

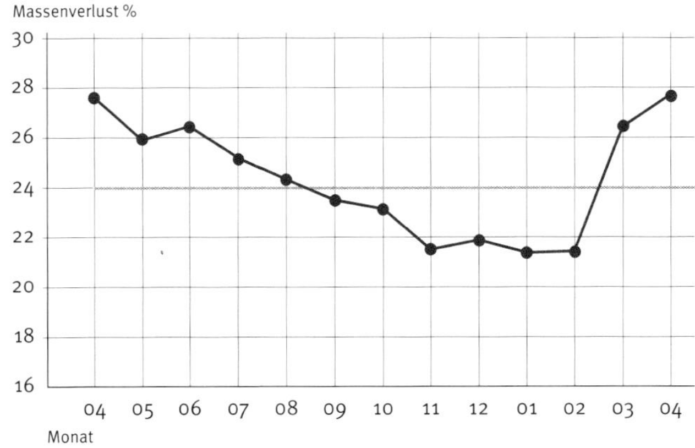

Monatliche und jahreszeitliche Schwankungen der Fäulnisanfälligkeit im Holz der Waldföhre, ausgedrückt im Masseverlust infolge der Zersetzung durch Pilze unter Laborbedingungen (Wazny/Krajewski 1984). Im Zeitraum von September (09) bis Februar (02) erwies sich das Holz als beständiger.

holzproben an einer Gruppe von lebenden Waldföhren *(Pinus sylvestris)* feststellen, wie entscheidend die Jahreszeit für die Beständigkeit dieser Holzart ist. Herbst und Winter erwiesen sich als deutlich günstiger (Abbildung oben). Insgesamt ließ sich jedoch für diese Autoren zunächst keine Schwankung beobachten, die auf den Mond zurückzuführen wäre. Durch eine gezieltere Auswertung ihrer Daten konnte später dennoch eine statistisch signifikante Differenz im Verlauf der vier Monate von Ende Juli bis Ende November nachgewiesen werden. Dieser »Mondeffekt« modulierte den »Jahreszeiten-Effekt« und bewirkte eine größere Dauerhaftigkeit am Tag des Vollmondes im Vergleich zum Tag des Neumondes (Zürcher 2000).

In Indien hatten Beeson und Bhatia in den 1930er-Jahren Untersuchungen an Bambus durchgeführt (1937). Dessen Wassergehalt stieg zwischen Vollmond und Neumond an und ging im Zeitraum zwischen Neumond und Vollmond zurück. Der Frage nach dem Einfluss des Fällzeitpunktes von Bäumen in Abhängigkeit vom Mond wurde erst viel später wieder wissenschaftlich nachgegangen: in Dresden (Triebel 1998), in Freiburg im Breisgau (Seeling/Herz 1998, Seeling 2000) und in Zürich (Bariska/Rösch 2000, Zürcher/Mandallaz 2001).

Die Untersuchungen fanden auf der Basis von sechs Zeitpunkten statt, bei denen drei als »günstig« angesehene Fälltermine sich mit drei »ungünstigen« abwechselten. Die Zahl der Fichten lag bei 120 respektive 60 und 30. Die Autoren unterschieden sich in der Anwendung und Interpretation der Statistik, obwohl die Schwankungen der Dichte des Holzes nach dem Trocknungsvorgang übereinstimmten und offensichtlich einen »Mondeffekt« zeigten (ZÜRCHER/MANDALLAZ 2001, Abbildung rechts).

Eine Untersuchung in großem Maßstab

Um diese Frage grundlegender und auf einer breiteren Datenbasis gestützt zu behandeln, wurde gleichzeitig an vier Orten in der Schweiz ein neuer Versuch gestartet. Dafür wurden über fünfeinhalb Monate an 48 Terminen (immer montags und donnerstags) und somit unabhängig von einer Versuchshypothese jeweils drei Bäume pro Standort gefällt. So kam man im Verlauf des Winters 2003/2004 auf 600 geschlagene Bäume; dabei handelte es sich um Fichten *(Picea abies)* und Edelkastanien *(Castanea sativa)*. Noch vor Beginn des Versuches wurden von jedem der später geschlagenen Bäume am gleichen Tag Referenzproben entnommen (prismenförmige Ausschnitte auf Brusthöhe). Von jedem Baum wurde dann in zwei Höhen im Stamm jeweils eine Reihe von Mustern aus dem Splintholz und aus dem Kernholz nach der Fällung geschnitten (Abbildung unten). Anschließend wurde das Trocknungsverhalten dieser Muster unter standardisierten Laborbedingungen untersucht.

Einer der verschiedenen Rhythmen, die zunächst beobachtet und statistisch anhand von drei Hauptkriterien nachgewiesen werden konn-

Vorbereitung der Fichtenmuster. Links ist das Splintholz zu sehen, dem gegenüber steht rechts das äußere Kernholz. Die länglichen Proben wurden für kapillare Wasseraufnahmetests verwendet. (Foto E. Zürcher)

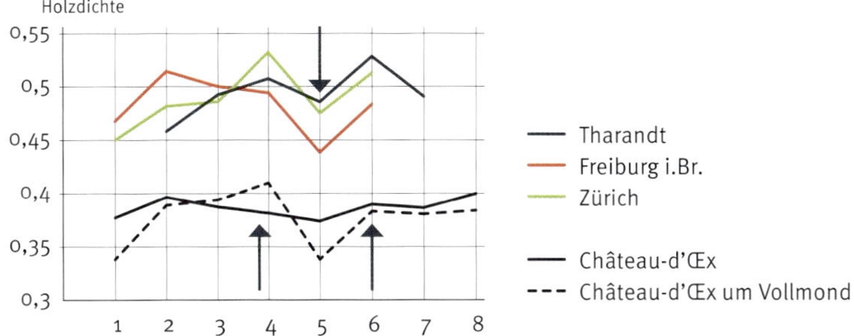

Schwankungen der Holzdichte im trockenen Zustand (Splintholz) der Fichte (Picea abies) *in Abhängigkeit vom Fälldatum und den Mondphasen nach Untersuchungen, die an verschiedenen Orten und in unterschiedlichen Jahren stattfanden. Oben: Tharandt 1996/97; Freiburg im Breisgau 1997/98; Zürich 1998/99. Unten: Château-d'Œx 2003/04. Mittelwerte von der zunehmenden respektive der abnehmenden Mondperiode; Château-d'Œx um den Vollmond (kurz davor bzw. kurz danach). Zunehmender Mond bei den Daten 1, 3, 5 und 7; abnehmender bei den Daten 2, 4, 6 und 8. Ähnliche gleichlaufende Schwankungen kann man vor allem während der zweiten Hälfte des Versuchszeitraumes feststellen, ab Dezember (4, mit Pfeilen hervorgehoben). Zur Erinnerung: Die Mehrheit der technologischen Holzeigenschaften ist eng an die Dichte gekoppelt.*

ten, betrifft den Wasserverlust, auf den wir hier näher eingehen wollen. Dieser variierte bei der Fichte systematisch, insbesondere zwischen den Bäumen, die direkt vor dem Vollmond, und denen, die direkt im Anschluss daran geschlagen wurden. Diese Art von Variation ist nicht auf Unterschiede im ursprünglichen Wassergehalt zurückzuführen, sondern auf die Tatsache, dass die Kräfte, die das Wasser an die Zellwand des Holzgewebes binden, Schwankungen unterworfen sind. Das Verhältnis von dem Wasser, das dem Holz leicht zu entziehen ist – wir nennen es »freies« Wasser – zu dem, das noch unterhalb des Sättigungspunktes der Fasern entzogen werden kann, dem »gebundenen« Wasser, schwankt in Abhängigkeit von den Mondphasen und vermutlich auch jahreszeitlich, wobei sich die Mondphasen-Schwankungen im Zeitraum von November bis Februar stärker ausgewirkt hatten (ZÜRCHER et al. 2012). Zudem erscheinen die Rhythmen artspezifisch: Auch die Edelkastanie zeigte statistisch signifikante Variationen, die mit dem Mond in Zusammenhang stehen, sie unterschieden sich aber von denen der Fichte.

Diese systematischen Schwankungen beim Wasserverlust bewirken auch Schwankungen der Holzdichte nach dem Trocknungsvorgang: Bei der Fichte wurde dadurch bestätigt, was in den erwähnten vorangehenden Studien beobachtet worden war (Abbildung oben).

Das Trocknen von Holz, das um den Vollmond herum geschlagen wurde

Bei den Fichtenmustern (Picea abies, hier wurden Splintholz und Kernholz zusammengefasst) lässt sich eine systematische Variabilität des Wasserverlustes statistisch signifikant nachweisen. Diese Schwankung findet in Abhängigkeit der Mondphasen zum Zeitpunkt des Fällens statt. Für diesen Nachweis wurde die Mondzyklik in acht Zeiträume mit einer Länge von je 3,7 Tagen unterteilt, die mit dem Neumond beginnen. Die stärksten Schwankungen fanden sich während des Übergangs von der Periode, die dem Vollmond vorausgeht (erhöhter Wasserverlust), zur Periode, die mit dem Vollmond beginnt (minimaler Wasserverlust). Die darauffolgende Periode bis hin zu derjenigen, die dem letzten Viertel vorausgeht, zeigte dann wieder einen erhöhten Wasserverlust (Zürcher et al. 2010).

Auf unerwartete Weise weist die statistische Analyse nicht nur auf Rhythmen hin, die auf den synodischen Mondzyklus zurückzuführen sind, sondern auch auf eine deutlich ausgeprägte Variabilität nach dem siderischen Mondrhythmus. Die Forschung ist also in der Lage, festzustellen, dass viele »Mondpraktiken« der Förster auf einem Fundament objektiver Beobachtungen ruhen. Das gilt für die synodischen Mondphasen (der Kreislauf vom Neumond zum Vollmond und weiter zum Neumond, der von der Position unseres Satelliten zur Sonne abhängt) ebenso wie für den siderischen Mondrhythmus (beruhend auf der Position des Mondes im Verhältnis zu den Fixsternen). Dieser wird nämlich auch in gewissen Regeln zum Fällzeitpunkt auf ziemlich seltsame Weise erwähnt. Betonen wir hier noch einmal, dass diese Ergebnisse wesentlich komplexer als erwartet sind, auch wenn sie die Existenz des Faktors »Mond« und das, was man durch Überlieferung zu wissen glaubte, bestätigen. Dabei scheint die Regel des Theophrast den Beobachtungen zu den mondphasenbezogenen Variationen, die an der Fichte gemacht wurden, sehr nahe zu kommen.

Diese Komplexität mit einem Wechsel mehrerer relativer Minima und Maxima innerhalb eines Mondmonats stellt erhöhte Anforderungen an die Forschung. So sind zum Beispiel lediglich vier Fälldaten innerhalb einer einzigen synodischen Mondperiode nicht ausreichend, um über die Realität oder Nicht-Existenz des Phänomens urteilen zu können, wie kürzlich in Spanien im Fall einer Untersuchung mit der Flaumeiche (*Quercus humilis* syn. *Q. pubescens*, Villasante et al. 2010).) geschehen.

Vom guten Gebrauch der Statistik

Der Wasserverlust durch Trocknung unter kontrollierten Bedingungen erfolgte bei den Fichtenproben statistisch signifikant auch in Abhängigkeit von den Fixsternen, vor denen sich der Mond zum Fällzeitpunkt befand (siderische Mondperiode). Dieses Ergebnis wirft für den Wissenschaftler die Frage nach dem Berufsethos auf. Hatte schon in einer ersten Untersuchung die Existenz eines synodischen Mondrhythmus statistisch bestätigt werden können, so handelte es sich damit letztendlich um eine Tatsache, welche aufgrund der Vielfalt analoger Phänomene, die aus der Tier- und Pflanzenwelt bereits bekannt sind, plausibel erscheint.

Hätte dagegen die statistische Analyse im Fall des siderischen Rhythmus, der in vielen Traditionen eine Rolle spielt, aber wissenschaftlich praktisch kaum untersucht wurde, negative Ergebnisse ergeben, so hätten wir dies ehrlicherweise einfach ergänzend anmerken müssen. Die Überraschung angesichts des offensichtlichen Ergebnisses war umso größer: Die Signifikanz ist in diesem Kontext nicht nur eindeutig, sondern sehr hoch, sie liegt sogar noch über den Werten des synodischen Rhythmus. Das Phänomen existiert also, eine Ableitung der physikalischen und biologischen Prozesse, die dazu führen, ist aber noch auszuarbeiten. Wenn man der Statistik glaubt und akzeptiert, wenn sie Nein sagt, muss man in aller Bescheidenheit auch akzeptieren, wenn sie Ja sagt (ZÜRCHER et al. 2010).

Ein repräsentativer Standort im Blickpunkt

Die im Verlauf des synodischen Mondmonats systematischen Variationen lassen sich auch anders, nämlich anhand einer Variationskurve um den Mittelwert des Wasserverlustes beschreiben: Grundlage für diese Darstellung sind Splintholzproben von Fichten bei Château-d'Œx aus den bereits erwähnten 48 sukzessiven Fällterminen, die eine repräsentative Serie ergeben. Aufgrund der Tatsache, dass alle Bäume einem angepflanzten Bergwald entstammten und daher gleich alt waren, zeigte sich das Untersuchungsmaterial sehr homogen. In der Abbildung auf Seite 120 wird die gleichlaufende Veränderung um die Vollmondtermine im November, Dezember und Januar deutlich. Selbst wenn man den Vollmondtermin im Februar miteinschließt, wo sich der Wert vor dem Vollmond von dem danach nicht nennenswert unterscheidet, sind die Schwankungen um den

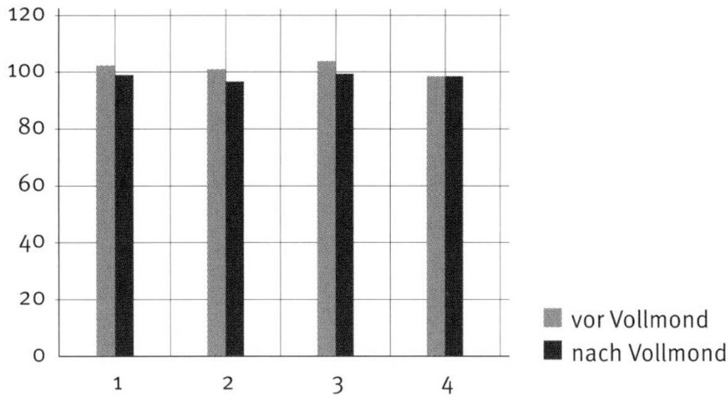

Variation des Wasserverlustes während der Trocknung der Fichtenproben (Picea abies). *Verglichen werden die Fälltermine, die 3,5 Tage vor dem Vollmond lagen, mit denjenigen 3,5 Tage nach dem Vollmond in den Monaten November 2003 (1), Dezember (2), Januar 2004 (3) und Februar (4). Die Proben, bei denen der Fällzeitpunkt im November, Dezember und Januar vor dem Vollmond lag, verloren etwas mehr Wasser als diejenigen, die nach dem Vollmond gefällt worden waren. Die Werte sind nach dem allgemeinen Mittelwert berechnet.*

Vollmond über einen Zeitraum von vier Monaten im Winter nicht zu vernachlässigen. Der allgemeine Mittelwert weist eine Verringerung des Wasserverlustes von 4,5 Prozent auf.

Tests zur Wasseraufnahme von getrocknetem Holz

Eine der wichtigsten und entscheidenden physikalischen Holzeigenschaften in Hinblick auf Witterungsbeständigkeit und Fäulnisresistenz ist der hygroskopische Charakter, die Tendenz, spontan Wasser zu absorbieren. Ein stark hygroskopisches Holz ist anfälliger für Fäulnis als ein weniger hygropskopisches. Diese Funktion wird üblicherweise durch den Gleichgewichtszustand des Holzes in einer bestimmten Atmosphäre ausgedrückt, die von Temperatur und relativer Feuchtigkeit gekennzeichnet ist. Sind die Zellwände komplett mit Wasser vollgesogen, ist der sogenannte Sättigungspunkt der Fasern erreicht; unterhalb dieses Punktes entstehen durch den Wasserverlust beim Trocknen Deformierungen (Schwinden).

Als Versuchsmethode zur Bestimmung der Schwankungen der Hygroskopizität in Abhängigkeit vom Fälldatum setzte man die Proben direktem Wasserkontakt aus. Eine Messreihe wurde mit Stäbchen vorgenommen, die man den gefällten Bäumen entnommen und mit klimatisierter Luft getrocknet hatte (Abbildung Seite 116). Alle Proben (12 × 48 = 576 Stück pro Standort) wurden mit einem Ende auf eine Platte montiert, das andere neun Minuten lang und fünf Millimeter tief in ein Becken mit gefärbtem Wasser getaucht. Der kapillare Aufstieg errechnete sich über

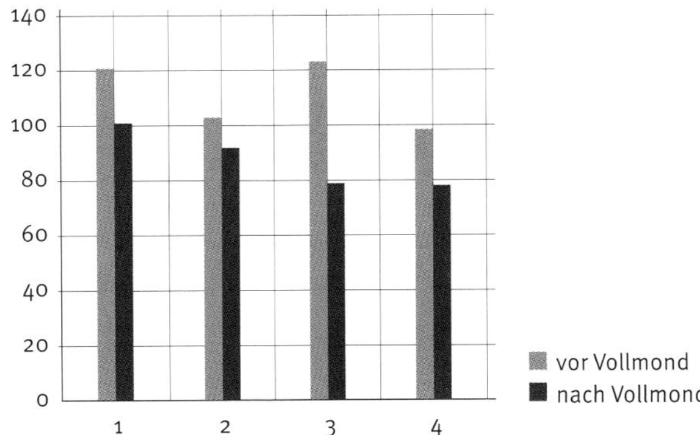

Variation der kapillaren Wasseraufnahme von getrockneten Probestücken der Fichte (Picea abies). *Zum Vergleich standen Fälltermine, die während der 3,5 Tage vor dem Vollmond stattfanden, mit denen 3,5 Tage nach dem Vollmond; der Zeitraum erstreckte sich von November 2003 (1), Dezember (2), Januar 2004 (3) bis Februar (4). Die Proben aus dem Zeitraum kurz vor dem Vollmond absorbierten in diesen Monaten deutlich mehr Wasser als die, welche direkt nach dem Vollmond gefällt wurden. Die Werte sind nach dem allgemeinen Mittelwert berechnet.*

die relative Gewichtszunahme. Die Abbildung oben zeigt die Variationen der kapillaren Wasseraufnahme der vier »Wintermonate« aus dem Zeitraum des Versuches von 24 Wochen (48 Baumfällungen). Sowohl die Tatsache, dass der »Mondeffekt« nur im Winter auftrat, als auch das systematische und deutliche Absinken der Werte nach dem Vollmond ähneln dem Effekt, der, wie oben beschrieben, beim ersten Wasserverlust beobachtet werden konnte (Abbildung Seite 120). Bemerkenswert ist, dass bei der kapillaren Wiederaufnahme von Wasser an den Proben, die kurz nach Vollmond genommen worden waren, die Abnahme mit einem Mittelwert von 25,9 Prozent im Vergleich viel deutlicher ausgeprägt war und dieses Phänomen sogar im Februar noch auftrat.

Die zweite Testmethode, mit welcher der Grad der Hygroskopizität gemessen wurde, war das vollständige Eintauchen der Muster, die vorher für die Dichtebestimmung verwendet worden waren. Auf diese Art wurden 576 Würfel pro Standort (vier pro Baum, das heißt zwölf je Fälltermin) sieben Tage lang in 20 Grad Celsius warmes Wasser getaucht. Hierbei wurde die Absorption ebenfalls in Prozent Gewichtszunahme ausgedrückt. Auch in diesem Fall ereigneten sich die hygroskopischen Schwankungen, die offensichtlich mit dem Wasserverlust in Einklang standen, in systematischer Abhängigkeit vom Mond. Für die vier Monate von November bis Februar betrug die Reduktion von den Tagen vor dem Vollmond zu den Tagen, die diesem unmittelbar folgten, einen Mittelwert von 12,6 Prozent. Das ist zwar die Hälfte des Wertes, der bei der kapillaren Wasserabsorption erreicht wurde, dennoch ist der Effekt beachtlich.

Mit Blick auf diese Ergebnisse stellen wir fest, dass sich die reversiblen Schwankungen, die im Zusammenhang mit dem Mond stehen, nicht nur auf die relative Dichte (und das Schwindmaß) im Verlauf des Trocknungsprozesses beziehen: Das Phänomen ist bei der Wasserabsorption (kapillar und eingetaucht) der vorher getrockneten Muster sogar noch stärker ausgeprägt. Allerdings muss betont werden, dass diese hygroskopischen Schwankungen im Zusammenhang mit den Mondphasen viel schwächer sind als die Unterschiede, die auf den Standort und die Art der Waldbewirtschaftung zurückzuführen sind. Proben aus einem Bergwald mit Naturverjüngung wiesen eine viel schwächere Wasseraufnahme auf, als solche von Fichten aus einem angepflanzten Bestand wie hier dargestellt.

Diese ermutigenden Ergebnisse müssen noch mit Versuchen zur Dauerhaftigkeit bestätigt werden, ehe daraus endgültige Schlüsse für die Verwendung von Fichtenholz im Außenbereich gezogen werden können. Man kann dennoch damit rechnen, dass die Unterschiede in der Fäulnisbeständigkeit beim Fichtenholz der folgenden Regel unterliegen: Holz, das kurz vor Vollmond geschlagen wird, hat eine geringe Dauerhaftigkeit, weil es stark hygroskopisch ist, während Holz, das (insbesondere zwischen November und Februar) jeweils kurz nach dem Vollmond geschlagen wurde, weniger hygroskopisch und von größerer Dauerhaftigkeit ist, was auch der Regel von Theophrast entspricht. Es ist bekannt, dass diejenigen Holzarten, deren Fasern sich stark mit Wasser vollsaugen, leichter von Pilzen und von Holz abbauenden Insekten befallen werden als Holzarten, bei denen der Fasersättigungspunkt vergleichsweise niedrig ist.

Folgen und Ausblicke

Diese Beobachtungen über Auswirkungen der Mondphasen auf die Pflanzenwelt und speziell auf Bäume und Holz weist auf ein reelles Phänomen hin, das zu den exogenen Rhythmen durch die Sonne hinzukommt. Letztere wirken sich bekanntlich auf den Tagesgang und die Jahreszeiten aus, darüber hinaus auch im Zusammenhang mit der Aktivität der Sonnenflecken, die einer Periode von elf Jahren unterliegt. Der Mond beeinflusst die exogenen Rhythmen im Stundentakt, wie bei den Meeresgezeiten, die mit zwei Ebbe-Flut-Zyklen pro Tag stattfinden, aber auch wochenweise und auf der Ebene des Mondmonats, durch den synodischen Zyklus, den tropischen, den siderischen oder den anomalistischen Zyklus mit Perigäum und Apogäum. Es scheint, als ob der Einfluss der Mondrhythmen an Bedeutung gewinnt, sobald derjenige der Sonne abnimmt, egal, ob dies natürlicherweise geschieht oder im Experiment so nachgestellt wird.

Es stellt sich die Frage, um welche Art Kräfte es sich hierbei handelt. Was den synodischen und den anomalistischen Rhythmus anbelangt, so ist die Gravitationskraft, welche die Gezeiten auslöst, zu schwach, um auch nur einen Teil der Mondphänomene erklären zu können, die an Pflanzen beobachtet werden: Sie kommt nicht über 0,8 Zehnmillionstel der Kraft, die vom Gewicht einer Masse an der Erdoberfläche ausgeht. Für den größten in Europa gemessenen Baum, eine 1908 beschriebene Weißtanne *(Abies alba)* aus dem Schwarzwald mit einer Höhe von 68 Metern, einem Durchmesser von 380 Zentimetern, einem Stammvolumen von 140 Kubikmetern und einem geschätzten Gewicht von 100 Tonnen, würde die vom Mond ausgeübte Kraft der Gezeiten (Gravitationskraft) täglich eine leichte Anspannung und dann eine Entspannung hervorrufen, die dem Gewicht von nur acht Gramm entspricht – das ist so viel wie zwei Würfel Zucker!

Analog stellt sich die Situation im Fall der Schwankungen des geomagnetischen Erdfeldes dar, die auf gravimetrische Gezeiten zurückzuführen sind. Sie sind zwar schwach, jedoch deutlich ausgeprägt und dauern einen halben Mondtag (12 Stunden 25 Minuten).

Der französische Chronobiologe Lucien Baillaud betont zu Recht: »Was das Thema Mond anbelangt, werden sich Wohlgesonnene immer wünschen, dass man ihnen zeigt, wodurch die Verbindung von Mond und Lebewesen gestützt wird, und dass man die Zusammenhangskette der Phänomene analysiert oder zumindest eine Hypothese formuliert« (2004).

Wie schon mehrfach erwähnt, wird für uns zunehmend klarer, dass der Träger oder Vermittler dieser Phänomene in nichts anderem als dem essenziellen Element aller organischen Vorgänge besteht: Wasser. In diese Richtung weisen auch die Schlussfolgerungen von Wissenschaftlern, die unter Laborbedingungen an der Erforschung zyklischer Schwankungen bestimmter chemischer Reaktionen in wässrigem Milieu arbeiteten, wie Giorgio Piccardi, Joseph Eichmeier oder Solco Tromp. Erwähnen wir auch die Arbeiten von Vladimir Voeikov und Emilio Del Giudice über Schwankungen des Wasserzustandes auf der Ebene der elektronischen Ladung und seiner Fähigkeit, mit Sauerstoff zu reagieren, was sie den Begriff der »Wasser-Atmung« prägen ließ.

Schon während der 1920er-Jahre waren Experimente zur Oberflächenspannung von Wasser gemacht worden. Mithilfe von Kapillarröhrchen aus extrem dünnem Glas ließ sich die Frequenz der Tropfenbildung beobachten (Maag 1928). In diesen Experimenten konnte ab einem bestimmten Feinheitsgrad der Kapillaren eine mondabhängige Rhythmik nachgewiesen werden (monatliche, aber auch Tagesrhythmen), ebenso Auswirkungen bestimmter Planetenkonjunktionen. Inzwischen konnte festgestellt werden, dass die Tatsache, dass sich das Wasser innerhalb von Kapillarsystemen befindet, egal ob diese aus Glas oder organischer Natur sind wie bei den Pflanzenzellen (mit ihrem Hohlraum und ihrer feinporösen Zellwand), zu einer bedeutenden Veränderung der Eigenschaften führen kann: Zum Beispiel kann es auch bei Temperaturen bis zu –15 Grad Celsius noch flüssig bleiben. Wie sich der Faktor Zeit auf diese besonderen Eigenschaften des Wassers auswirkt, bleibt noch mithilfe der aktuellen Technologien zu analysieren.

Eine noch relativ neue doppelte Veröffentlichung aus dem Bereich der theoretischen Physik ist Gerhard Dorda (2004) zu verdanken, mit Klaus von Klitzing Co-Autor der Entdeckung des »Quanten-Hall-Effektes«, für die 1985 der Nobelpreis verliehen wurde. Dorda schlägt ein neues astro-geophysikalisches Modell vor, das den Einfluss der Gravitation auf Lebensprozesse erklärt. Dieses Modell integriert die statischen und dynamischen Aspekte der Gravitation in Abhängigkeit von den Himmelskörpern auf ihrer Umlaufbahn; es führt zu einer »Quantisierung« von Schwerkraft und Zeit und weist auf einen reversiblen Effekt auf die supramolekulare Struktur des Wassers hin. Dadurch stehen diese Zustandsänderungen teils mit der Sonne, teils mit dem Mond in Zusammenhang. Im Modell konnten somit reversible Änderungen der Aggregats- und Kohärenzzustände beim Wasser in einem Größenverhältnis von beträchtlichem Umfang bestimmt werden. Es beträgt 1 zu 2200, je nachdem, ob es sich um die Wechselwirkung von der Sonne zur Erde oder vom Mond zur Erde handelt. Letztere variiert im Bereich des Mondtages, aber auch in Abhängigkeit von der zunehmenden beziehungsweise abnehmenden Mondphase. Dorda sieht in diesen rhythmischen Schwankungen des Wassers innerhalb eines Systems der drei Himmelskörper die biologische Uhr, nach der bisher in den organischen Strukturen gesucht worden war. Das Modell wurde durch bereits existierende experimentelle Messungen von unabhängiger Seite validiert. Diese Experimente waren von Cantiani et al. (1994) veröffentlicht und vier Jahre später hinsichtlich einer Mond-Chronobiologie von Zürcher et al. (1998) neu interpretiert worden.

Im selben Jahr (1998) unterstrichen Martial Rossignol und seine Kollegen ihrerseits die Rolle elektromagnetischer Phänomene, die mit dem Mond in Verbindung stehen (Polarisierung des Lichts, Modulation der Wellenlänge, Ionisierung der Atmosphäre, atmosphärischer Druck) und

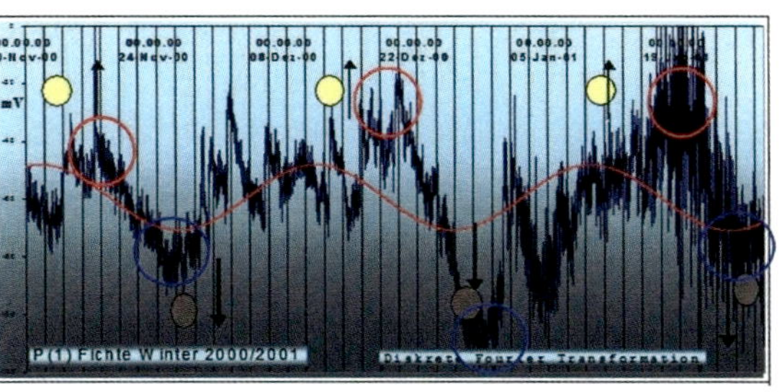

Mondbezogene Variationen des bioelektrischen Potenzials bei Fichte (Picea abies). *(Grafik mit beigefügten Farbkreisen aus* HOLZKNECHT *et al. 2006): Die roten Kreise (direkt nach dem Vollmond) markieren die Fällzeitpunkte für Bauholz, die blauen Kreise (gegen Neumond) für Feuerholz oder den Gebrauch als Isoliermaterial.*

Monitoring mittels des bioelektrischen Potenzials

Fasst man die aktuellen Kenntnisse der Chronobiologie zusammen und berücksichtigt man dabei insbesondere die Elektrobiologie der Pflanzen (wie sie im vorangehenden Kapitel dargestellt wurde) und die Erkenntnisse bezüglich der zyklischen Schwankungen der Holzeigenschaften in Abhängigkeit vom Fälltermin, so könnte man sich auch vorstellen, anhand einiger ausgewählter Referenzbäume eine Art elektrotechnische Messung durchzuführen. Die ununterbrochene Aufnahme der Schwankungen des bioelektrischen Potenzials – sozusagen ein »Elekro-Dendrogramm« – müsste zu einer genauen Angabe von Zeitpunkten (also präziser als ein vorgegebenes Datum) führen, die für die eine oder die andere Holzeigenschaft günstig sind. Es zeichnet sich also eine Biotechnologie im wahrsten Sinne des Wortes ab, die traditionelles Wissen, Holztechnologie und moderne Elektrotechnik miteinander verbindet.

sahen eine mögliche Verbindung mit der Induktion des bioelektrischen Potenzials auf der Zellebene. Auf der andern Seite hat Philippe VALLÉE 2004 eine neue Versuchsmethode ausgearbeitet, durch die reproduzierbar nachgewiesen werden konnte, dass die schwachen elektromagnetischen Felder mit einer niedrigen Frequenz eine anhaltende Wirkung auf Wasser haben. Dieser Forscher legte den Schwerpunkt auf die Bedeutung der Grenzflächen zwischen dem Wasser und seinen festen oder gasförmigen Einschlüssen: ein sehr wichtiger Aspekt, da dieses Grenzflächen-Wasser in der organischen Welt von grundlegender Bedeutung ist.

Inzwischen hat sich eine weitere wissenschaftliche Sensation ereignet, die einen wichtigen Beitrag zu den hier formulierten Thesen leistet

– wir hatten sie bereits erwähnt: »The Fourth Phase of Water« von Gerald Pollack (2013). Die Entdeckung und der Nachweis einer flüssig-kristallinen Phase des Wassers beim Kontakt mit hydrophilen Membranen mit dielektrischen Eigenschaften (Holz erfüllt diese Kriterien) ermöglichen es Pollack, eine ganze Reihe von bisher ungeklärten »Anomalien« von Wasser zu erklären und neue Perspektiven zu eröffnen.

All diese rein physikalischen Entdeckungen und Interpretationen geben dennoch keine Antwort auf die Frage, warum sich die einzelnen Pflanzenarten im Zusammenhang mit den Mondzyklen voneinander unterscheiden, was sowohl bei Jahrespflanzen als auch bei verholzenden Pflanzen beobachtet werden kann, und warum sich das Holz der letzteren so unterschiedlich verhalten kann.

Bauen mit Holz

Wir wollen hier einige der einschlägigen Aspekte behandeln, die im Zusammenhang mit dem Weg des Holzes vom Wald bis zum bezugsfertigen Wohnhaus stehen. Auch bei dieser Verwendung findet wieder eine Verbindung von Tradition und Moderne, Materialität und unsichtbaren Strömen statt.

Die ökologische Methode des Vortrocknens

Beim Verlassen des Sägewerks provoziert das schnelle Durchlaufen eines technischen Trocknungsprozesses mit erhöhter Temperatur für die Bretter und die anderen frischen (wassergesättigten) Sägeprodukte eine Art Schock. Der Aufenthalt in Trocknungsanlagen mit warmer, klimatisierter Luft bewirkt nämlich ein Auflösen der Zuckerbausteine, die an die Oberfläche verlagert werden, wo sie manchmal unerwünschte Flecken verursachen und zur Bildung von Schimmelpilzen führen können.

Bei Nadelbäumen löst sich das Problem durch die Anwendung einer traditionellen Forsttechnik: Man lässt die Krone nach dem Fällen über einige Wintermonate an den Stämmen. Dies führt dank eines langsamen Wasserverlustes durch die Nadeln zu einer schonenden Trocknung des Holzes und stellt eine kostengünstige Form der Vortrocknung dar, welche die spätere Trocknung an der Luft oder mit technischen Mitteln vorbereitet und erleichtert. Außerdem bescheinigt man so behandelten Hölzern eine bessere Qualität. In diesem Zusammenhang sprechen Handwerker von einer langsamen »Holzreifung«.

___Zum Einschnitt von Nutzholz

Das Sägewerk ist eine zwangsläufige Station bei der Umwandlung der runden Stämme (Rundholz) in Bohlen, Balken oder Bretter, die als Bauholz oder für die Schreinerei benötigt werden. Während der letzten Jahrzehnte begünstigten Konzentrationsprozesse die Gründung großer, industrieller Sägewerke, während zahlreiche traditionelle Handwerkssägereien vor Ort verschwanden. Um auf den lokalen Bedarf an Schnittwaren zu reagieren, die von der regionalen Forstwirtschaft oder nahe gelegenen Agroforsten stammen, entstand eine moderne Lösung: mobile Sägewerke, die direkt in der Nähe der Einschlagsflächen installiert werden können. Diese Einrichtungen haben ein hohes technisches Niveau, sind aber immer noch erschwinglich für kleine Unternehmen oder private Forstbesitzer.

___Wohnen im Holzhaus

Zusätzlich zur Widerstandsfähigkeit gegen die mechanische Wirkung von Zug-, Druck- und Biegekräften sind es drei physikalische Eigenschaften, die aus Holz ein außergewöhnliches Material zum Bauen und für die Inneneinrichtung machen. Erstens leitet Holz Wärme sehr langsam (es ist ein Isolator), was man jedes Mal, wenn man ein Streichholz anzündet, bemerken kann. Zweitens hat dieses Material eine große Aufnahmefähigkeit für Wärme und gibt diese später langsam wieder ab (Wärmespeicherkapazität), ohne jedoch eine Verbrennung zu durchlaufen, weshalb man auch von einem »organischen« Heizkörper sprechen könnte. Die dritte Charaktereigenschaft ist die Hygroskopizität, was bedeutet, dass im Austausch mit der umgebenden Luft in einem ständigen, ausgleichenden Prozess Feuchtigkeit aufgenommen oder abgegeben wird.

Ein Haus aus massiven, industriell gefertigten, mehrschichtigen Holzwänden, die nur mit Dübeln (ebenfalls aus Holz, also ohne Klebstoff) zusammengefügt sind, kann diese Eigenschaften voll zum Tragen bringen (THOMA 2016). Eine Kältewelle braucht zwei- oder dreimal so lange, bis sie von außen ins Innere gelangt, als es zum Beispiel bei einem Backsteinhaus der Fall ist. Im Übrigen hat eine solche Wohnung zusätzlich zu einer sehr konstanten Innentemperatur den Vorteil eines hygroskopisch sehr ausgeglichenen und gesunden Klimas: Die Luft ist dort nie zu trocken oder zu feucht.

Kurz gesagt: Es wäre besser, das Holz nur einmal in den Wänden zu verbauen und damit den Heizbedarf so weit wie möglich zu reduzieren, anstatt es Jahr für Jahr in großen Mengen in den Ofen zu stecken. Dieselben Eigenschaften wirken sich auch im Fall großer Hitzeperioden positiv

Verwendungszweck	Material	Temperaturleitfähigkeit in (10^{-7} m^2/s)
Wände, tragende Strukturen	Nadelholz (Fichte)	1,4
	Modulbackstein	4,4
	Stahlbeton	6,8
	Porenbeton	2,6
Isolation	Holzfaserplatten	1,0
	Steinwolle (80 kg/m^3)	8,3
	Polystyrol (expandiert)	16,7

Ein engerer Bezug zur Wärme

Die Wärmeströme innerhalb von Holz und den daraus gewonnenen Materialien sind ein zwar unsichtbares, aber bedeutendes Phänomen bei der Verwendung im Wohnbereich. Maximaler Komfort und gleichzeitig auf ein Minimum reduzierter Heiz- oder Klimatisierungsbedarf werden von Materialien mit möglichst niedriger Temperaturleitfähigkeit erreicht. Dieses Kriterium errechnet sich aus dem Isoliereffekt eines Materials, seiner Dichte und seiner Wärmespeicherkapazität. Der Vergleich von Holz mit anderen Baustoffen oder Isolationsmaterialen spricht für sich (Keller/Rutz 2005).

aus, weil ein derartiges Gebäude aus Massivholz auch wie eine natürliche Klimaanlage funktioniert, ohne elektrische Energie zu brauchen.

Ein anderes modernes System verbindet die Eigenschaften von Holz mit der speziellen Geometrie der eingesetzten Materialien. Es lassen sich fotoaktive Fassaden mit horizontalen Lamellen aus Profilholz aufbauen, bei denen die isolierende Schicht aus Holzfasern und die äußere Verkleidung aus Glas besteht. Die Energieströme einer solchen »aktiven Fassade« werden also entweder absorbiert oder abgeführt, je nach jahreszeitlichem Bedarf und Einfallswinkel des Sonnenlichts. Dies macht den Weg für Häuser frei, die mehr Energie erzeugen, als sie verbrauchen.

Holz als Komfortquelle

Der Wärmekomfort einer Wohnung hängt nicht nur von der herrschenden Lufttemperatur, sondern auch von der Temperatur an den Wänden ab. So wird zum Beispiel ein Zimmer mit einer Lufttemperatur von 22 Grad und 8 Grad an den Wänden als kalt und ungemütlich wahrgenommen, während man einen Raum mit 18 Grad Lufttemperatur und 18 bis 20 Grad Wandtemperatur als angenehm temperiert empfindet. Durch seine isolierenden Eigenschaften und durch die Wärmespeicherung ist Holz ein ideales Material, um das Wohlbehagen des zweiten Falls zu vermitteln. Dabei können mehrere Grad an Heiztemperatur eingespart werden, ohne dass Komfort eingebüßt werden muss; zusätzlich fühlt man sich wie von einer biokompatiblen Hülle umgeben. In diesem Sinn ist es auch nachzuvollziehen, dass moderne Technologien Wärme bevorzugt durch Strahlung verbreiten (zum Beispiel mit Wandheizungen oder Kaminöfen) als durch Konvektion (wie bei Heizkörpern).

____Eine natürliche Holzschutzmethode

Holz ist im Außenbereich zwei Arten von Abbaufaktoren ausgesetzt: dem Effekt der UV-Strahlen des Sonnenlichts und dem Angriff durch Pilzen, die von Feuchtigkeit profitieren. Die erstgenannten bewirken den Abbau von Lignin und führen nach einer Auswaschung zum Freilegen der Zellulosefibrillen, was sich in der Entstehung von kleinen Spalten und dem Vergrauen des Holzes äußert. Der Schaden ist eher ästhetischer Natur und das Holz ist nicht tiefer gehend betroffen. Die Feuchtigkeit stellt viel ernstere Probleme dar: Wenn das Regenwasser nicht schnell ablaufen oder verdunsten kann, wenn das Holz Bodenkontakt hat oder Wasser kapillar aufsteigen kann, ermöglicht die Feuchtigkeit die Ansiedlung von am Holz zehrenden Pilzen als Vorläufern von Fäulnis und es stellen sich auch zunehmend Insekten ein, die sich von Holz ernähren. Hier ist zu fragen: Lassen sich die chemischen Holzschutzmethoden vermeiden – ist es möglich, auf Lacke zu verzichten, welche die Oberfläche mit einem Film (durchsichtig oder farbig) versiegeln und regelmäßigen Neuauftrag verlangen, obwohl man weiß, dass sich unvermeidlich wieder feine Risse bilden werden, durch die Wasser eindringt?

Die Haltbarkeit mancher Baumarten, wie der Eiche und der Kastanie, ist auf ihren hohen Tanningehalt zurückzuführen. Allerdings werden diese durch das leicht saure Regenwasser allmählich ausgewaschen. Wie die anderen Arten auch, benötigen diese Hölzer einen wasserabweisenden Schutz ihrer Oberfläche. Diesen kann man durch Leinöl (aus *Linum usitatissimum*) erreichen, dem man etwas Terpentin zusetzt: Man trägt es am besten unter warmen Bedingungen auf, damit es besser eindringt. Es verteilt sich bis in die tieferen Schichten, erhält aber eine gewisse Porosität des Holzes. Dadurch wird die Wasseraufnahme stark eingeschränkt, es kann aber weiterhin nach außen verdunsten. Dieses schnell aushärtende und noch dazu geruchsneutrale Öl stellt einen echten und dauerhaften Schutz dar, der wenig kostet, wasserabweisend wirkt und das Vergrauen hinauszögert. Ähnlich effizient lässt sich die Behandlung mit Öl aus Hanfsamen durchführen *(Cannabis sativa)*. Für den Schutz von Holz im Innenbereich, zum Beispiel für die Oberflächen von Tischen, kommt uns die Natur nochmals zu Hilfe, und zwar in Form von Wachsen (pflanzlichen oder von Bienen), die kombiniert mit Ölen aufzutragen sind. Diese Stoffe haben einen farbintensivierenden Effekt und man erhält dadurch schön polierte Oberflächen.

Natürlicher Schutzschirm gegen elektromagnetische Strahlung

Während Wärmeströme zwar unsichtbar, aber fühlbar sind, ist die elektromagnetische Strahlung, der wir zunehmend ausgesetzt sind, der »Elektrosmog«, unsichtbar und unfühlbar zugleich. Auch in dieser Hinsicht kann Holz mit erstaunlichen Eigenschaften aufwarten und es eröffnen sich neue Verwendungsmöglichkeiten für dieses organische Material. Tatsächlich wurde festgestellt, dass Holzhäuser mit 100 Prozent mehrlagigen Massivholzwänden (nach dem System »Holz 100«, entwickelt vom Salzburger Holzhausbauer Erwin Thoma) ein wirksames Schutzschild gegen Mobilfunksignale darstellen, deren Unschädlichkeit noch lange nicht nachgewiesen ist. Versuche, die an der Münchner Bundeswehr-Universität durchgeführt wurden, bestätigen dies auf spektakuläre Weise. Die mehrlagigen, dicken Massivholzwände, die frei von Metallverbindungen sind, schirmen über 99 Prozent der einfallenden elektromagnetischen Hochfrequenzstrahlung ab. Ausgedrückt in Dezibel (dB), ein Maß für die Abschwächung des elektromagnetischen Signals, sind die Werte für Wände und Gebäudehüllen aus Fichte und Lärche (mit einer Stärke von 45 Zentimetern) 3,5-mal höher als diejenigen für 16 Zentimeter starken Stahlbeton, 3,9-mal höher als für eine 36 Zentimeter dicke Wand aus Lochziegel und vor allem 14-mal wirksamer im Vergleich zu den leichten Wänden in Holzrahmenbauweise, die mit Mineralwolle isoliert sind (THOMA 2016).

Feuerholz und Holzfeuer

Wie man am Beispiel der Fichte feststellen kann, verhalten sich Brennholz und Bauholz genau umgekehrt, was die Auswirkungen des Fällzeitpunktes anbelangt. So ist es nicht nur traditionell überliefert, auch die Versuchsergebnisse bestätigen diese Annahme.

Um gutes Feuerholz zu erhalten, ist es notwendig, den frisch geschlagenen und gespaltenen Holzstücken durch Lufttrocknung möglichst viel Wasser zu entziehen. Dies führt zu einer geringeren Dichte, die eine gute Sauerstoffdurchlässigkeit bei der Verbrennung garantiert. Wertet man die Daten für Fichte aus, so ergibt sich als richtiger Fällzeitpunkt die halbe Woche vor Vollmond, aber auch die halbe Woche vor dem letzten Mondviertel und die Woche zwischen Neumond und dem ersten Mondviertel.

Das Thema Holzfeuer beziehungsweise Feuerholz scheint an sehr tief liegende Schichten der menschlichen Psyche und des kollektiven Gedächtnisses zu rühren, was sogar Lars Mytting überraschte, einen norwegischen Autor, der kürzlich ein Buch darüber veröffentlichte. Der unglaubliche Erfolg seines Buches »Der Mann und das Holz. Vom Fällen, Hacken und Feuermachen« (2014), das zuerst in Norwegen erschien, und das Publikumsecho auf eine acht Stunden dauernde Fernsehsendung, die zum größten Teil aus einem Kaminfeuer bestand, wirkte bis nach New York, wo in der »New York Times« am 19. Februar 2013 ein Artikel darüber erschien.

Wie konnten 200 000 Buchexemplare in einem Land, in dem 1,2 Millionen Haushalte bereits mit Holz heizen, so schnell ihre Abnehmer finden? Die Ursache dafür liegt neben den schriftstellerischen Qualitäten Myttings, der Identifikation des Autors mit dem Thema und vielen praktischen Hinweisen vermutlich in dem begründet, was das Holzfeuer für den modernen Menschen repräsentiert. Es lässt uns tatsächlich wieder an ein Element anknüpfen, das uns seit Beginn der Zeiten begleitet und bei der Evolution des Menschen eine ganz entscheidende Rolle gespielt hat. Der griechische Prometheus-Mythos beschreibt auf dramatische Weise, wie Feuer mit der menschlichen Freiheit verbunden ist; vermutlich ist es einer der Archetypen im Sinn des großen Psychologen Carl Gustav Jung. Ein Feuer zu entfachen und am Brennen zu halten stellt eine Rückkehr zum Elementaren, Unmittelbaren und zur Langsamkeit dar, ein bisschen so wie die Rückkehr zum Zufußgehen. Holzfeuer wirkt also wie ein Gegenpol zur wachsenden Künstlichkeit des modernen Lebens. Noch heute räumt die nomadisch lebende Gemeinschaft der Jenischen in der

Die bestmögliche Verbrennung

So zündet man im Kamin oder Schwedenofen ein Feuer an, das nur ein Minimum an Rauch (und Feinpartikeln) freisetzt:

- *Kein Papier und keine Pappe verwenden.*
- *Die Scheite liegen mit einem kleinen Zwischenraum nebeneinander; die übereinanderliegenden Etagen kreuzen sich.*
- *Der Stapel enthält nach oben immer dünnere, leicht entflammbare Scheite.*
- *Das Feuer wird mithilfe von oben aufgelegten ganz feinen Zweigen, wachsgetränkter Holzwolle oder einem Anzündwürfel angefacht.*

Auf diese Weise läuft die Verbrennung gleichmäßiger ab, das vorgewärmte Holz trocknet direkt vor der Verbrennung noch einmal nach. Dadurch setzt sich weniger Ruß am Kamin- oder Ofenfenster ab als beim Anzünden von unten (ENERGIE-UMWELT).

Schweiz dem Feuer einen wichtigen Platz ein und dient den Reisenden als traditioneller abendlicher Versammlungsort.

Lars Mytting zeigt in seinem Buch auf originelle Art, was ein Baum wert ist, wenn man ihn ausschließlich als Brennholzlieferant betrachtet. Eine 15 Meter hohe Birke *(Betula pendula)* mit einem Durchmesser von 15 Zentimeter in Brusthöhe hat ein Holzvolumen von 0,12 Kubikmeter Holz oder 70 Kilogramm, wenn es luftgetrocknet ist. Verbrennt man es in einem Standardofen mit einem Wirkungsgrad von 75 Prozent, entspricht das einer Energiemenge von 225 Kilowattstunden. Bei einem Strompreis von 0,11 Euro pro Kilowattstunde hat ein solcher Baum einen Energiewert von 24 Euro; wenn der Strompreis 0,17 Euro beträgt, steigt sein Wert auf 38 Euro.

Für ein Ster Feuerholz, was in etwa einem Kubikmeter gestapeltem Holz entspricht, beträgt der tatsächliche Energiewert bis zu 200 Euro beziehungsweise 316 Euro, wenn man damit Elektrizität zum Heizen ersetzt. Das entspricht in etwa dem Preis von ofenfertigen Holzscheiten, die in der Schweiz inklusive Lieferung 250 Euro pro Ster kosten.

Im Verlauf der norwegischen Sendung fand ganz unerwartet eine Auseinandersetzung über die Frage statt, ob es besser ist, die Holzscheite mit der Rinde nach oben oder nach unten zu stapeln. Der Autor erklärte, dass im ersten Fall Holz, das häufig Regen ausgesetzt ist, besser geschützt wird, weil die Rinde wasserundurchlässig ist; im zweiten Fall wird Holz, das geschützt gelagert ist, leichter seine Feuchtigkeit abgeben. Grundsätzlich gilt, dass die Scheite nicht zu kompakt gestapelt werden sollten: Eine Maus soll noch durch die Zwischenräume schlüpfen können, aber nicht die Katze, die sie verfolgt.

Schon Hildegard von Bingen, die große deutsche Mystikerin und Heilkundige des 12. Jahrhunderts, die für ihre Kräuterkenntnisse berühmt ist, schrieb in ihrer »Physica« Feuer von bestimmten Holzarten spezielle therapeutische Wirkung zu: »Wer von Rheumatismus geplagt ist, der entfache ein Feuer von Ulmenholz *(Ulmus glabra)* und wärme sich daran, so wird der Rheumatismus auf der Stelle verschwinden« heißt es bei ihr beispielsweise.

Auch die jüngsten grundlegenden Untersuchungen über Wasser liefern interessante Thesen, die in eine ähnliche Richtung gehen und den besonders wohltuenden Effekt eines Kaminfeuers oder Schwedenofens erklären, der nicht nur Wärme, sondern auch lebendiges Licht innerhalb einer Skala von Gelb über Orange bis Rot ausstrahlt. Tatsächlich haben die schon erwähnten Arbeiten von Pollack gezeigt, dass sich hoch organisiertes Wasser, das aus dem Bereich der hydrophilen Membranen stammt, durch Licht modifizieren lässt. Es ist nämlich so, dass im Wirkungsbereich von synthetischen, aber auch organischen Membranen, wie Blutgefäße oder diejenigen lebender Zellen, Wasser die Eigenschaft hat, Licht aus dem infraroten Spektrum zu absorbieren. Pollack vermutet, dass dieses Phänomen einen aktiven Einfluss auf den Blutstrom hat, wenn der Organismus Licht ausgesetzt ist. Ein Holzfeuer gibt also vermutlich diesen Effekt der Sonne wieder, und das sogar noch konzentrierter, weil es spezifisch den roten Bereich des Spektrums ausstrahlt. Vielleicht spielt es auch eine Rolle, dass es sich nicht um ein kontinuierliches, sondern ein intensiv pulsierendes Strahlen mit besonderer Tiefenwirkung handelt.

Über die abgegebene Wärme und das Licht hinaus spielt eventuell auch das sanfte und beruhigende Geräusch eines Feuers eine Rolle. Hat man nicht festgestellt, dass sich das Schnurren einer Katze (mit einer Frequenz zwischen 23 und 30 Hertz und einer ausgeprägten Oberschwingung im Bereich von 50 Hertz) beachtlich auf den Heilungsprozess auswirkt, insbesondere auf die Knochenbildung nach Brüchen? Bei Weltraumflügen nutzt man diese Frequenzen, um eine ausreichende Knochendichte der Astronauten im schwerelosen Raum zu erhalten.

Um auf die tiefer gehende Bedeutung zurückzukommen, die Feuer im Lauf der Zeit zukommt, weisen wir schließlich auf John Michell (2009) hin, den großen Spezialisten sakraler Geometrie von Bauten und Heiligtümern. Für ihn steht das Feuer im Zusammenhang mit der Suche des Menschen nach seiner eigenen Mitte, die in Harmonie mit dem Kosmos steht. Der Ausdruck »sich um ein Feuer versammeln« ist uns erhalten geblieben, ursprünglich war es der Mittelpunkt runder Hütten, abgegrenzt durch vier Steine, die den Kessel trugen. Im eigentlichen Wortsinn hat der Mensch sich damit einen »Fokuspunkt« (von *focus*, »Feuer«) geschaffen, was im weiteren Sinn auch den Punkt bezeichnet, wo Licht sich konzentriert und von wo es ausstrahlt. Für Michell wärmt Feuer nicht nur, sondern es steht symbolisch für Licht und Nahrung für das Bestehen eines inneren Kerns aller Wesen. Moderne Architekten haben uns an gehobene Hygiene- und Komfortstandards gewöhnt, aber das tiefe Bedürfnis nach einem zentralen Punkt kosmologischer Dimension oft nicht erkannt. Wenn es darum geht, zur Ruhe zu kommen, sich zu zentrieren und den Geist wieder zu seiner natürlichen Ordnung zurückzubringen, geht nichts über eine echte Feuerstelle als Quelle von Wärme und Licht, aber auch von inspirierenden Geräuschen und Düften.

GEHEIMBOTSCHAFTEN

Jenseits der für die Augen sichtbaren und für den Tastsinn erfassbaren Welt erschließt sich uns durch das Wahrnehmen von Gerüchen eine weitere Welt voller unendlicher Nuancen, die von Natur aus unsichtbar sind und wofür wir keine eigentlichen Wörter haben. Von unseren fünf klassischen Sinnen ist der Geruchssinn vermutlich der älteste und der am wenigsten verstandene. Olfaktorische Eindrücke werden zunächst in instinktive, »archaische« Zonen unseres Gehirns geleitet und dort oft unbewusst mit Emotionen verbunden und auch eng mit dem Gedächtnis, sobald sie vom Bewusstsein erfasst werden. Ähnlich rühren Geräusche, die aus der Natur kommen, unmittelbar an unser Unterbewusstsein. Erst kürzlich haben Forscher hier Zusammenhänge aufgedeckt, die unerwartete Folgen für unsere Gesundheit haben.

Auch was die Elektrophysiologie und den Geomagnetismus anbelangt, so verbinden diese uns mehr mit den Bäumen und der Erde, als wir meinen.

Gerüche und ihre Wirkungen

»In der Märzsonne auf einem Stapel Buchenscheite sitzend, die in der Wärme knackten, war es, dass er zum ersten Mal das Wort ›Holz‹ aussprach. (...) Brenzlig süß rochen die obersten Scheite, moosig duftete es aus der Tiefe des Stapels herauf, und von der Fichtenwand des Schuppens fiel in der Wärme bröseliger Harzduft ab.« So beschreibt es Patrick SÜSKIND in »Das Parfüm«.

Der Geruch von Bäumen und Holz – eine verkannte, jedoch wirksame Eigenschaft

Wie wir im Kapitel »Strukturen und ihre Entstehung« auf Seite 52 gesehen haben, spielt die Bildung von Blüten (die generative Phase) bei Bäumen im Verhältnis zum vegetativen Wachstum eine eindeutig untergeordnete Rolle. Das hat bei den meisten baumförmigen Arten der gemäßigten Zonen zur Folge, dass deren Blüten und Düfte kaum wahrgenommen werden. Allerdings gibt es ein paar Ausnahmen von dieser Regel und genau diese Bäume wurden seit je angepflanzt, um uns speziell mit ihrem Duft zu erfreuen.

Der Duft von Holz selbst wird bis heute als eine Nebenerscheinung betrachtet. Bisweilen taucht er als Kriterium bei der Holzbestimmung auf. Dabei sollte diese Eigenschaft in einem größeren Zusammenhang gesehen werden. Sie verdient es, hinsichtlich ihres Charakters und ihrer Wirkung genauer erforscht zu werden. Die letzten Arbeiten hierzu lieferten dank modernster technischer Möglichkeiten erstaunliche Ergebnisse.

Ein Duft unserer Kultur: Die Linde

Wenn wir Baumporträts erstellen und dafür Düfte als oberstes Kriterium heranziehen, erscheint die Linde (*Tilia* sp.) als besonders ausgeglichene Baumart. Mit der Herzform ihrer Krone und ihrer Blätter (auch der Knospen, wenn man sie genau betrachtet) rührt sie bei uns Europäern an unser Innerstes – unser Herz. Sie umhüllt uns mit ihrem lieblichen Schatten und vor allem dem honigsüßen, beruhigenden Duft, der die Krone zur Blütezeit am Sommeranfang umströmt. Die Linde wurde häufig in der Ortsmitte des Dorfes gepflanzt, als Schattenspender neben Brunnen, als Herzstück großer Bauernhöfe oder manchmal auf dem obersten Punkt eines Hügels, wo sie den Blick auf sich zieht.

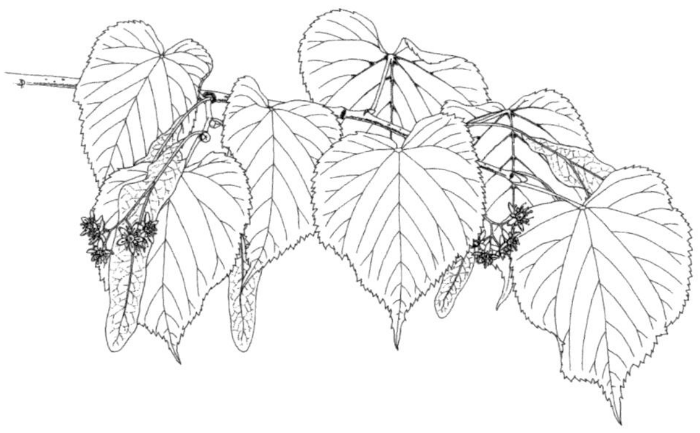

Winterlinde (Tilia cordata). *Wie die Sommerlinde* (Tilia platyphyllos) *verströmt sie während der Blüte einen Duft, der uns sanft umhüllt. (Zeichnung D. Dellas)*

Systematik der Aromen und Düfte

Das aktuellste Duftsystem (PFISTER 2013) wird für die Ausbildung von Winzern, Önologen und Weinkennern eingesetzt und basiert auf neun »Dominanten«, die weiter in 18 Familien unterteilt werden. In diesem Kontext kommt dazu noch eine Familie mit sogenannten Fehlern. Von den insgesamt 152 Düften, Aromen oder Gerüchen (»Beschreiber«), die den Familien zugeordnet sind, kommen ungefähr 50, also ein Drittel, bei Gehölzen vor. Diese befinden sich in sieben der neun Dominanten und in 13 der 18 + 1 Familien. Hier einige Beispiele:

Dominante	**Familie**	**Bäume/Sträucher**
Fruchtig	Zitrusfrüchte	Bergamotte, Zitrone, Limone, Mandarine, Orange, Grapefruit
	Exotische Früchte	Litschi, Mango
	Nüsse	Mandel, Haselnuss, Walnuss, Kokosnuss
	Obst	Aprikose, Kirsche, Quitte, Feige, Mirabelle, Olive, Pfirsich, Birne, grüner Apfel, reifer Apfel, Zwetschge
Blütendüfte	Blüten von Sträuchern	Weißdorn, Geißblatt, Ginster, Jasmin, Lavendel, Flieder, Rose, Holunder
	Blüten von Bäumen	Robinie, Magnolie, Orangenbaum, Linde
Würzig	Gewürze	Zimt, Nelken, Muskat
	Aromapflanzen	Rosmarin
Grünpflanzen	Frisches Grün	Buchs
	Getrocknetes Grün	Grüner und schwarzer Tee
Hölzer	Holz	Zeder, Eiche, Weihrauch, Eukalyptus, Efeu, Eichenflechte, Kiefer, Sandelholz, Unterholz, Thuja
Durch Verkohlung	Räucherduft, gegrillt, verbrannt	Kakao, Kaffee, Birkenteer
Fehler	Diverse	Kautschuk

Im Gegensatz zum zähen, aber doch elastischen Holz der Esche zeichnet sich die Linde durch ein weiches Holz mit einer Art Plastizität aus, das sich leicht formen lässt. Als Bauholz ist es ungeeignet und der Heizwert als Feuerholz ist gering. Am meisten wird es als Schnitzholz für Skulpturen und Drechselarbeiten geschätzt sowie für den Bau von Spielzeug, für Rahmen von Bienenwaben und früher für Prothesen. Bevor man zur Verwendung von Leinwänden überging, stand Lindenholz bei Malern hoch im Kurs – als Unterlage für ihre Werke. Im Gegensatz zum so beliebten Duft des blühenden Baumes verbreitet frisch geschnittenes Lindenholz wegen seines hohen Fettgehalts einen unangenehm ranzigen Geruch, der beim Trocknen jedoch eine würzige Note annimmt. Die Linde ist ein gutes Beispiel dafür, dass gewisse Bäume nicht nur einen typischen äußeren Geruch, sondern auch einen inneren Duft haben – ihren Holzduft.

Holzgeruch als Bestimmungsmerkmal

In tropischen Wäldern werden Bäume oft identifiziert, indem man eine Kerbe in die Rinde schlägt. Dadurch lassen sich zum einen die Farbe darunter liegender Gewebe und Absonderungen (Gummi, Latex, Harze) bestimmen, zum anderen prüft man den Geruch, der dabei freigesetzt wird. So lässt sich der Aiélé *(Canarium schweinfurthii)* in Äquatorialafrika von ähnlichen Bäumen durch seinen typischen Terpentingeruch unterscheiden. Die Rinde des in Ghana Entedua genannten *Copaifera salikounda* verbreitet einen süßen Duft, der wie eine Mischung aus Tabak und Marzipan oder Mandeln riecht. In Liberia zerstößt man diese Rinde und reibt sich damit den Körper ein, um den Duft anzunehmen. Dagegen erkennt man den Bossé (*Guarea cedrata,* auch Acajoubossé oder Afrikazeder) an seinem stark fruchtigen Duft, einer Mischung aus Zeder und Apfel.

Bei manchen Arten erweist sich somit ihr besonderer Holzduft als sehr nützliches Bestimmungsmerkmal. Der Cedro aus Zentralamerika *(Cedrela odorata),* aus dem Zigarrenkisten hergestellt werden, ist hierfür ein weiteres bekanntes Beispiel. Auch bei der Unterscheidung von Nadelhölzern ist Duft ein hilfreiches Kriterium. Im Gegensatz zum leichten Harzduft, den eine frisch geschlagene Fichte *(Picea abies)* verströmt, können Tannen *(Abies alba)* vor allem im Bereich des feuchteren Kernholzes (sogenannter Nasskern) unangenehm nach Buttersäure riechen. Die Douglasie *(Pseudotsuga menziesii)* lässt sich von der Lärche *(Larix decidua)* durch den für sie typischen terpentinartigen Geruch unterscheiden. Jeder kennt den stark würzigen Geruch von Bleistiftholz: Ursprünglich wurden sie aus dem Holz des Virginischen Wacholders (Eastern Red Cedar, *Juniperus virginiana*), auch »Bleistiftzeder« genannt, aus der Familie der Zypressengewächse (Cupressaceae) hergestellt. Übernutzung und daraus resultierender Holzmangel führten dazu, dass die amerikanische Bleistiftindustrie nach Westen verlegt werden musste, um an neues

Geruchstyp	Betreffende Arten
Nach Harz	Fichte, Waldföhre/Kiefer, Lärche
Nach Terpentin	Douglasie *(Pseudotsuga menziesii)*, Pech-Kiefer *(Pinus rigida)*
Zedernaroma	Zeder *(Cedrus libani, Cedrus atlantica,* Cedrus deodara)
Sauer, säuerlich	Weißtanne
Nach Gerbsäure	Eiche
Angenehm süß, an Rosenduft erinnernd	Rio-Palisander *(Dalbergia nigra)*, eines von vielen »Rosenhölzern«
Nach Vanille, gemischt mit Ananas und Apfel	Jeffrey-Kiefer *(Pinus jeffreyi)*
Kautschuk	Guajak, Pockholzbaum *(Guaiacum officinale)*
Balsamisch, holzartig	Sandelholz *(Santalum album)*
Nach Leder	Teak *(Tectona grandis)*
Nach Essigsäure (Essig)	Okumé *(Aucoumea klaineana)*
Unangenehm, schimmlig	Ulme, Walnuss (im feuchten Zustand), Birke (im feuchten Zustand)

gleichwertiges Holz als Rohstoff zu kommen. Dort wurde dann die Kalifornische Weihrauchzeder verwendet *(Calocedrus decurrens)*, die einen ähnlich würzigen Duft hat.

Mit der Zeit verflüchtigen sich häufig die für den Duft verantwortlichen chemischen Stoffe. Es müssen dann Maßnahmen ergriffen werden, durch die der Duft für die Bestimmung wieder aufgefrischt werden kann: So kann man zum Beispiel die entsprechende Oberfläche neu anschneiden und anhauchen, um die Feuchtigkeit zu erhöhen, oder das Holz anfeuchten und anschließend leicht erwärmen.

Holzgeruch als ausschlaggebendes Verwendungskriterium

Holzgeruch wird von den flüchtigen Bestandteilen, speziell den ätherischen Ölen, erzeugt. Diese werden handwerklich oder industriell destilliert und bei der Produktion von Duftstoffen eingesetzt (bei der Bleistiftherstellung werden zum Beispiel Sägemehl oder Späne der Kalifornischen Rot-Zeder destilliert). Verschiedene tropische und subtropische Laubhölzer haben – im Gegensatz zu den Baumarten der gemäßigten Zonen – einen stark ausgeprägten Geruch. Der angenehme Duft man-

Ein wesentlicher Bestandteil von Parfüms und Kosmetik: Sandelholz

Die nach Wald duftende Balsamnote des aus Sandelholz (Santalum album) extrahierten Öls löst ein beruhigendes und tröstliches Gefühl von Geborgenheit aus. Das erklärt seine Verwendung als Bestandteil vieler Parfüms und Kosmetikprodukte und das Entzücken, das dieser Duft im Orient schon seit Jahrhunderten hervorruft. Leider kam es zu einer Übernutzung der natürlichen Bestände dieser kleinen Baumart in Indien und Sri Lanka (früher Ceylon). Mittlerweile wurden in diesen Regionen als Mischkultur in alten Teeplantagen viel versprechende Wiederaufforstungsprojekte gestartet. Man darf hier von einer Investition in eine nachhaltige Zukunft sprechen, da die Bäume erst ab einem Alter von zwanzig Jahren geerntet und extrahiert werden können. Beträchtliches ist hier im Spiel, weil für die Extraktion von einem Liter ätherischem Öl 100 Kilogramm Holz genügen, und der Preis für ein Kilogramm Öl derzeit bei 1000 Euro liegt.

cher Hölzer ist mitunter der entscheidende Faktor für ihre Verwendung, wie bei der Herstellung von Schmuck oder Ziergegenständen. Bekannt sind feine Schreinerwaren aus Rosenholz (*Dalbergia* spp.) oder Sandelholz-Kästchen *(Santalum album)*. Bei letzteren stammt der Duft vermutlich aus dem Harz älterer Bäume. Sogar der Rauch von Sandelholz verbreitet noch einen ätherischen und feinwürzigen Duft nach Holz. In Indien nutzt man diese Eigenschaften für ein traditionelles Reinigungsritual, die Ausräucherung. Dennoch haben manche Düfte auch eine abstoßende Wirkung, Kampfer (*Cinnamomum camphora*, Lauracea) und alle Wachholderarten (*Juniperus* spp.) zum Beispiel auf Motten und andere Insekten. Das ist der Grund dafür, dass diese Arten früher und teilweise heute noch für die Herstellung von Wäschetruhen und -schränken verwendet werden.

Eine der neuesten Entwicklungen: Geruchsanalyse mit elektronischer Nase

Bei der Bestimmung von Arten und der Beurteilung des Holzzustandes wurde Geruch als Kriterium bisher nur wenig berücksichtigt. Inzwischen können sowohl heimische Laub- und Nadelhölzer als auch Tropenhölzer mithilfe eines Systems aus elektronischen Sensoren untersucht und differenziert werden (Abbildung rechts). Dafür werden metallische Halbleiter,

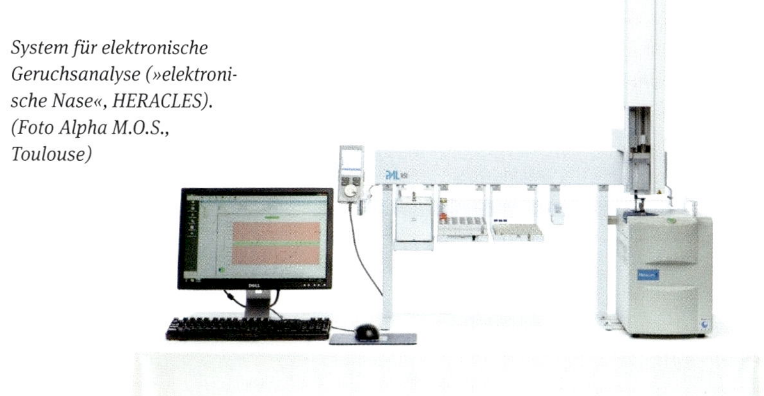

System für elektronische Geruchsanalyse (»elektronische Nase«, HERACLES). (Foto Alpha M.O.S., Toulouse)

die auf Gase reagieren, mit neuronalen Netzen und einem Programm zur statistischen Auswertung verbunden. Eine gezielte Analyse dieser Informationen umfasst auch eine dreidimensionale Darstellung als »Duftwolken«. Dadurch lassen sich sonst sehr ähnliche Arten auf der Ebene anatomischer Strukturen nun mithilfe des Duftes unterscheiden.

Damit verfügen wir zusätzlich zur klassischen chemischen Analyse über eine Untersuchungsmethode, die durch Visualisierung die spezifischen Zusammenhänge zwischen dem Geruch einzelner Baumarten und ihren lokalen Einflussfaktoren (Standort, Bewirtschaftungsart) ermöglicht. Auch die Untersuchung der Duftintensität in Abhängigkeit von der Jahreszeit oder anderen zeitlichen Faktoren bei so wichtigen Aromapflanzen wie Lavendel *(Lavandula angustifolia)* oder Rosmarin *(Rosmarinus officinalis)* – beides sind eigentlich Gehölze – verspricht, interessant zu werden.

Waldklima, Arvenholz und die menschliche Physiologie: gesunde Schlaf- und Lebensqualität

Während Blütendüfte sehr typisch ausgeprägt und für den menschlichen Geruchssinn leicht zu unterscheiden sind, wird der Geruch von Wald, der eng an das »Waldklima« gebunden ist, eher als allgemein wohltuend empfunden. In Ergänzung zur anregenden Wirkung der Mischung aus Gerüchen, die sich in einem gegebenen Waldraum entfalten, wirken sich auch die ausgeglichene Temperatur und Feuchtigkeit positiv aus. Weniger bekannt ist dagegen, dass sich die Elektrizität der Waldluft und ihre ionische Zusammensetzung deutlich von denjenigen offener Flächen und insbesondere gegenüber Siedlungen und Städten unterscheiden. Der französische Förster Georges PLAISANCE hat dieses Thema schon vor einiger Zeit in seinem Buch »Forêt et santé« (»Wald und Gesundheit«, 1985) behandelt. Es basiert vermutlich auf einem analogen Phänomen, das von Allessandro Volta entdeckt worden war: In der Nähe von Wasserfällen entsteht eine negative elektrische Ladung, verbunden mit einer Ionisation der Luft, die auf die Zerstäubung von Wassertropfen zurückzuführen ist (der sogenannte Lenard-Effekt, nach dem deutschen Forscher, der diese Vorgänge später erforschte und deren Mechanismen aufdeckte). Die Wissenschaftler sprechen von »Triboelektrizität«, die wie durch Reibung von Materialien entsteht und durch den Elektronenaustausch eine elektrische Aufladung oder Entladung bewirkt. Dieser Vorgang findet auch an Blättern und Nadeln von Bäumen statt, insbesondere durch stärkere elektrische Entladungen bei Nebel oder während eines Gewitters, wie die Arbeiten von Borra und Kollegen (2007) vom Labor für Gas- und Plasmaphysik vom CNRS, dem Französischen Nationalen Zentrum für wissenschaftliche Forschung, ergeben haben. Im Jahresverlauf lädt sich die Atmosphäre im Wald mit verschiedenen Mengen von positiven und negativen Ionen unterschiedlicher Größe auf. In den untersuchten Forstregionen überwiegt der Anteil von negativen Ionen meist die positiven. Besonders hoch ausgeprägt ist er zum Beispiel in einem natürlichen Eukalyptuswald in Australien im Vergleich zu skandinavischen oder sibirischen Wäldern (Suni et al. 2008; Hirsikko et al. 2005).

Es gilt heute als unbestritten, dass sich eine Atmosphäre, in der die negativ geladenen Ionen überwiegen, günstig auf die Gesundheit auswirkt. Man vermutet, dass die flüchtigen Substanzen (ätherische Öle, Terpene, Ozon usw.), die in einem Nadelwald oder auch einem Eukalyptuswald freigesetzt werden, ebenfalls eine solche Ionisation der Luft bewirken und dadurch die menschliche Physiologie positiv beeinflussen. In Bezug auf die Höhenlage konnte festgestellt werden, dass die maximale Konzentration negativer Ionen ungefähr bei 1500 Metern ü. M. liegt; oberhalb davon fällt sie wieder ab. Den extremsten Kontrast zur Waldluft bilden die berühmten Wüstenwinde, wie beispielsweise der Chamsin in Ägypten oder der israelische Shirav, deren Überhang an positiven Ionen als Ursache für physische und psychische Störungen bei empfindlichen Bewohnern dieser Regionen anerkannt ist.

In Anknüpfung an den Themenkomplex der Chronobiologie ist festzustellen, dass die Ionisation der Luft in Abhängigkeit von den Mondphasen variiert, wobei ein Überschuss an positiven Ionen bei Vollmond beobachtet werden konnte, und dies im Winter in besonders ausgeprägter Form. Umgekehrt ergaben Keimversuche, die über einen Zeitraum von drei Jahren im Labor durchgeführt wurden, dass eine künstlich mit nega-

Die Ionisation der Luft variiert in Abhängigkeit von verschiedenen Faktoren wie Höhenlage, Substanzen, die von Pflanzen ausgeschieden werden, Feuchtigkeit der Umgebung und Windbewegung. Ein russischer Forscher hat herausgefunden, dass die Bildung leichter negativer Ionen an feuchten hydrophilen Oberflächen unter der Einwirkung ultravioletter Strahlen stattfindet und von einer schwachen Lichtemission im sichtbaren Bereich begleitet wird (Voeikov 2008). (Foto A. Hemelrijk)

tiven Ionen angereicherte Atmosphäre die Empfindlichkeit der Pflanzen für Einflüsse durch den Mond förderte, während sie durch die Produktion positiver Ionen unterdrückt wurde.

Hier stellt sich unerwartet die Frage, ob wir uns durch das naturfremde, oft baumlose Stadtleben nicht zusätzlich von den kosmischen Kräften absondern, die unsere vitalen Lebensrhythmen (Atmung, Herzschlag) prägen. Erwähnenswert ist, dass man sich früher die natürliche negative Ionisation der Luft auch in Sanatorien zunutze gemacht hat – die Heilanstalten für die Behandlung von Tuberkulose und anderer chronischer Krankheiten wurden damals inmitten von Wäldern errichtet.

An dieser Stelle ist auch der von René Jacquier entwickelte Apparat zu nennen, der »Bol d'Air Jacquier«, der Extrakte aus Kiefernharz aktiviert. Im Versuch bestätigte sich, dass kurze, aber regelmäßige Inhalationen keinen oxidativen Stress bilden, sondern es scheint tatsächlich zur Bildung von im Allgemeinen positiv bewerteten Antioxidantien zu kommen. Eine jüngere Studie einer österreichischen Forschergruppe (Frohmann et al. 2010) über »Psychophysiologische Effekte atmosphärischer Qualitäten der Landschaft« kam mithilfe von Messungen am vegetativen Nervensystem und am Herz-Kreislauf-System unter Einbeziehung psychometrischer Messmethoden zu einem bestätigenden und gleichzeitig differenzierenden Ergebnis. Es konnte nachgewiesen werden, dass sich die Atmosphäre, die innerhalb eines bestimmten Rahmens herrscht, wie zum Beispiel in einem kleinen Wald (er wird mit der Umgebung eines Wasserfalls und auch mit einer Steinlandschaft verglichen), sowohl körperlich als auch psychisch messbar besonders beruhigend auswirken kann.

Vorteile negativer Ionisierung der Luft

In Laborversuchen konnte nachgewiesen werden, dass Luft, die überwiegend mit negativen Ionen (NAI, negative air ions) geladen ist, den Serotoningehalt beeinflusst. Dieses Hormon dient als Neurotransmitter und spielt eine Rolle für den menschlichen Tagesrhythmus, bei der Blutgerinnung und verschiedenen psychiatrischen Krankheitsbildern wie Stress, Angstzuständen, Phobien und Depression. Positive Effekte stellten sich bei der Erholung nach Anstrengung ein; Schlafqualität und Aufnahmefähigkeit verbesserten sich durch die Regulation des Blutdrucks und der Herzfrequenz. Kopfschmerzen und Stresssymptome werden durch die Anwendung deutlich reduziert (Pino 2014).

Neuere Forschungen haben nun gezeigt, dass nicht nur die frische Waldluft, sondern auch der warme Holzduft einen nachweislichen Effekt auf unsere Gesundheit hat. Das konnten Professor Maximilian Moser von der Grazer Universität und sein Team vom Forschungsinstitut für nichtinvasive Diagnostik am Joanneum beweisen. Mithilfe moderner Ausrüstung und Methodologie untersuchten sie Patienten, die der Atmosphäre von Arven/Zirbelkiefern *(Pinus cembra)* ausgesetzt worden waren. Deren Holz findet schon seit Jahrhunderten wegen seiner positiven Wirkung auf Geist und Wohlbefinden Erwähnung: In Graubünden (Ostschweiz) spricht man immer noch von der Behaglichkeit der »Arvenstuben«. Labortests (durchgeführt als Blindstudien, um den Autosuggestionseffekt auszuschließen) ergaben einen signifikanten Unterschied bei der Erholungsqualität, die bei Freiwilligen gemessen wurde, nachdem sie ihre Nächte in einem Arvenholz-Zimmer verbracht hatten, gegenüber der Vergleichsgruppe, die diese Zeit in einem Zimmer mit Holzdekor (Holzimitat) verlebt hatte. Die angenehm nach Arvenholz duftende Umgebung bewirkte tatsächlich eine Absenkung des Herzrhythmus, besonders während körperlicher und mentaler Anstrengungen, um durchschnittlich 3500 Herzschläge pro Tag, was einer Stunde Herzaktivität entspricht. Der positive Effekt hielt nämlich auch nach dem Schlaf noch an (Abbildung rechts).

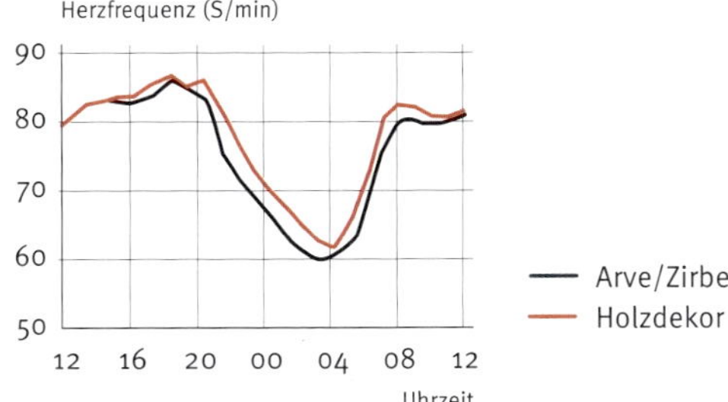

Tagesgang der Herzfrequenz. Schwarz: Arve/Zirbe, Rot: Holzdekor (Grafik: GROTE et al. 2003). Die schwarze Kurve verläuft deutlich unterhalb der roten und belegt den beruhigenden Effekt eines mit Arve verkleideten Raums im Vergleich zu bloßem Holzdekor.

Zusätzlich wurde in diesem Versuch während der Ruhephasen auch der vegetative Erholungsprozess deutlich beschleunigt. Mediziner sprechen hier vom autonomen Nervensystem, das die »automatischen« Funktionen wie Herzschlag oder Atmung kontrolliert. Es ist auch für den Wechsel von Aktiv- zu Regenerationsphasen verantwortlich. Dieser wird durch zwei Gruppen von Nerven mit entgegengesetzter Funktionsweise gesteuert. Das eine, das parasympathische Nervensystem unterstützt die Entspannungsphasen, vor allem während des Schlafs, durch die Ausschüttung von Acetylcholin (ein Neurotransmitter), es bewirkt damit eine Verlangsamung der Herzschläge und baut Erregung und Stress ab. Um am Morgen wieder in eine aktive Phase zu starten, produziert der andere Teil des Nervensystems, das sympathische, ein Enzym, die Acetylcholinesterase, die das Acetylcholin zersetzt und deaktiviert. Bei Personen, die unter ständiger Anspannung stehen oder unter Schlafproblemen leiden, ist das Gleichgewicht zwischen diesen beiden Substanzen gestört. Inzwischen hat die medizinische Forschung entdeckt, dass sich Pinene, eine Stoffgruppe im Harz der Koniferen, hemmend auf die Acetylcholinesterase auswirken und somit den beruhigenden Effekt des Acetylcholins unterstützen.

Es gibt noch weitere überraschend positive Effekte, die auf den Inhaltsstoffen von Harzen beruhen. Sie wirken sich auf den Baum selbst aus; aber auch wenn wir sie zu uns nehmen, können sie innerhalb unseres Verdauungssystems unterschiedlich gegenüber nützlichen und schädlichen Bakterien wirken und uns somit schützen. Übrigens konnte nachgewiesen werden, dass diese flüchtigen Substanzen in Verbindung mit Sauerstoff einen entzündungshemmenden Effekt haben – eine Erkenntnis von großer Tragweite: Schließlich ist eine Vielzahl chronischer Krankheiten auf entzündete Organe zurückzuführen. Selbst Osteoporose, der Verlust von Knochensubstanz, kann mit ätherischen Ölen, die Beta-Pinene enthalten (eine Unterkategorie neben den Alpha-Pinenen), be-

Waldtherapie unter medizinischer Kontrolle

Japan ist ein Land, das nicht nur schwer von Naturkatastrophen (mehr als 1500 Erdbeben pro Jahr) und von technischen Katastrophen (nach dem Kernkraft-Desaster von Fukushima ist der Reis mit Cäsium kontaminiert) erschüttert wird: Auch Stress ist ein allgegenwärtiges Phänomen und das Land hat die höchste Selbstmordrate weltweit. Vor diesem Hintergrund laufen derzeit Versuche in Form einer »Waldtherapie«, und das mit großem Erfolg.

Das shinrin-yoku oder »Waldbad« knüpft an die Traditionen von Shintoismus und Buddhismus an. Etwa nach dem Prinzip: »Lassen Sie Ihren Körper ganz bewusst und mit allen Sinnen von der Natur durchdringen.« Mehr als fünfzig Gesundheitspfade sind bis heute markiert und mit medizinischen Kontrollposten ausgestattet worden, die von der Nippon Medical School in Tokyo betreut werden. Allein im Jahr 2012 nutzten schon bis zu fünf Millionen Besucher diese waldtherapeutischen Pfade.

Mit modernsten Messmethoden konnten deutliche und erstaunlicherweise auch nachhaltige Effekte auf physiologische Merkmale nachgewiesen werden. So zum Beispiel auf den Cortisolspiegel (Stresshormon), die Aktivität des sympathischen Nervensystems, den Blutdruck, die Herzschlagfrequenz und den Hämoglobinspiegel im präfrontalen Kortex, dem Ort kognitiver und exekutiver Funktionen. Auch das Immunsystem profitiert von den Wirkungen, welche die Wissenschaftler den flüchtigen aromatischen Substanzen (auch Phytonzide genannt) zuschreiben, die von Bäumen und aus dem Waldboden freigesetzt werden.

Südkorea und Finnland etablieren im Moment ebenfalls solche waldtherapeutischen Pfade. Wissenschaftler unterstreichen die Bedeutung dieser Methode als Gegenmittel zu dem, was sie als »Naturdefizitsyndrom« (Nature-Deficit Disorder) bezeichnen und von dem vor allem die moderne Jugend betroffen ist. Passend hierzu scheint ein alter Glaube daran, dass chirurgische Eingriffe bei Tieren besser verlaufen, wenn sie unter Bäumen vorgenommen werden (Williams 2012, Louv 2008).

handelt werden. Dabei werden die Osteoclasten, Zellen, die abbauend wirken, gehemmt und dafür die Osteoblasten, die wiederaufbauenden Zellen, gefördert.

Die Alpha-Pinene besitzen noch eine weitere interessante Eigenschaft: Im Zusammenhang mit ihrer entspannenden Wirkung steht eine Verbesserung der Lernfähigkeit und der Gedächtnisleistung. Auch das beruht vermutlich auf einer besseren Sauerstoffaufnahme durch die roten Blutkörperchen. Für Pinosylvin, eine weitere Substanz, die vor allem von Kiefern gebildet wird, legte eine südkoreanische Forschergruppe Ergebnisse vor, die nicht nur ihre präventive Wirkung gegen Krebs belegen, sondern auch zeigen, dass sie die Ausbreitung von Metastasen hemmt.

Wie wichtig die Substanzen im Harz bestimmter Koniferen sind, zeigt sich in der Natur selbst: Eine Gruppe von Biologen der Universität von Lausanne fand im Versuch heraus, warum Ameisen in beachtlichen Mengen Kugeln aus Fichtenharz in ihre Nester einbauen – bis zu einer Größenordnung von 20 Kilogramm pro Bau. Bei Beobachtungen der Waldameisen *(Formica paralugubris)* in den Wäldern des Jura, wo sie auf einer Fläche von 17 Hektar »Super-Kolonien« mit bis zu 1200 Bauten und 100 Millionen Individuen bilden, kam den Forschern die Idee, einige ins Labor zu holen und sie dort Nester bauen zu lassen, wobei nur ein Teil der Tiere Zugang zu Fichtenharz hatte (die Fichte ist die Hauptbaumart in den untersuchten Wäldern). Die Ergebnisse der mikrobiologischen Untersuchungen waren eindeutig: Obwohl ein Ameisennest Krankheitserregern wie Pilzen und Bakterien ideale Lebensbedingungen bietet (Wärme, Feuchtigkeit, reichlich Nahrung und eine hohe Populationsdichte), entwickelten sich in den Nestern mit Fichtenharz signifikant weniger Krankheitserreger als in denen ohne Harz.

Experten betonen, dass es bei Anwendungen in diesem Zusammenhang wichtig ist, diese Substanzen in ihrer natürlichen, hochkomplexen Zusammensetzung zu belassen. Auch die Art, wie sie gewonnen werden, spielt für die Qualität eine Rolle: Wie man weiß, können Bäume auf gewaltsame Eingriffe biochemisch reagieren.

Bleiben wir weiter beim Bereich des Wohnens: Möglicherweise liegt es an der Kombination aller hier beschriebenen Effekte, dass die Wetterfühligkeit in einem mit Arve getäfeltem Raum deutlich reduziert werden kann. Allein dadurch, dass Testpersonen in einem Bett aus natürlichem Arvenholz schliefen, konnte eine Verbesserung der Schlafqualität nachgewiesen werden.

Eine andere Studie des oben erwähnten Joanneum-Instituts wurde in einer Schule durchgeführt. In diesem Fall waren die Wände mit Fichten- und Eichenholz verkleidet. Durch die überzeugenden Ergebnisse konnte gezeigt werden, dass diese Hölzer ähnlich wirksam wie die Arve sind. Die Forscher vermuten, dass die ätherischen Öle, die in diesen Hölzern enthalten sind, und die angenehme Lichtatmosphäre sich ebenfalls günstig auswirken. Darüber hinaus könnten weitere Eigenschaften des Naturmaterials eine Rolle spielen, was wieder zur Frage der Ionisation der Luft führt: »Holz lädt sich weniger elektrostatisch auf, weshalb die für die Gesundheit günstigen negativen Ionen in der Umgebung erhalten bleiben« (MOSER 2010).

Weitere Studien aus den Bereichen der medizinischen und der Ernährungsforschung konnten mit dem Nachweis überzeugen, dass Holz von bestimmten Arten wie Fichte *(Picea abies)*, Ahorn *(Acer pseudoplatanus)*, Buche *(Fagus silvatica)*, Schwarzpappel *(Populus nigra)* und auch Waldföhre *(Pinus sylvestris)* bei Kontakt mit infiziertem Substrat eine starke antimikrobielle Wirkung entfaltet. Die Vorgehensweise, die Annett MILLING 2004 bei ihrer Doktorarbeit angewandt hatte, bestand im Impfen entsprechender Oberflächen mit Wassertropfen, die zuvor mit pathogenen Keimen wie Enterokokken oder Kolibakterien *(Escherichia coli)* angereichert worden waren. Anschließend wurde mit mikrobiologischen Methoden beobachtet, wie schnell diese aufgrund der Austrocknung dann eingehen würden. Im Vergleich zu Glas, Stahl oder Polyethylen zeigten die Flächen aus Holz eine überraschend hohe Selbstreinigungskapazität: Nach zwei Stunden konnte ein Rückgang der Bakterien auf einen Wert von 25 Prozent beobachtet werden, während ihre Zahl auf den anderen Materialien noch unverändert war. Nach 24 Stunden waren 85 bis 90 Prozent der Keime von den Holzoberflächen verschwunden, nach 48 Stunden war die Oberfläche praktisch sauber. Bei Glas dauerte es doppelt so lange, also ungefähr 100 Stunden, um diesen Zustand zu erreichen. Diese hygienische Eigenschaft von Holz lässt sich mit der Fähigkeit erklären, Wasser in das Gewebe aufzunehmen im Bestreben, ein hygroskopisches Gleichgewicht herzustellen. Dabei werden Inhaltsstoffe ausgefiltert und die ursprünglich feuchte Oberfläche trocknet sehr schnell aus. Außerdem haben viele organische Inhaltsstoffe, aus denen Holz zusammengesetzt ist, wie Lignin, Phenolverbindungen (Tannine) oder Harze – die den charakteristischen Geruch jeder Art ausmachen –, ebenfalls eine bakterizide Wirkung.

Auch aus diesem Fall wird deutlich, dass traditionelle Praktiken oft auf treffenden Beobachtungen beruhen: Sind nicht schon immer Gegenstände aus Holz in der Küche und für die Arbeit mit Lebensmitteln verwendet worden, zum Beispiel bei der Milchverarbeitung?

Dieser kurze Einblick und diese Überlegungen zeigen, welches Potenzial an Verwendungs- und Entwicklungsmöglichkeiten im Zusammenhang mit Holzgeruch besteht, wenn wir ihn als weiteres Kriterium zu den

Ein Hygienefaktor in der Küche

Es hat sich herausgestellt, dass sich für die Nutzung als Schneidbrett in der Küche Holz, das von Natur aus porös ist, wesentlich hygienischer verhält als synthetische Materialien wie zum Beispiel Polyäthylen oder Polypropylen. Tatsächlich kann es nach jedem Spülen bis in tiefere Schichten trocknen; dazu kommt der bakterizide Effekt von Lignin und weiteren natürlichen Holzsubstanzen. Der Selbstreinigungseffekt lässt sich sogar bei Massivholztischen beobachten, wo viele Flecken im Lauf der Zeit wieder verschwinden, vorausgesetzt es wird regelmäßig feucht abgewischt.

*Bei einem abgenutzten Schneidbrett aus synthetischem Material bilden sich hingegen durch die vielen sich kreuzenden Einschnitte immer mehr »Taschen« unter der Oberfläche, die trotz Reinigung zum Beispiel noch Fleischsaft enthalten können. Diese »Taschen« können sich durch erneutes Anschneiden öffnen und Krankheitserreger freisetzen, die von guten Inkubationsbedingungen profitiert haben (*GEHRIG et al. 2000*).*

bekannten physikalisch-mechanischen Eigenschaften hinzunehmen. Angesichts von 50 Hauptbaumarten in Mitteleuropa, zu denen die Arve *(Pinus cembra)*, die Fichte *(Picea abies)* und die Waldföhre *(Pinus sylvestris)* zählen, die erwiesenermaßen durch ihren Geruch auf die menschliche Physiologie wirken, kann man sich leicht vorstellen, dass uns bei den weltweit geschätzten 60 000 bis 100 000 Gehölzarten noch einige schöne Überraschungen erwarten.

Über die positive Wirkung des Geruchs hinaus haben kanadische Forscher der Universität von British Columbia erst kürzlich beweisen können, dass auch das Arbeiten in Räumen, die mit Holz ohne Geruchsentfaltung möbliert sind, einen messbaren Einfluss auf das Wohlbefinden hat. Unter der Beteiligung von 119 Studenten (die jedoch keine Kenntnis vom Ziel der Untersuchung hatten) wurden mathematische Tests durchgeführt und dabei die Herzaktivität und die Hautatmung gemessen. Verglichen mit einem Mobiliar aus weiß beschichteten Platten senkt eine geruchsneutrale Umgebung aus lackiertem Holz mit oder ohne Zimmerpflanzen die Stressindikatoren und begünstigt somit den Erholungseffekt nach Anstrengung. Auch dies eröffnet neue Perspektiven für die Verwendung von Holz in unserer gebauten Umgebung; nicht nur im privaten Bereich, sondern auch in Schulen, Büros und Krankenhäusern.

Bäume und Wälder sprechen uns an

Eine frühe Kindheitserinnerung hat bei mir bis heute einen nachhaltigen geheimnisvollen Eindruck vom nahe am Dorf gelegenen Wald hinterlassen: An Sommerabenden ertönte aus dessen Tiefen das mächtige, dumpfe Gurren der Waldtaube *(Columba palumbus).* Als kleinem Jungen war mir nicht bewusst, dass es sich dabei um einen Vogel handelte, und so stellte ich mir ein nicht gerade vertrauenswürdiges, ungemütliches Tier von mindestens einem Meter Größe vor, das sich im dunklen Laub »im Holz« versteckte. Noch beeindruckender war viel später die Erfahrung, die ich beim ersten Erwachen in einer Lodge mitten im peruanischen Regenwald machte, als Brüllaffen *(Alouatta seniculus)* die Morgendämmerung ankündigten: Auch hier befiel mich, der ich keinerlei Ahnung vom Ursprung dieses ohrenbetäubenden Gebrülls hatte, eine Art Weltuntergangsstimmung.

Umgekehrt kann in einer gestörten Natur, deren Integrität durch Pestizideinsatz schwer beeinträchtigt ist, das Erleben eines »stummen Frühlings«, um den von Rachel CARSON (1962) geprägten Begriff zu verwenden, einen Schock darstellen, der uns mit tiefer Traurigkeit erfüllt. Wenn das schon den Menschen derart betrifft – und dessen Wesen ist in vielerlei Hinsicht nicht besonders empfindsam –, um wie viel mehr muss das Verschwinden von Vogelgesang und Insektengebrumm von den Pflanzen zu Beginn ihrer jährlichen Wachstumsperiode als Verlust »empfunden« werden?

Die Wirkung von Klängen auf Pflanzen

Inzwischen konnte wissenschaftlich nachgewiesen werden, dass die Töne von Insekten und Vögeln, die zu einem lebendigen und schwingenden Konzert anschwellen, tatsächlich einen Einfluss auf Pflanzen haben. Das lässt sich nicht nur an ihrem Gesundheitszustand ablesen, sondern auch an der Wachstumsgeschwindigkeit und der Endgröße. Bei entsprechenden Untersuchungen hatte man den Pflanzen zunächst eine Abfolge von Musikstücken vorgespielt. Je nach Art der Musik konnten dabei überraschende Beobachtungen gemacht werden und bald entstand in Florida die Idee, Zitrusplantagen mit einem akustischen Cocktail mittels Lautsprechern zu beschallen und dies mit der Gabe organischer Dünger in Form von Aerosolen zu kombinieren. Die Auswahl der Musikstücke ist das Ergebnis einer langwierigen Ausarbeitung, die vor allem der Amerikaner Dan Carlson ausgefeilt hat, wobei er sich teilweise vom Gesang bestimmter Vogelarten inspirieren ließ. Das System ist unter dem Namen

»Sonic Bloom System« auf dem Markt und zielt darauf ab, die biologische Landwirtschaft zu fördern und Qualität sowie Produktivität zu steigern. Das ist sicher auch der Fall, wenn man an die vielen Erfahrungsangaben zu allen möglichen Kulturen denkt, angefangen bei den beeindruckenden Beschreibungen, die Peter TOMPKINS und Christopher BIRD (1991) in ihrem berühmten Buch »Die Geheimnisse der guten Erde« beschrieben haben. Das andere, viel beachtete Werk der beiden Autoren trägt den Titel »Das geheime Leben der Pflanzen«. Unter anderem konnte in der Forschung folgende interessante Beobachtung gemacht werden: Die verwendeten akustischen Frequenzen bewirkten eine Intensivierung physiologischer Vorgänge, wie die Öffnung der Stomata an den Blättern und die Aktivierung der Mitochondrien, der Zellorgane, die für die Atmung und die Energiegewinnung aus Kohlenhydraten zuständig sind. Die Pflanzen sollten also zu bestimmten Tageszeiten beschallt werden, wobei der Faktor Wetter berücksichtigt werden muss, wenn man vermeiden möchte, dass sie bei ungeeigneter Zeit übermäßig austrocknen. Das erklärt vielleicht auch, warum Vögel nicht zu den heißesten Stunden um die Mittagszeit singen. Vielleicht haben wir es auch hier wieder mit einem Mutualismus zu tun, analog zu dem der Mykorrhiza (der Partnerschaft zwischen Pilzen und Wurzeln). Tatsächlich kann man sich vorstellen: Wenn die Pflanzen durch den Vogelgesang einerseits in ihrem Wachstum angeregt werden, profitieren die Vögel auf der anderen Seite direkt von einem reicheren Nahrungsangebot.

Die neuesten Entwicklungen in diesem Bereich sind dem französischen Physiker und Musiker Joël Sternheimer zu verdanken. Für ihn entspricht jede einzelne Note einer speziellen Aminosäure, die ein Element für den Aufbau von Proteinen ist: Ganze Tonreihen entsprechen demnach einem bestimmten Protein, dessen Synthese von der Pflanze aktiviert wird. Die Klanganwendungen sind hier viel kürzer und punktueller als im oben beschriebenen »allgemeinen« System. Spektakuläre Erfolge konnten bei der Behandlung von Krankheiten im Weinbau erzielt werden. Mithilfe von Lautsprechern, die in den Parzellen verteilt worden waren, konnte sowohl ein Protein eines pathogenen Pilzes gehemmt als auch ein Protein, das die Widerstandskraft der Pflanze stärkt, angeregt werden. Diese Art von »akustischer Düngung« birgt nach Angaben ihres Erfinders dennoch gewisse Risiken: Zum Beispiel können Menschen bei sich ein unangenehmes Gefühl im Atmen spüren, wenn die Tonfolge für das Cytochrom C erklingt, ein Biokatalysator, der durch die Mitochondrien eingesetzt wird und den wir mit den Pflanzen gemeinsam haben.

Das Original ist besser als die Kopie

Allmählich verstehen wir besser, warum die Melodien und Schwingungen, die von der geflügelten Welt der Vögel und Insekten ausgehen, so wichtig für die Pflanzen sind, besonders morgens und abends, im Frühling und im Sommer. Selbstverständlich können wir sie durch eine »sanfte« Technologie ersetzen, die offensichtlich funktioniert – aber können wir auch sicher sein, dass damit die Gesamtheit der Bedürfnisse von Pflanzen auf eine Art abgedeckt wird, bei der das Gleichgewicht erhalten bleibt?

Kommen wir zurück zu Bäumen, Wäldern und Feldgehölzen, deren Ränder mit Magerwiesen gesäumt sind: Das sind die Orte, wo sich in der Kulturlandschaft Natur konzentriert und wo die Mehrheit der Vogel- und Insektenarten Zuflucht findet. Auch dort entstehen Klänge – nicht immer vom Menschen wahrgenommen –, die sich jederzeit und unentgeltlich zur schönsten aller Symphonien zusammenfügen, deren Partitur im Lauf unserer gemeinsamen Evolution geschrieben wurde.

Unser berühmtester Sänger

Die Nachtigall ist ein sommerlicher Gast und bewohnt Laubwälder, Dickichte und Hecken. Ihr Nest ist gut am Boden in Brombeeren, Brennnesseln oder Gebüsch versteckt. Die Nachtigall ist der berühmteste Sänger unter den heimischen Vögeln. Das reichhaltige Repertoire umfasst verschiedene Triller, die von melodiösen und lang gezogenen Tönen unterbrochen werden. Viele Menschen empfinden den Gesang der Nachtigall als traurig und melancholisch, vielleicht liegt das auch daran, dass er nachts erklingt.

Wettervorhersagen mithilfe von Bäumen

Eine der Geheimbotschaften der Bäume, die der Mensch entschlüsseln konnte, ermöglicht Wettervorhersagen. Für einen Landwirt ist es sehr wichtig zu wissen, ob der Sommer trocken oder regnerisch sein wird, weil dadurch die Auswahl der Saaten und die Planung der Ernte beeinflusst wird. Die phänologische Beobachtung von Bäumen, die sich auf den Zeitpunkt von Laubaustrieb, Blüte, Fruchtbildung und Laubfall bezieht, zeigt nicht nur einen Zusammenhang mit den Bedingungen des Vorjahres und dem momentanen Zeitpunkt, sondern bis zu einem gewissen Grad auch mit dem unmittelbar zukünftigen Wetter.

Hühner im Schatten eines Holunders (Sambucus nigra). *Nicht nur Wildvögel, sondern auch das Hausgeflügel sucht die Nähe von Bäumen und Büschen, auf deren Ästen die Tiere gern sitzen. (Zeichnung D. Dellas)*

Eine der bekanntesten Bauernregeln im deutschsprachigen Raum beruht auf dem Vergleich des Austriebszeitpunktes von zwei symbolträchtigen Bäumen: Der Esche *(Fraxinus excelsior)* und der Eiche *(Quercus robur):* »Grünt die Eiche vor der Esche, gibt's im Sommer große Wäsche. Treibt die Esche vor der Eiche, bringt der Sommer große Bleiche.« Diese Regel wurde von verschiedenen Experten in einer Reihe von Beobachtungen genauer untersucht, wobei die Ergebnisse widersprüchlich waren. Der Forscher mit den genauesten und am besten dokumentierten Angaben, Jochen NIETZOLD (1993), kommt zu dem Schluss, dass sie in 70 Prozent der Fälle funktioniert, allerdings dem gängigen Wortlaut entgegengesetzt. Er nennt zwei Faktoren, die das Phänomen beeinflussen: Einerseits besitzt die Esche ein Wurzelsystem, das näher an der Oberfläche verläuft als das der Eiche, die in tieferen Bodenschichten wurzelt, wo ein ausgeglichenerer Temperatur- und Feuchtigkeitshaushalt herrscht. Das macht die Esche sensibler für die momentanen Klimabedingungen als die unerschütterliche Eiche. Auf der anderen Seite könnte das Phänomen auch auf eine unterschiedliche Empfindlichkeit hinsichtlich der Sonnenaktivität zurückzuführen sein, deren Zyklus ja die Sommertemperaturen beeinflusst. Dieser letzte Faktor erweist sich im Kontext der aktuellen Klimaerwärmung von großer Wichtigkeit. Für lange Zeit verkannt (daher der Titel eines neueren Werkes »The Neglected Sun«, in der deutschsprachigen Ausgabe »Die kalte Sonne« 2012) gibt er für manche Forscher Anlass, eine deutlich geringere Temperaturerhöhung unseres Planeten zu prognostizieren, als es in bisherigen Modellen vorgesehen war. Auf jeden Fall

Blühender Zweig eines Kirschbaums (Prunus avium), *bei dem gleichzeitig Blätter erscheinen: Im Jahr 2015 hat sich dieses Kriterium zur Wettervorhersage nicht bewahrheitet. (Zeichnung D. Dellas)*

würde schon eine Erhöhung um nur 2 Grad die Phänologie der Pflanzen und insbesondere der Bäume stark durcheinanderbringen und die traditionellen Vorhersagen noch unsicherer machen.

Auch die Phänologie des Kirschbaumes *(Prunus avium)* erwähnt Nietzold als mögliches Kriterium für eine Wetterprognose des kommenden Sommers. Normalerweise blüht er einige Tage vor dem Laubaustrieb. Ist dies der Fall und entwickeln sich der Regel entsprechend schöne, reinweiße Blüten, bestehen gute Chancen auf einen schönen Sommer. In Jahren dagegen, wo gleichzeitig mit den Blüten schon Blätter austreiben, wird der Sommer wesentlich wechselhafter. Dafür gibt es eine relativ einfache Erklärung: Schlechtes Wetter hemmt eher das Aufbrechen der Blütenknospen als das von vegetativen Knospen (den Blättern). Nun besagt aber eine allgemeine meteorologische Regel, dass die Wetterbedingungen im Sommer und im April relativ häufig übereinstimmen. Doch auch hier zeigen unsere beispielsweise während des Jahres 2015 gemachten Beobachtungen, dass eine derartige Regel noch lange keinen absoluten Charakter hat.

Für kurz- und mittelfristige Vorhersagen nutzten die Land- und Forstwirte im Alpenraum früher eine kurios anmutende Apparatur. Sie diente der Warnung vor plötzlichen Wetterumschwüngen, dadurch konnte Heu noch vor dem Regen eingebracht werden. Es handelt sich um die Spitze einer auf natürliche Art im Wald abgestorbenen und ausgetrockneten Fichte *(Picea abies)*, von der man den dritten oder vierten Seitenast auf eine Länge von circa 50 Zentimeter entnahm, mit dem entsprechenden Stammteil. Diese vertikale Achse fixierte man an einem wettergeschützten Platz einer Außenwand, sodass sich der abstehende Seitenast frei in einer parallelen Ebene zur Hauswand und entlang eines

Fichte (Picea abies) *bei schönem Wetter mit ausgebreiteten Ästen (links) und der gleiche Baum mit nach unten gekrümmten Ästen vor Wetterumschwung (rechts). (Fotos aus* THOMA *2012)*

vertikal fixierten Maßstabs bewegen konnte. Dieser half bei der Bestimmung der exakten Position des Astes im Tagesverlauf. Schon vor einer Wetteränderung nach einer sonnigen Phase krümmt sich so ein Zweig nämlich deutlich nach unten. Damit reagiert er auf den Abfall des Luftdrucks, der für diese Situation typisch ist, während die Luftfeuchtigkeit noch unverändert ist. Dem aufmerksamen Beobachter erschließt sich dieses Phänomen auch an vertrockneten Fichten in der Natur, wo die gesamte Krone in Abhängigkeit vom kommenden Wetter »die Arme hebt und senkt«. Auch hierfür gibt es eine wissenschaftliche Erklärung: Bei Nadelbäumen ist das Holz der unteren Astpartien dichter, dunkler und anders zusammengesetzt und strukturiert als das der oberen Partien. Nun ist relativ wenig bekannt, dass Holz auch auf Luftdruckschwankungen reagiert, zusätzlich zu den Schwankungen in Temperatur und Luftfeuchtigkeit. In einem ausgetrockneten Seitenast befindet sich somit ein Zwei-Komponenten-System (wie ein Bimetall), das offen für Umwelteinflüsse ist und bei Luftdruckschwankungen seine Form verändert, also eine Art organisches Barometer.

Diagnose durch Bäume

Abhängig von den topografischen, geologischen und klimatischen Bedingungen bilden sich bestimmte Gruppierungen aus Bäumen, Sträuchern und krautigen Pflanzen und stellen damit unterschiedliche »Waldgesellschaften« dar, ein Begriff, den die Pflanzensoziologen geprägt haben. In Mitteleuropa gibt es ungefähr 50 solcher Gesellschaften. In diesem Zusammenhang besitzt jede Pflanzenart, unabhängig davon, ob sie einjährig oder verholzt ist, einen Indikatorwert für Umweltbedingungen. Diese werden je nach dem Grad der Intensität der definierten Standortfaktoren ausgedrückt: Es geht um die Feuchtigkeit (F1: sehr trockene Böden bis F5: feuchte Böden), die Bodenreaktion (R1: sehr saure Böden bis R5: kalkhaltige und basenreiche Böden), den Nährstoffgehalt, insbesondere Stickstoff (N1: nährstoffarme Böden bis N5: mit Stickstoff überversorgt), Humusgehalt (H1: schwach bis H5: stark), die Durchlässigkeit, Korngröße oder Durchlüftung (D1: durchlüftet bis D5: undurchlässig), die Lichtintensität (L1: Schatten bis L5: volle Sonne), die mittlere Temperatur (T1: niedrig bis T5: warm), den kontinentalen oder ozeanischen Charakter des Klimas (K1: ozeanisch bis K5: kontinental). Von den 3500 Pflanzenarten, die für die Wälder der Schweiz analysiert wurden, hat die Edelkastanie zum Beispiel folgende Indikatorwerte: F3, R2, N2, H4, D3, L3, T5, K2.

Analog dazu, allerdings verankert in einer Geschichte, die sich über Jahrtausende erstreckt, zählen die heiligen Schriften des indischen Subkontinents eine beeindruckende Reihe von Bäumen und Sträuchern auf (manchmal auch zusammen mit Termitenhügeln), die als Indikatoren für die Anwesenheit von unterirdischem Wasser dienen. Nicht nur die Tiefe, in der das Grundwasser oder der unterirdische Wasserverlauf liegt, wird hier genau erwähnt, sondern auch deren Abstand und die Ausrichtung bezogen auf den Baum. Eine weiterführende Studie von E. A. V. Prasad (geologische Abteilung an der Universität von Sri Venkateswara) aus dem Jahr 1980 erläutert eine Vielzahl von bestätigenden Tatsachen und interpretiert zum Beispiel die Bedeutung von gegabelten Palmen mit zwei Kronen, die sehr selten sind, aber Rückschlüsse auf Bedingungen unter der Oberfläche zulassen. In manchen Abschnitten der alten Schriften wird sogar erwähnt, dass durch Bäume auf die Anwesenheit wertvoller Metalle im Boden geschlossen werden kann.

Eine ganz besondere Indikatorfunktion bestimmter Bäume war erst kürzlich Gegenstand einer Veröffentlichung australischer Forscher (Lintern et al. 2013). In der Wüste von Kalgoorlie, im Westen des Kontinents, sind bestimmte Eukalyptusbäume in der Lage, mit ihren Wurzeln Goldpartikel aufzunehmen und sie bis in die Zweige und Blätter zu leiten. Der Jarrah *(Eucalyptus marginata)*, der ein kräftig ausgebildetes Wurzelsystem hat, kann solche Entnahmen bis aus einer Tiefe von 40 Metern machen. Tatsächlich erlaubt die Analyse der Blätter dieses Baumes, die Anwesenheit unterirdischer Goldadern auf elegante Art nachzuweisen, und ist damit eine Erkundungsmethode, die sich weniger als die üblichen negativ auf die Umwelt auswirkt.

____ Baumantennen und Geomagnetismus

Bäume können auch hinsichtlich ganz anderer großer Naturphänomene einen Beitrag zur Vorhersage leisten: Sie reagieren empfindlich auf bevorstehende Erdbeben. Der Japaner Hideo TORIYAMA veröffentlichte 1991 Arbeiten über zwei Seidenbäume *(Albizia julibrissin)*, in denen er für die Tage und Stunden, die einer ganzen Serie von Erdbeben vorausgingen, bioelektrische Störungen in den Stämmen nachwies. Der Untersuchungszeitraum erstreckte sich von 1977 bis 1989. Eine der Silberelektroden wurde im Splintholz auf einem Meter Stammhöhe gesetzt, die andere einen Meter vom Stamm entfernt in einer Tiefe von einem Meter im Boden. Die Bäume befanden sich auf dem Campus der Universität Christlicher Frauen in Tokyo, die Epizentren der 28 Erdbeben dieser Periode mit einer Stärke über 7 auf der Richterskala waren über ganz Japan verteilt und gingen zum Teil sogar über die Küsten hinaus. Diese Stärke entspricht einer hohen Intensität mit verheerenden Auswirkungen; das Maximum der Richterskala liegt bei 10. Toriyama konnte drei Arten von ungewöhnlichen bioelektrischen Potenzialen in den Bäumen klassifizieren, die mit seismischen Ereignissen in Zusammenhang standen. Er betonte, dass die geologischen Ausprägungen Japans komplex sind und die Vorläufer von Erdbeben in unterschiedlichen Erscheinungsformen auftreten. Dies könnte eine Erklärung für die unterschiedlichen bioelektrischen Reaktionen der Bäume sein. Yoshiharu SAITO (2007), ebenfalls ein Japaner, setzte Toriyamas Arbeit mit einem Monitoring bioelektrischer Störungen an einer Zelkove fort *(Zelkova serrata)*. Durch seine Beobachtungen konnte zum Beispiel ein Signal im Vorfeld des Meeresbebens nahe Hokkaido am 26. September 2003 nachgewiesen werden (dessen Stärke bei 8,0 lag); andere gehen über den Zeitraum von 2006 bis 2007 und umfassen 18 seismische Ereignisse. Aus der Intensität der bioelektrischen Störung im untersuchten Baum konnte Saito eine Gleichung entwickeln, mit deren Hilfe sich die Entfernung zum Epizentrum des Bebens im Verhältnis zum Standort des Baumes abschätzen ließ. Wir haben es hier also mit einer subtilen Botschaft zu tun, die ein alles andere als subtiles Ereignis ankündigt.

Im Tierreich gibt es analoge Phänomene: Ungefähr zwei Stunden vor Beginn des großen Erdbebens 2010 in Haiti krähten die Hähne mitten am Tag und die Hunde heulten. In der chinesischen Provinz Sichuan kamen vor dem Beben im Mai 2008, das eine Stärke von 7,9 hatte, Tausende von

Die sogenannte Beuleneiche (Chêne des Bosses) nahe Delémont im Schweizer Jura: Eines der größten Exemplare der Stieleiche (Quercus pedunculata) *in Europa. (Foto E. Zürcher)*

Kröten auf die Straßen. Und schließlich hatten sich die Elefanten ins Landesinnere zurückgezogen, um dem furchtbaren Tsunami im Dezember 2004 zu entkommen, der in Südostasien so viele hunderttausend Menschenleben kostete.

Was sind es für Signale, die Bäume und Tiere solche Ereignisse vorher spüren lassen? Forscher stellen dazu mehrere Hypothesen auf. Zum Beispiel können Menschen keine ganz tiefen Frequenzen (Infratöne) hören, aber Elefanten sind mit ihren extrem empfindlichen Fußsohlen in der Lage, sie zu fühlen. Auch Mechanismen chemischer Art sind denkbar, weil die längs verlaufenden, longitudinalen Wellen (die den zerstörerischen quer verlaufenden, transversalen Wellen vorausgehen) geochemische Reaktionen hervorrufen können. Dieser letztgenannte Vorgang könnte eine Veränderung des bioelektrischen Potenzials bei Bäumen auslösen. Schließlich ist ein Faktor, der ernsthaft in Betracht gezogen werden muss, vielleicht auch die Schumann-Resonanz (1952 vom deutschen Physiker Winfried Otto Schumann zunächst postuliert, dann nachgewiesen). Sie bezeichnet elektromagnetische Wellen mit ultratiefer Frequenz, die sich zwischen der Erdoberfläche und der Ionosphäre um die Erde herum ausbreiten. Die Haupt-Vibrationsfrequenz beträgt 7,83 Hertz (das entspricht der Anzahl der Schwingungen pro Sekunde). Hier ist zu erwähnen, dass sie sich damit im Vergleich zum Elektroenzephalogramm des menschlichen Gehirns an der Grenze zwischen dem Theta-Funktionsmodus, der sich durch Frequenzen zwischen 4 und 7 Hertz auszeichnet,

»Was die beiden sich wohl erzählen?« – »Geh hin, Kleiner, und hör gut zu!« (Foto A. Hemelrijk)

und dem Alpha-Modus (8 bis 15 Hertz) befindet. Die Theta-Wellen können beim Übergang vom Schlafen in einen ruhigen Wachzustand beobachtet werden, während die Alpha-Wellen in einem entspannten Wachzustand mit geschlossenen Augen gemessen werden, und zwar auf markante Weise bei Menschen während einer tiefen Meditation. Die Schumann-Frequenz scheint für manche Lebensprozesse von essenzieller Bedeutung zu sein, wie die Regeneration von genetischem Material (Desoxyribonukleinsäure, DNA), wie Luc Montagnier, der Träger des Nobelpreises für Physiologie/Medizin 2008, vor Kurzem nachweisen konnte. So gesehen begreifen manche Autoren die Schumann-Resonanz als eine Art »Pulsschlag der Erde«. Nun hat 1999 der deutsche Funktechniker Werner Neunaber entdeckt, dass Erdbeben oder Vulkanausbrüchen ein sprunghafter Anstieg der Schumann-Resonanz vorausging. Ein Zusammenhang, den er mithilfe des Global Seismographic Network bestätigen konnte. In diese Richtung gehen ebenfalls die Veröffentlichung von KARAKELIAN (2000) sowie das von Florian KÖNIG 2003 angemeldete Patent.

Ein solides Argument zugunsten der Entdeckung von Neunaber und Erhebungen von Toriyama und Saito sind die schon vor 30 Jahren gemachten Untersuchungen eines amerikanischen Forschers. Mithilfe von Elektroden, die der Geophysiker A. C Fraser-Smith von der Stanford University einer großen Eiche *(Quercus lobata)* eingepflanzt hatte, konnte er tatsächlich beobachten, dass auch Bäume auf Schwankungen des Magnetfelds der Erde in einem sehr niedrigen Frequenzbereich unterhalb von

5 Hertz reagieren. Wenn ein Baum allerdings abstirbt, verschwinden die elektrischen Signale allmählich. Bäume funktionieren somit als lebende Antennen, die ständig die Schwingung des geomagnetischen Feldes einfangen und intern in bioelektrische Impulse umwandeln. Der Versuchsaufbau und die Beschreibung dieser sehr überzeugenden Messungen verhalfen FRASER-SMITH 1978 zu einer Veröffentlichung im namhaften Wissenschaftsjournal »Nature«. Bemerkenswert ist eine Anmerkung des Autors, in der er herausstellt, dass die Frequenzen, um die es sich handelt, ungefähr dem Delta-Zustand im menschlichen Elektroenzephalogramm entsprechen. Diese Wellen kann man bei sehr kleinen Kindern im wachen Zustand beobachten, sie sind aber auch für den tiefen Schlaf von Erwachsenen typisch. Liegt hierin vielleicht der Schlüssel für einen wissenschaftlichen Ansatz zur Erforschung des Phänomens, das manche als »Kommunikation« mit Bäumen bezeichnen und das andere ganz einfach als wohltuenden Effekt beim direkten Kontakt empfinden, bei dem Ruhe und Energie übertragen werden?

FRUCHTBARE PARTNERSCHAFTEN

Eine der zunächst unsichtbaren Wirkungen von Bäumen, die aber von beträchtlicher Tragweite sind, ist ihr Beitrag zu Gesundheit, Gleichgewicht und Fruchtbarkeit in ihrer unmittelbaren oder weiteren Umgebung. Wie wir bei der Fotosynthese gesehen haben, sind Bäume sowohl als Individuen als auch in Gemeinschaft eine ergiebige Quelle organischer Biomasse. Diese wird am Ende des Kreislaufs mikrobiell durch Pilze oder das Bodenleben zersetzt. Damit stellt sie den wesentlichen Teil organischer Masse bei der Humusbildung dar. Die Vielfalt der zersetzenden Mikroorganismen und Pilze ist erst zum Teil erforscht, noch weniger ist über deren Wechselwirkungen mit den Bäumen und untereinander bekannt. Auch das Bodenleben ist sehr vielgestaltig. Die Mehrzahl seiner Repräsentanten sind mikroskopisch kleine Tiere ab einer Größe von hundertstel Millimetern: Einzeller vom Typ der Amöben, Geißeltierchen, Wimpertierchen, Bärtierchen, Rädertierchen, Nematoden und Milben. Andere zählt man zur Mesofauna, ihre Größe liegt unter einem Zentimeter und sie ernähren sich entweder von den soeben genannten kleinsten Organismen oder direkt von pflanzlicher Substanz. Diese Gruppe umfasst verschiedene Insekten, insbesondere während deren Larvenstadien, wie zum Beispiel Springschwänze, Dipteren (Zweiflügler), Käfer und Schmetterlingslarven. Neben den Insekten tragen auch weitere, weniger bekannte Organismen zur Zersetzung der organischen Masse bei, wie Tausendfüßler, Asseln, Enchytraeen oder auch Pseudoskorpione. Schließlich gibt es noch eine bestimmte Anzahl gut sichtbarer Arten, die der Makrofauna zugeordnet werden. Dazu gehören die adulten Insekten, Regenwürmer, Weichtiere, Spinnentiere, Reptilien und nagende sowie Insekten fressende Kleinsäuger.

Der Mensch hat sich zunehmend Bewirtschaftungsformen zu eigen gemacht, durch die er einen Teil der pflanzlichen Biomasse entnimmt und speziell für seine Zwecke nutzt. Somit entzieht er sie für einen mittel- oder längerfristigen Zeitraum der Zersetzung, der sie in der Natur normalerweise ausgesetzt ist.

Es lohnt sich, die Prinzipien genauer anzusehen, welche die Förster zur Einführung des Konzepts der »nachhaltigen Bewirtschaftung« des Waldes veranlasst haben. Tatsächlich können diese Prinzipien auch in erweitertem Umfang auf Bäume und Baumbestände außerhalb von Wäldern angewandt werden, nämlich auf den Bereich der Agroforstwirtschaft. Dieser Begriff bezeichnet Acker- oder Weidesysteme der gemäßigten Zonen oder tropischen Regionen, die Bäume als feste Bestandteile integrieren. Gerade in den Tropen haben sich Praktiken und wertvolles Wissen zu diesem Thema erhalten, wie man an den dort typischen »Waldgärten« erkennen kann. Deren Bewirtschaftungsweise zielt nicht nur auf die Erzeugung bestimmter Produkte wie Bauholz, Feuerholz, Futter oder Früchte ab. Vielmehr geht es auf einer höheren Ebene darum, das Prinzip der »Fruchtbarkeit durch Selbstdüngung« (Heske 1966) auf den Bereich des Ackerbaus zu übertragen – man kennt es von den Wäldern und es ist die Grundlage für deren erstaunliche Produktivität. Tatsache ist, dass sich natürliche Mischwälder ohne Zugabe von Betriebsstoffen wie Kunstdünger oder Pflanzenschutz entwickeln. Sie vereinen Vitalität und Produktivität, während sie gleichzeitig ihre eigenen Böden mit Nährstoffen anreichern. Wie wir noch sehen werden, beruhen diese Vorgänge auf ganz anderen Prozessen als zum Beispiel bei dem undifferenzierten Einsatz mechanischer Tiefpflüge. Es handelt sich um einen wohldosierten vertikalen Austausch, der vor allem durch die Regenwürmer erfolgt, die durch eine besondere Art der Verdauung neue Verbindungen herstellen.

Die nachhaltige Bewirtschaftung und die Funktionen des Waldes

Der Wald in der Schweiz profitiert insgesamt von einem naturnahen Waldbau und einer nachhaltigen Bewirtschaftungsweise, deren Kriterien lange als Vorbild galten. Eine derartige Forstwirtschaft beruht auf der Förderung natürlich vorhandener Artenvielfalt, die mit einer Vielfalt an Lebensräumen verbunden ist. Begünstigt wird dies durch den Erhalt einer bestimmten Anzahl abgestorbener Bäume und durch den Schutz besonderer Biotope. Wird in einem Bestand der »Femelschlag« prakti-

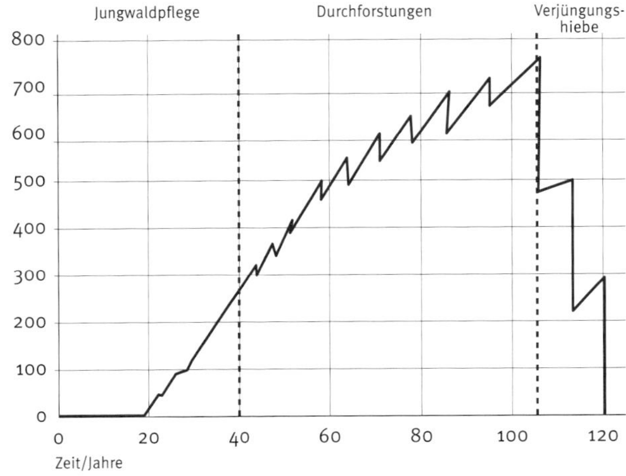

Jahrzehntelange Entwicklung des Bestandesvolumens für einen Femelbestand in Abhängigkeit von Eingriffen und Durchschnittsalter. Obwohl bei Pflegemaßnahmen des Jungbestands und später durch die Durchforstungsmaßnahmen das Bestandesvolumen regelmäßig reduziert wird, wird der Gesamtzuwachs davon nicht beeinträchtigt. Schließlich ermöglicht das Schlagen der großen Bäume die Regeneration und neuen Aufwuchs durch Naturverjüngung. (SCHÜTZ 1990, Wiedergabe mit freundlicher Genehmigung des Autors)

ziert, so beruht die qualitative und quantitative Produktionssteigerung zunächst auf korrigierenden Eingriffen in Form von Selektion (Auslese) im jungen Bestand und später auf einer maßvollen Durchforstung zugunsten von »Elitebäumen«. Die Holzernte und die Einleitung der natürlichen Verjüngung finden schließlich in einem relativ kurzen Zeitraum statt. Jede dieser Maßnahmen zieht eine vorübergehende Verringerung des stehenden Holzvolumens nach sich, des von den Förstern sogenannten Vorrates. Dagegen werden die stehengelassenen Bäume, denen so mehr Raum und dadurch auch mehr Licht zu Verfügung gestellt wird, verstärkt zum Wachsen angeregt. Ab einem gewissen Durchforstungsstadium fließt das entnommene Holz in den Wirtschaftskreislauf mit ein, bis hin zur letzten Holzernte oder finalen »Räumung«, bei der Platz für einen neuen Bestand entsteht. Im Allgemeinen erscheint diese neue Generation allmählich durch Naturverjüngung, zum Teil im Schutz der vorhergehenden Generation (Abbildung oben).

In einem Bestand, der als sogenannter Plenterwald betrieben wird, finden sich auf derselben Fläche alle Entwicklungsstadien: Ganz junge Bäume wachsen neben solchen im mittleren Alter, die wiederum von den großen, reifen Individuen flankiert werden. Dies verleiht dem Bestand

Naturverjüngung der Weißtanne in einem Mischbestand mit Nadel- und Laubholzarten sowie Femelbewirtschaftung. Die Verjüngung durch Selbstaussaat kann auch in Gehölzbeständen außerhalb von Wäldern stattfinden, in Hecken zum Beispiel auch zusammen mit Verjüngung durch Stockausschlag. (Foto E. Zürcher)

und der Landschaft im Ganzen einen wesentlich beständigeren Charakter. Die Ernte der großen Bäume erfolgt individuell einzelstammweise und wird von der Entwicklung des Gesamtzuwachses abhängig gemacht. Jede Entnahme stellt gleichzeitig eine Maßnahme zur Lichtwuchsdurchforstung für die jungen und die mittelalten Bäume dar, die bisher in Warteposition verharrt hatten und nun schnell in die höheren Etagen wachsen. Der Eindruck, das System sei unveränderlich, trügt: Ein derartiger Bestand mit einem Bestandesvolumen von 400 Kubikmetern Holz pro Hektar und einem Jahreszuwachs von 10 Kubikmetern pro Hektar bringt in 40 Jahren eine Ernte von 400 Kubikmetern Holz. Die entspricht genau dem ursprünglichen Bestandesvolumen, auch wenn dieser Wald in seiner Gesamtheit anscheinend die ganze Zeit über unverändert wirkte. Das Prinzip eines naturnahen Waldbaus und einer nachhaltigen Bewirtschaftung, die auf lange Sicht den laufenden Zuwachs nicht übersteigt, besteht in anderen Worten darin, das Kapital zu aktivieren und den Zins zu ernten.

Das Prinzip der Nachhaltigkeit entspringt der Forstwirtschaft Zentraleuropas. Zum ersten Mal wurde dieses Kriterium von dem Sachsen Hans Carl von Carlowitz (1645–1714) in seiner Abhandlung »Sylvicultura oeconomica« definiert, wobei er sich damals in erster Linie auf angepflanzte Wälder bezog. Allgemeiner formuliert legt der Begriff heute fest, dass die Holzentnahme aus einem bestimmten Wald, der aus unterschiedlichen Beständen zusammengesetzt ist, nicht größer ist, als der mittlere Zuwachs des gesamten Bestandes. Der Zeitpunkt für jegliche Entnahme richtet sich nach der dynamischen Entwicklung und der Struktur des Bestandes. Die Entnahme selbst zieht den Effekt nach sich, dass die Kronen der übrig geblieben Bäume besser belichtet werden, und verhindert, dass der Bestand in die deutlich weniger produktive Altersphase übergeht. Der Förster R. Henning (1986) stellt bei seinen Überlegungen zum Wald als

Organismus und über nachhaltige Bewirtschaftung fest: »Der Mensch steht dem Bio- oder Ökosystem Wald nicht etwa gegenüber, sondern er stellt durch sein Eingreifen in natürliche Prozesse selbst ein funktionierendes Glied dieses Systems dar. Einerseits nimmt er Funktionen wahr, die in Urwäldern, also ohne menschlichen Einfluss, von anderen Organismen, wie zum Beispiel Pilzen oder Schadinsekten übernommen würden, teilweise auch von abiotischen Faktoren wie Stürmen oder Feuer. Auf der anderen Seite profitiert er in ökonomischer Hinsicht von dem, was er dem System entnimmt, und was sonst von diesen anderen Akteuren entzogen oder zerstört würde.«

Das richtige Maß der Nutzung finden

Die Nachhaltigkeit von Wäldern beruht auf einem dynamischen Gleichgewicht, das durch die ständige Wiederverwertung von Nährstoffen im Austausch zwischen Boden und Vegetation gehalten wird. Eine übermäßige Entnahme der feinen Biomasse (Holz aus der Krone, Zweige, Streuschicht vom Boden), wie dies bei der Energieholzproduktion der Fall sein kann, unterbricht den natürlichen Kreislauf. Dadurch wird die Fruchtbarkeit der Waldböden beeinträchtigt, was sich zumindest zeitweise auf das Zuwachs- und Nutzungspotenzial der Bestände auswirkt. Die Entnahme der ausgewachsenen Stämme führt dagegen nicht zu einem Nährstoffentzug.

Noch relativ neu ist die Entdeckung der »Rekretion«, eines Phänomens, das die Wechselwirkungen zwischen Regenwasser und Blattinhaltsstoffen umfasst. Es ist mit einer mehr oder weniger ausgeprägten Auswaschung verbunden, abhängig vom Alter des Bestandes, was die manchmal beobachtete Bodenmüdigkeit zumindest teilweise erklären könnte. Das absolute Muss bei der Bestimmung des richtigen Maßes für die Forstnutzung ist: Quantifizierung der Entnahmemengen und Beobachtung des Wachstums im verbleibenden Bestand (Girard 2011, Gobat 2010).

Durch die Waldbewirtschaftung wird das Stammholz – also der gespeicherte Kohlenstoff – dem natürlichen Kreislauf entzogen. Experten der Wald- und Holzkette sehen es als ideal an, wenn das Holz vorrangig für Konstruktionszwecke genutzt wird und nur nachrangig als Heizquelle (im Sinne einer Kaskadennutzung). Bei der Verwendung als Baustoff unterscheidet sich Holz radikal von anderen Materialen, die bei ihrer industriellen Herstellung große Mengen fossiler (grauer) Energie verbrauchen. Schließlich entzieht man dem Wald lediglich das Baumaterial, das die Bäume für ihren Eigenbedarf produziert haben. Durch Bauen mit Holz lässt sich heute mithilfe modernster Technologien der Verbrauch konventioneller Energieträger – Heizöl, Gas oder Strom – als Wärmequellen stark reduzieren oder sogar überflüssig machen. Holzkonstruktionen lagern die entsprechende Menge an Kohlenstoff ein und entlasten dadurch die Atmosphäre für die Lebensdauer eines neu gebauten oder renovierten Hauses von einem Teil des Treibhauseffektes.

Kennzeichen naturnaher Waldbewirtschaftung

Folgende Merkmale sind typisch für einen Wald, dessen Bewirtschaftung einem respektvollen Verständnis der Naturgesetze folgt:

- *Böden, die reich an organischer Substanz (Kohlenstoff) sind.*
- *Erhöhte Biodiversität.*
- *Die Fähigkeit, Wasser zu speichern und zu filtern.*
- *Große Widerstandsfähigkeit gegenüber Klimaextremen, also die Fähigkeit, sich nach Störungen zu regenerieren, die Funktionen wieder erfüllen zu können und sich weiter normal zu entwickeln.*
- *Kein Bedarf an synthetischen (nicht-organischen) Düngern.*
- *Kein Einsatz von Pflanzenschutzmitteln.*
- *Kein mechanisches Pflügen, es sei denn durch die Aktivität von zum Beispiel Wildschweinen.*

Die Tatsache, dass man Wälder einer bestimmten Region nach dem Nachhaltigkeitsprinzip bewirtschaftet, wirkt sich auf weit mehr Bereiche als nur die Holzproduktion aus. Viele positive Nebeneffekte betreffen wirtschaftliche, soziale oder ökologische Ebenen. Zusätzlich erfüllt Wald in vielen Fällen eine sogenannte Schutzfunktion, deren Bedeutung in Anbetracht der klimatischen Extremereignisse ebenfalls ständig zunimmt.

Analog zum Wald als Gesamtheit kann man einzelnen Bäumen oder Baumgruppen Funktionen oder Verdienste zuordnen. Die Beiträge zu jeder der genannten Kategorien lassen sich noch weiter differenzieren. Die folgende Übersicht gibt einen Einblick in diese zahlreichen Funktionen und deren Wechselwirkungen.

Funktionen und Leistungen von Wald und Bäumen

Ökonomische Funktion

Holz: Holz ist einer der wenigen heimischen Rohstoffe und Energiequellen. Es ist erneuerbar und kann nicht oder schwer erneuerbare Rohstoffe ersetzen (Kies, Sand, Ton, Naturstein, Plastik, Öl, Kohle, Gas usw.)
Bewirtschaftung und Pflege: Für den bestmöglichen Erhalt der Funktionen, die Bäume erfüllen (Schutz gegen natürliche Gefahren, biologische Vielfalt und Erholungsraum) müssen Pflegemaßnahmen von gut ausgebildeten Fachleuten durchgeführt werden. Typisch für solche Arbeitsstellen ist interessanterweise eine dezentrale Verteilung.
Beschäftigung: Ernte und Verarbeitung von Holz beschäftigen zahlreiche Menschen, oft in Regionen fernab der Wirtschaftszentren.
CO_2-Reduktion: Jeder Kubikmeter Holz, der statt Beton, Ziegel oder Stahl verbaut wird oder einen fossilen Brennstoff ersetzt, bewahrt die Umwelt durch den Substitutionseffekt vor einem erhöhten Ausstoß von Treibhausgasen (CO_2) und damit auch mittel- oder langfristig vor ökonomischen Verlusten.

Ökologische und soziale Funktionen

Lebensraum: Wald und Feldgehölze bilden lebendige, naturnahe Gemeinschaften, die viele seltene oder bedrohte Tier- und Pflanzenarten beherbergen.
Erholungs- und Erlebnisraum: Menschen erholen sich durch den Kontakt zu Bäumen; eine authentische Verbindung zur Natur wird so ermöglicht; außerdem ist der Wald ein Ort für Abenteuersportarten.
Gliederung der Landschaft: Die mosaikartige Verteilung des Waldes und der Feldgehölze prägt unsere Kulturlandschaft.
Sauerstoffproduktion: In ihren Blättern oder Nadeln fixieren Bäume große Mengen an Kohlendioxid und produzieren einen großen Teil des lebensnotwendigen Sauerstoffs.
Produktion neuen Wassers: Bei dem Fotosyntheseprozess zerlegen Bäume die Eingangssubstanzen und setzen sie zu einem neuartigen Wasser zusammen, dessen Rolle und Eigenschaften noch weiter zu erforschen sind.
CO2-Senkung: Bäume binden Kohlendioxid (CO_2) und lagern Kohlenstoff im Holz ein; dadurch reduzieren sie den CO_2-Gehalt der Luft und leisten einen Beitrag zur Verminderung des Treibhauseffekts.

	Wasserfilter und -speicher: Wald und Bäume tragen in all ihren Formen zu unserer Trinkwasserversorgung bei. Auch ganze Ökosysteme werden dadurch kontinuierlich mit Wasser versorgt.
Schutzfunktionen	**Lawinen und Steinschläge:** Bäume halten die Schneeschicht zurück und verhindern das Anreißen von Lawinen. Sie versperren Steinen und Felsbrocken die Bahn. **Hochwasser:** Baumbestandener Boden wirkt zusammen mit der begleitenden Vegetation wie ein Schwamm. Die Gefahr und das Ausmaß von Überschwemmungen werden abgeschwächt. Dieser Effekt kann durch dichte Hecken entlang der topografischen Höhenlinien noch verstärkt werden. **Erosion:** Wurzeln halten die Erde bis in tiefere Schichten, die Streuschicht dient als semipermeable und schützende Membran zwischen Boden und Atmosphäre und reduziert so den Aufprall des Regens. **Epidemien:** Der Abbau tropischer Wälder und die Zerstörung der Lebensbedingungen mancher Tierarten (zum Beispiel Fledermäuse) bringt diese in direkten Kontakt zum Menschen, wobei Viren freigesetzt werden können, wie zum Beispiel Ebola.

Bäume außerhalb des Waldes: Die Fruchtbarkeit von Agroforstsystemen

Die Kombination von Bäumen und Sträuchern mit Ackerflächen, Gemüseanbau oder Beweidung war in der Mehrzahl der traditionellen Bewirtschaftungssysteme gängige Praxis. Aufgrund der Mechanisierung und Konzentration der Flächen für die industrialisierte Lebensmittelproduktion wurde sie aber fast abgeschafft. Erst die Herausforderungen, denen wir heute gegenüberstehen, haben zu einer Art Wiederentdeckung der vielfältigen Möglichkeiten geführt, die sogenannte Agroforstsysteme bieten. Experten beschreiben sie folgendermaßen: »Sowohl im Bereich der Tropen als auch in den gemäßigten Breiten bezeichnet Agroforstwirtschaft diverse landwirtschaftliche Anbaumethoden, bei denen Bäume innerhalb und um die Felder herum genutzt werden. Dies können Hecken sein, Auwälder entlang von Wasserläufen, Baumreihen, einzelne Bäume oder andere Gehölzformationen. Unabhängig von Größenordnung und Art der Landwirtschaft geht es dabei um nicht mehr und nicht weniger als

An der Quelle der Quellen

Die einzige Möglichkeit, die Funktionsfähigkeit lokaler Wasserkreisläufe zu garantieren, besteht im Erhalt (oder der Wiederherstellung) einer ausreichenden Anzahl lokaler und regionaler Ökosysteme als hochwertigen Versorgern von Grundwassersystemen, Quellen und Flüssen. Geeignete Ökosysteme sind vor allem Waldbestände, aber auch Sumpfgebiete. Insbesondere Laub- oder Mischwälder sind im Vergleich zu den eher flach wurzelnden Nadelhölzern, deren Böden relativ sauer sind, besser geeignet, Wasser von hoher Qualität zu speichern. Ein genügender Flächenanteil an Wald oder Bäumen garantiert, dass Quellen und Wasserläufe auch während längerer Trockenzeiten noch regelmäßig Wasser führen.

darum, den Bäumen eine aktive Rolle bei der Verbesserung der Biodiversität, der biologischen Bodenaktivität und einer vielgestaltigen Produktion zukommen zu lassen« (Asfaux/Canet 2013).

Am stärksten sind die Synergien zwischen Anbaukulturen und Bäumen zweifellos in den Waldgärten der Tropenzonen ausgeprägt. Sie gelten als das stabilste Agrar-Ökosystem und entstanden ursprünglich entlang von bewaldeten Wasserläufen und in günstig exponierten Gehölzen, in deren Schutz genügend Feuchtigkeit herrschte. Innerhalb dieser Systeme wurde lange Zeit ein »geschützter Anbau«, praktiziert; dort fanden Selektionen und Verbesserungen statt, wobei gelegentlich auch Arten von außen hinzukamen.

Die Waldgärten sind in den Tropen noch relativ präsent und unter verschiedenen Namen bekannt, wie beispielsweise die »Familiengärten« in Nepal, Kerala (Südindien), Tansania (Chagga home gardens, siehe Abbildung Seite 170), Sambia und Zimbabwe, die »Kandyan« in Sri Lanka, die »Familien-Obstgärten« in Mexiko *(huertos familiares)* oder die »Pekarangan« in Java *(complete design)*.

Weiter spricht man von einem Weide-Agroforstsystem, wenn Tiere Teil der Bewirtschaftungsform sind. So wie im Fall der »Dehesa« auf der Iberischen Halbinsel und in Teilen des Maghreb, wo sehr produktive Weiden zum Beispiel von Korkeichen unterbrochen werden, von denen noch immer Rinde geerntet wird. Erweitert man ein solches System um Ackerkulturen, so spricht man von einem »Ackerbau-Weide-Forst-System«.

Ausgehend von der Fotosynthese, dem grundlegenden Prozess für die Produktion organischer Masse, auf den ab Seite 52 eingegangen

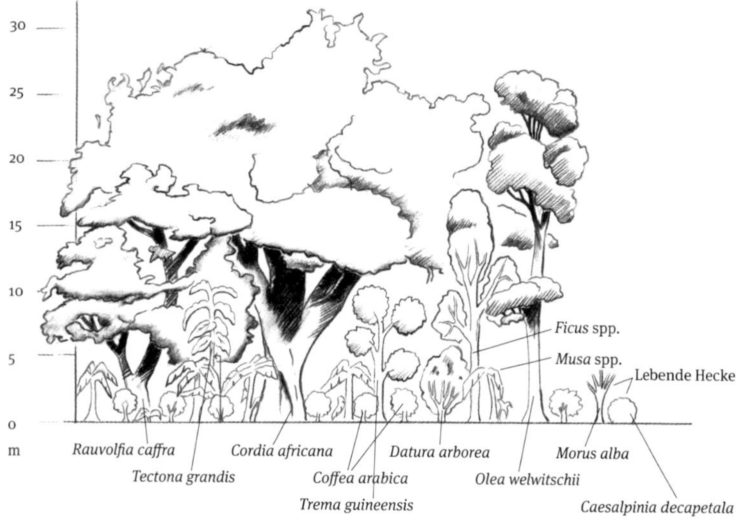

Schema der vertikalen Struktur eines Chagga home garden *am Fuß des Kilimandscharo (Tansania), im Schutz unterschiedlicher Bäume:* Cordia (Cordia africana), Olea welwitschii *(eine Art Olive),* Rauvolfia caffra *(Chininbaum),* Ficus, Tectona grandis *(Teak, eingeführt),* Trema guineensis. *(Zeichnung D. Rambert nach* FERNANDES *et al. o. J.)*

wurde, lassen sich die verschiedenen Beiträge beschreiben, die Bäume für die Fruchtbarkeit und das Funktionieren von Agroforsten leisten. Wie man der kompletten Gleichung zur Bildung von Glukose und ihren Nebenprodukten entnehmen kann, verlaufen innerhalb von Pflanzen vier große Ströme: der Energiestrom, der Gasstrom, der Wasserstrom und der Strom der mineralischen und organischen Substanzen. Durch ihren mehrjährigen Lebenszyklus und den Raum, den sie einnehmen, sind Bäume hierbei besonders effizient.

Ergänzend sei hier nochmals darauf hingewiesen, dass das Maß, in dem Bäume diese Ströme steuern, dank ihrer Wachstumsstrategie ungleich größer ist als bei Jahrespflanzen. Das Kambium, der Ort, an dem die Zuwachsschichten entstehen und von wo aus sukzessive neue Entfaltungsebenen erschlossen werden, ermöglicht ein »Aufstocken auf bereits Gebautem«, anstatt jedes Jahr wieder vom Boden ausgehen zu müssen. Hinzu kommt, dass die Reproduktionsphase erst sehr spät, nach einer langen vegetativen Wachstumsphase einsetzt. Derartige Wuchsformen konnten nur durch die »Erfindung« des Lignin ermöglicht werden. Diese Substanz wirkt als eine Art organischer Zement, der die Zellulose verstärkt und den entstandenen Strukturen Druckfestigkeit verleiht. Letztendlich werden dadurch sich selbst tragende Wuchsformen auf der Erde möglich. Wegen der sich kolonieartig neu entwickelnden Jahrestriebe auf einer mehrjährigen, organischen Basis wird ein solcher Organismus auch als »koloniebildend« bezeichnet, nach dem Konzept des französischen Botanikers und Dendrologen Francis Hallé. Wir könnten auch von einer großen Solidargemeinschaft verschiedener Individuen sprechen (den Jahrestrieben), weil sie dem gleichen Stock oder Stamm entspringen. Nach demselben Autor könnte man die Gesamtheit aller Bäume als einen ursprünglichen Stamm sehen (mit heute noch Schwerpunkt in den Tropen), aus dem sich die krautigen Pflanzen der gemäßigten Zonen entwickelt haben.

Der Energiefluss

Die Menge an Lichtenergie, die für die Erzeugung von einem Mol Glukose mit einem Gewicht von 180 Gramm verbraucht wird, beträgt ungefähr 2900 Kilojoules. Ein Kilogramm Glukose entspricht also 16 100 Kilojoule Lichtenergie oder 16,1 Megajoule (1 Kilojoule = 1000 Joule = 0,239 Kilocalorie = 239 Calorien). Am Ende des biosynthetischen Prozesses, der mit der Bildung von Glukose beginnt, werden etwa 14 Megajoule Energie pro Kilogramm luftgetrocknetes Holz eingelagert und im Fall der Verbrennung wieder freigesetzt. Das entspricht ungefähr 40 Prozent des Brennwertes von Heizöl oder Diesel. Hierbei ist zu betonen, dass der Brennwert von Holz auch vom Wassergehalt abhängt, weshalb es vor dem Verbrennen getrocknet werden muss. Wir haben es also mit einem System zu tun, das täglich von Neuem Sonnenenergie aufnimmt und in verwertbare chemische Energie umwandelt. Dies entspricht einer ersten Form oder dem Archetyp eines Funktionsmodells, das tatsächlich nachhaltig ist und eine positive Bilanz aufweist. Angesichts dieses Systems können uns die gängigen landwirtschaftlichen Produktionsmethoden und die Verteilungswege für Nahrungsmittel nur Sorge bereiten: Oft ist ihr Verbrauch an fossilen Energien größer als die Menge an verwertbaren Kalorien, die sie liefern. Eine paradoxe Situation. Sie stellen somit einen beträchtlichen Faktor zur Umweltverschmutzung und Klimaerwärmung dar. Für die Vereinigten Staaten wurde in einem Bericht für 2010 ein pauschales Verhältnis von 12 zu 1 angegeben. In diesem Zusammenhang ist die Fleischproduktion als besonders energiehungriger Produktionszweig zu nennen: Um eine verwertbare Kalorie Fleisch zu erzeugen, werden 26 Kalorien fossilen Ursprungs verbraucht.

Die Lösung dieses Problems können wir uns von einer Forstwirtschaft, wie sie oben beschrieben ist, abschauen: Bezogen auf den Energiegehalt des Materials werden bei der Produktion von Bauholz oder »gebrauchsfertigem« Holz für Schreinereien nur ungefähr 15 Prozent fossiler Energie eingesetzt, einschließlich aller forstlichen Maßnahmen, dem Transport des Rundholzes, dem Durchlaufen der Stationen im Sägewerk und der technischen Trocknung des gesägten Holzes. Damit steht es im umgekehrten Verhältnis zur konventionellen Landwirtschaft und dem Ernährungssektor: Nur eine Kalorie ist für die Produktion von 6 bis 7 verwertbaren Kalorien erforderlich!

___Die gasförmigen Ströme

Auf der einen Seite wird das zentrale organische Element – der Kohlenstoff – als Gas der Atmosphäre entzogen, wodurch sie von einem Teil der überschüssigen Treibhausgase entlastet wird. Für die Bildung von 1000 Kilogramm Holz wird das Äquivalent von 1851 Kilogramm CO_2 investiert – diese Überlegung stand am Anfang des Konzepts der »Kohlenstoff-Wald-Wirtschaft«. Auf der anderen Seite werden bei der Festlegung von Kohlenstoff ungefähr 1400 Kilogramm an neu gebildetem Sauerstoff (O_2) freigesetzt, der durch die Elektrolyse von Wasser in diesem organischen System entsteht: ein Phänomen, dessen Tragweite uns noch nicht ganz bewusst ist. Es unterstreicht schlagartig die Bedeutung, die jeder einzelne Baum, auch in halburbanen oder urbanen Bereichen, für uns hat.

Der Beitrag der Biomasse, die im Boden angereichert wird und dort den Humusgehalt erhöht, kann entweder als organische Masse oder als Kohlenstoff gemessen werden. Im letzteren Fall werden der Atmosphäre 3670 Kilogramm CO_2 entzogen, wenn 1000 Kilogramm Kohlenstoff im Boden eingespeichert werden (das Verhältnis von Molekulargewicht von CO_2 zum atomaren Gewicht von C beträgt nämlich 44/12). Wie wir noch sehen werden, könnte diese Tatsache der Grundstein für eine neue »Landwirtschaft des Kohlenstoffs« sein.

___Die Wasserströme

Hydrologen und Klimatologen ist die Bedeutung, welche die schützende Baumschicht für die großen Wasserkreisläufe hat, wohl bekannt. So wird geschätzt, dass die Evapotranspiration der deutschen Wälder 45 Prozent der Niederschläge ausmacht – ein aufsteigender Fluss, der vor allem während heißer Trockenperioden stattfindet. Dieser ausgleichende Effekt beruht auf den typischen Eigenschaften baumbestandener Böden, die reich an organischer Masse sind und eine große Wasserspeicherkapazität haben. Der Anteil des Wassers, der bei der Fotosynthese in den Kreislauf gelangt, beträgt ungefähr 1100 Kilogramm pro 1000 Kilogramm nach-

Die Natur lässt den Himmel am Rand von Gewässern nicht offen, sondern säumt sie mit Büschen und Bäumen, die Schatten spenden und das Wasser dadurch so frisch wie möglich halten – eine wenig bekannte Tatsache, die schon Viktor Schauberger herausgefunden hatte (siehe Kapitel »Polarität und Spiralität«, Seite 84). Auf dem Foto ist eine alte Brücke erkennbar, die zunehmend beschattet wird. (Foto A. Hemelrijk)

gewachsenem Holz. Zusätzlich zum Sauerstoff entsteht hier ein weiteres zu erforschendes Produkt: Wasser, das ebenfalls neu gebildet wurde, in einem Verhältnis von 500 Kilogramm pro Tonne Holz. Im Zusammenhang mit einem Beitrag der Bäume für die Fruchtbarkeit stellt sich hier ebenfalls die Frage, ob dieses spezielle Wasser vielleicht auch besondere Eigenschaften hat.

Physiologen berechnen die Produktivität der Transpiration in Bezug auf die Evapotranspirationsströme wie folgt: Zwischen 200 und 350 Kilogramm Wasser sind ungefähr erforderlich, um 1 Kilogramm Trockenmasse bei Bäumen der gemäßigten Breiten zu produzieren. Verglichen mit Getreide, das zum Beispiel 500 bis 650 Kilogramm Wasser benötigt, ist das sehr effizient. Eine weitere Tatsache soll hier im Zusammenhang mit dem Wasserfluss erwähnt werden: Bäume sind nicht nur extrem produktiv (und das, wie schon erwähnt, ohne zusätzliche Düngergaben), sie verbessern gleichzeitig die Qualität des Wassers und der Böden und regeln den Kreislauf – anders als konventionelle, intensive landwirtschaftliche Systeme, wo Einträge (Kunstdünger, Pflanzenschutzmittel) die Ursache für schwerwiegende Verschmutzungen des Oberflächen- und des unterirdischen Wassers sind.

Pflanzen (Gehölze und krautige) können während einer Trockenperiode einen Teil des Wassers, das mit den tiefen Wurzeln aufgenommen wurde, zu oberflächennahen Wurzeln leiten, die unter Trockenstress leiden. Das Phänomen wurde mit dem originellen Vergleich eines » unterirdischen hydraulischen Aufzugs« umschrieben. Diese Fähigkeit ist

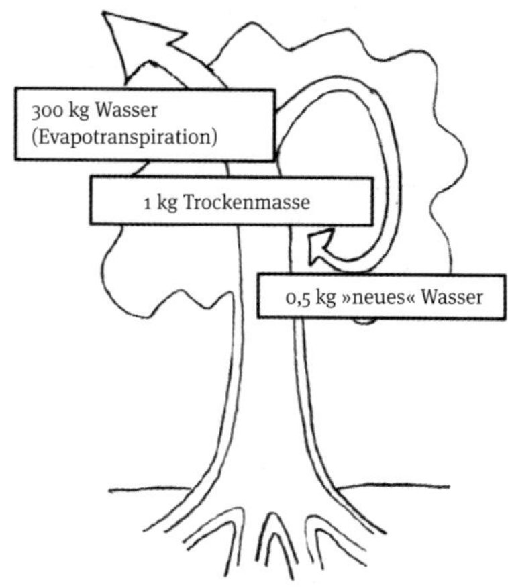

Das Wasser mit der höchsten Effizienz

Die Produktion pflanzlicher Biomasse und die Holzbildung von Bäumen sind Vorgänge, die auf dem aufsteigenden Wasserfluss beruhen, von dem ein großer Teil verdunstet. Die »Produktivität der Verdunstung« oder der sogenannte Transpirationskoeffizient errechnen sich aus dem Verhältnis der Wassermenge (in Litern), die von der Pflanze oder dem Pflanzenbestand verbraucht wurde, und dem Gewicht (in Kilogramm) der Trockenmasse, die dabei gebildet wurde. In dieser Hinsicht sind verholzende Pflanzen (Bäume und Sträucher) effizienter als krautige Pflanzen. Die Produktivität der Nadel- und Laubhölzer der gemäßigten Zonen ist (mit einem Koeffizienten von 200 bis 350) höher als die von Getreide (der Koeffizient beträgt 500 bis 650) oder der Leguminosen (Koeffizient 700 bis 800). Eine Ausnahme bilden einige einkeimblättrige Pflanzen aus den Tropen oder Subtropen mit einer speziellen Physiologie (Pflanzen vom Fotosynthese-Typ C4). Dazu gehören Mais (Zea mays), *Zuckerrohr* (Saccharum officinarum), *Hirse* (Panicum miliaceum) *und Sorghumhirse* (Sorghum vulgare) *mit einem Transpirationskoeffizienten, der ebenfalls niedrig ist und zwischen 220 und 350 liegt (Larcher 1980). Erinnern wir uns nochmals daran, dass pro Kilogramm neu produzierter Biomasse »im Inneren« 0,5 Kilogramm neues Wasser entsteht und zusätzlich noch 1,4 Kilogramm neu gebildeter Sauerstoff freigesetzt wird.*

nicht nur für die einzelne Pflanze von Vorteil, sondern ebenso für andere in der Nähe wie auch Kulturen, die Teil des lokalen Ökosystems sind, weil der Boden als Ganzes von einer genau dosierten Wasserzufuhr profitiert. Das ist der Grund, warum Bäume in Agroforstsystemen zu wertvollen Verbündeten des Menschen werden können. Tatsächlich ermöglicht ihnen ihr tief gehendes Wurzelsystem, das dem der krautigen

Ein Nussbaum (Juglans regia) *in einem Agroforst: Das Wurzelsystem ergänzt das der anderen Kulturen und funktioniert wie ein »unterirdischer hydraulischer Aufzug«. (Zeichnung D. Dellas)*

Pflanzen und sogar dem von Stauden weit überlegen ist, den Zugang zu Wasservorräten weit außerhalb der Reichweite der restlichen Vegetation. Den Rekord hält offensichtlich der Hirtenbaum *(Boscia albitrunca)* in der Wüste Kalahari, der aus dem Grundwasserspiegel in einer Tiefe von bis zu 68 Metern schöpft – Höhlenforscher fanden mittlerweile noch spektakulärere Beispiele. Solche weit ausgebreiteten Wurzelsysteme und die involvierten Wassermengen prägen ein entsprechendes Bodenvolumen in positiver Weise. Die Physiologen sprechen von einer »biologischen Bewässerungsanlage« und einer unterirdischen Komplementarität des Wasserverbrauchs von Bäumen und angrenzenden Kulturen. Man hat raffinierte Modelle entwickelt, um dieses Phänomen demonstrieren zu können. Es muss nicht extra betont werden, welche Bedeutung dieser Prozess im Kontext der Klimaveränderung hat.

Im Übrigen haben Forscher beobachtet, dass der Küsten-Mammutbaum *(Sequoia sempervirens)* bei Nebellagen den Wasserfluss im Xylem umkehren und seine Wurzeln in einer Art »umgekehrtem Aufzug« von oben nach unten mit Wasser versorgen kann. Ein analoges Phänomen findet in Böden der ariden Zonen in der Umgebung von Gehölzen statt. Nach plötzlichen, heftigen Regengüssen wird Wasser in absteigender Richtung zu den Gefäßen der Wurzeln geleitet.

Der Materialfluss – erst mineralischer, dann organischer Art

Bedingt durch die Natur der Fotosynthese besteht die Quelle der organischen Substanz zum größten Teil (99 Prozent) aus Kohlenstoff, Wasserstoff und Sauerstoff; diese Elemente werden der Atmosphäre und den Wasserkreisläufen entnommen. Lediglich ein winziger Anteil besteht aus Mineralsalzen und findet sich zum Beispiel in der Holzasche wieder.

Regenschirm – Regenbaum

Als Wanderer profitiert man von ihnen bei Gewittern: Es ist besser, sich im Schutz eines Nadelbaumes mit einer gut entwickelten Krone und hängenden Ästen wie unter einem natürlichen Regenschirm unterzustellen, als unter einen Laubbaum mit nach oben ausgerichteten Ästen und glatter Rinde, dessen Stamm das Wasser wie ein Kanal zum Boden direkt am Fuß des Baumes leitet.

Weniger bekannt ist die folgende Erscheinung: Bäume können kleine Niederschläge direkt unter ihrer Krone auslösen, indem sie bei Dunst oder Nebel Wasser an den Oberflächen ihrer Blätter oder Nadeln ansammeln, das dann abtropft. Bei den Mammutbaum-Wäldern (Sequoia sempervirens) *an der nordamerikanischen Pazifikküste macht das ein Drittel der Wasserversorgung aus und ist ein Grund für ihren Riesenwuchs. Das gleiche Phänomen brachte die Guanchen auf den Kanarischen Inseln auf die Idee, sogenannte Erntebecken unter dem Garoé* (Ocotea foetens), *dem »Brunnenbaum« einzurichten. Diese Technik zur Wassergewinnung, bei der in niederschlagsarmen Regionen Nebel zur Bewässerung genutzt wird (fog harvesting), sei es mithilfe von lebenden Systemen (Bäumen) oder, inspiriert von der Natur, durch Netze, wird heute intensiv weiterentwickelt (Hallé 2005).*

Die Versorgung mit Wasser und mineralischen Komponenten aus dem Muttergestein geschieht auf sehr effiziente Weise. Ermöglicht wird dies durch die Verbindung der Feinwurzeln des Baumes mit dem Myzel bestimmter Pilze, die sich von den abwärts fließenden Assimilaten (Zucker) ernähren: das Phänomen der Mykorrhiza – eine Art Symbiose, ohne die die Bäume vermutlich niemals solche Ausmaße erreichen könnten. Eine weitere positive Auswirkung: Durch diese Symbiose wird der Boden »verstärkt«, nämlich intensiver und tiefer gehend vom erweiterten Wurzelsystem des Baumes besiedelt und dadurch stark mit organischer Substanz angereichert. So schätzt man, dass sich in dem gesamten Schweizer Wald 53 Prozent der gespeicherten 727 Tonnen CO_2-Äquivalent pro Hektar im Boden befinden. Auch hier zeigen uns Bäume eine tiefe Wahrheit: Das Prinzip der Partnerschaft, des gegenseitigen Ergänzens und des Zusammenschlusses von Kompetenzen führt deutlich weiter als das Gesetz, nach dem sich der Stärkere in reiner Konkurrenz durchsetzen soll.

Feinwurzeln verhalten sich unter der Erde wie Blätter, die dem Zyklus der Jahreszeiten folgen. Tatsächlich sieht man die Brachyrhizen (wörtlich: »kurze Wurzeln«) von Gehölzen analog zu den oberirdischen als unterirdische Blätter, die im Herbst verschwinden und im Frühjahr wieder gebildet werden. Der Verlust an Feinwurzeln im Herbst beläuft sich schätzungsweise auf ein Drittel der gesamten Wurzelmasse und bildet eine »unterirdische Streuschicht«. Diese Analogie gilt natürlich nicht für die Fotosynthese, die nur oberirdisch stattfindet.

Entstehung und Einlagerung organischer Substanz

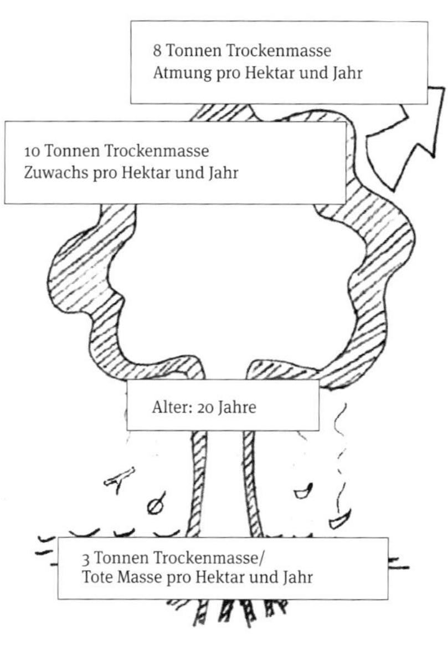

Jedes Jahr bilden Bäume eine beträchtliche Menge lebender Masse und ein Teil davon fällt als totes Material zu Boden (abgestorbene Blätter, kleine Zweige, Äste). In einem Versuch wurden in einem zwanzig Jahre alten Buchenbestand in Dänemark 3 Tonnen abgestorbene Biomasse gemessen (Trockengewicht). Demgegenüber stand ein Zuwachs von 10 Tonnen lebender Biomasse pro Hektar und Jahr. Eine äquivalente Masse von 8 Tonnen wurde bei der Atmung verbraucht, die für die Bildung dieser organischen Masse nötig war. Für den oberirdischen Bereich kommen somit bei Buchen dieses Alters zum Zuwachs an lebendiger Biomasse also ungefähr 30 Prozent abgestorbener Biomasse hinzu. Dazugerechnet werden muss die Bildung lebendiger und abgestorbener Biomasse im Bereich der Wurzeln. (MÖLLER et al., LYR et al. in LARCHER 1980)

Eine Besonderheit, die für Landwirte von Interesse sein könnte, ist die Tatsache, dass sich Baumwurzeln, die tiefer als die der Jahrespflanzen gehen, außerhalb des Pflugbereichs finden. Dadurch unterliegen sie einer geringeren Mineralisierung und stellen einen wesentlich dauerhafteren Kohlenstoffspeicher dar, umso mehr, als es sich um verholzende Arten

Einfache Bestimmungsmethode der organischen Substanz eines Bodens

Die Bodenprobe wird zerkleinert und 2 Millimeter fein gesiebt. Anschließend wird folgendermaßen vorgegangen:

- *Die Probe über Nacht (16 Stunden) bei 150 Grad trocknen.*
- *Das Gewicht des leeren Tiegels wiegen. 10 Gramm trockenen Boden hinzufügen und das Endgewicht notieren.*
- *Die Bodenprobe bei 375 Grad über 16 Stunden im Muffelofen brennen lassen.*
- *In einem Trockengefäß (Exsikkator) abkühlen lassen und den Tiegel mit der Asche wiegen.*

Der Gehalt an organischer Substanz (OS) errechnet sich mittels folgender Gleichung: OS in Prozent = 100 x (Gewicht der getrockneten Bodenprobe – Gewicht des veraschten Bodens) / Gewicht der trockenen Bodenprobe

Diese Methode ist nicht für kalkhaltige Böden geeignet. (Matière organique 2003)

handelt. Man schätzt, dass die Landwirtschaft ein enormes Potenzial zur Einlagerung von Kohlenstoff in die Böden hat. Tatsächlich müssten dafür die durch konventionelle Intensivbewirtschaftung degradierten Flächen, auf denen ein massiver Verlust an organischer Substanz erfolgte und die so zur Anreicherung der Atmosphäre mit klimaschädlichem CO_2 beitragen, allmählich an Humus angereichert werden, was die Atmosphäre von einem beträchtlichen Anteil des CO_2-Überschusses entlasten würde. Jüngste Untersuchungen des französischen Forschungsinstituts für Agrarökonomie (INRA) haben ermittelt, dass eine jährliche Steigerung des aktuellen Kohlenstoffgehalts der meist stark verarmten Böden um 4 Promille ausreichend wäre, um den Ausstoß von Treibhausgasen weltweit zu kompensieren.

Diese unterirdische organische Masse kann sich in natürlichen Ökosystemen in besonders hohem Maß entwickeln. In manchen tiefgründigen und humusreichen Waldböden ist der Kohlenstoffanteil besonders hoch: Sie können bis zu fünf Mal mehr organische Substanz enthalten als die sichtbare Biomasse über der Erde, die insbesondere in Form von Holz vorliegt. Durch den ständigen Wechsel von Wachstum, Tod und Zersetzung der Wurzeln entsteht ein komplexes, tief reichendes System mit Kanälen, Poren und Gängen zusätzlich zu denen, die von den Bodenlebewesen gegraben werden. Ein Teil des Volumens wird zudem von Mykor-

Mykorrhiza

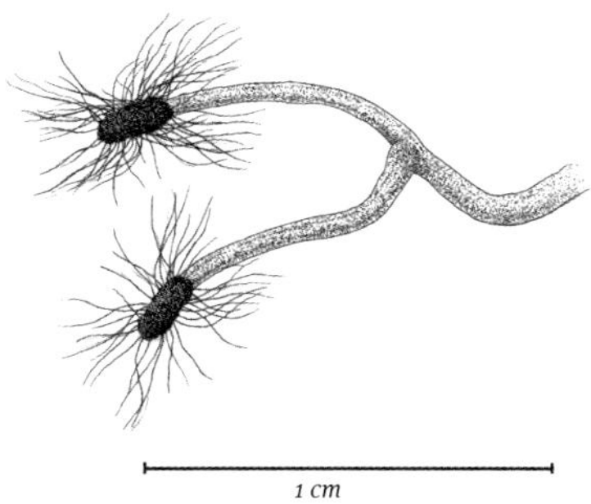

Das äußere Ende von Faserwurzeln, die von einem Ring von Mykorrhiza umgeben sind: Hier handelt es sich um Ektomykorrhiza. (Zeichnung D. Dellas)

Mykologen unterscheiden zwei Symbioseformen zwischen Pilzen und Wurzeln: Die Ektomykorrhiza, bei denen das Pilzgeflecht mantelförmig um die junge Wurzelspitze herum angelegt ist, und die Endomykorrhiza, deren Hyphen bis in das Innere der Wurzelzellen dringen. Bis heute kennt man ungefähr 5000 Arten von Ektomykorrhiza-Pilzen, die an 2000 verholzenden Arten der gemäßigten Breiten vorkommen, während in den Wurzeln der Bäume tropischer Zonen und bei krautigen Pflanzen der Typ der Endomykorrhiza überwiegt. Interessant ist, dass weder die Esche (Fraxinus excelsior) *noch die Eibe* (Taxus baccata) *– also die beiden mythenbehafteten Arten aus dem zweiten Kapitel (Seite 24) – in Symbiose mit einem oder mehreren Pilzen stehen. Wie kompensieren sie diesen Mangel?*

rhiza-Pilzen besetzt. Dieses Gesamtsystem ermöglicht eine Belüftung des Bodens – und damit unterirdisches Leben – und speichert und filtert große Mengen Wasser.

Im Übrigen teilen sich die Pflanzen den Boden mit einer großen Zahl lebender Organismen, von Mikroben bis hin zu bestimmten Säugetieren. Eine Vielzahl grabender Arten, vor allem Ameisen, Termiten und Regenwürmer, durchlüften den Boden und steigern dadurch die Wasseraufnahmekapazität. Regenwürmer, die Aristoteles als »Eingeweide der Erde« bezeichnete, verarbeiten Boden in ihrem Verdauungssystem. Pro Jahr können 300 Tonnen Regenwurmhäufchen pro Hektar produziert werden, das sind 30 Kilogramm pro Quadratmeter. In diesen Ausscheidungen ist die bakterielle Aktivität sehr intensiv und sie werden dadurch extrem mit Nährstoffen angereichert: Sie enthalten fünf Mal mehr Stickstoff als der Boden der Umgebung, sieben Mal so viel Phosphor, elf Mal so viel Kalium, drei Mal so viel Magnesium und die doppelte Menge an Kalzium – alles Zahlen, die die Wissenschaft auch heute noch vor Rätsel stellen. Der große Regenwurm-Experte Marcel BOUCHÉ (2014) hat vor Kurzem Ergebnisse seiner Forschungsarbeiten veröffentlicht, bei denen er zur Untersuchung von Böden Regenwürmer als eine Art Sonde eingesetzt hat. In der Folge erscheint dieser Organismus noch bedeutsamer, weil er auf so vielfältige Art zur Bodenfruchtbarkeit beiträgt. Eine davon besteht in der Wiederaufnahme der eigenen Ausscheidungen, nachdem sie für einige Monate als Vorrat an der Oberfläche abgelegt wurden. Dadurch können sie bakteriell fermentiert werden – vermutlich handelt es sich dabei um einen diazotrophen Vorgang, wo Luftstickstoff gebunden wird. Dieser Prozess verläuft analog zum Vorgehen der Wiederkäuer, die Stickstoff aus der Luft mittels einer Phase bakterieller Fermentation im Pansen in ihren Verdauungszyklus aufnehmen können (dies erklärt auch, warum der Stickstoffgehalt der Exkremente und der Milch weit über dem von dem Gras und dem Heu liegt, das normalerweise aufgenommen wird). Bouché hat auf Korsika sogar eine Regenwurmart entdeckt, welche die Eiszeiten des Quartärs überlebt hat und in der Lage ist – eine bisher unbekannte Tatsache –, tote Kiefernadeln als Nahrung aufzunehmen. Diese Entdeckung könnte die Grundlage für eine »düngende Biostimulierung« werden und zu einer Verbesserung saurer und unbelebter Böden in Nadelholzbeständen führen. Ein weiterer wertvoller Aspekt im Zusammenhang mit der aktiven Verdauung der Streuschicht besteht in einer Absenkung von deren Entflammbarkeit, was im Zuge der Klimaerwärmung zu einem wichtigen Aspekt wird. Aus Sicht der Bodenbiologie plädiert Bouché für eine Umkehr zu Diversifizierung und Mischkulturen, wobei man sich darüber bewusst sein sollte, dass es sich bei den Regenwürmern um die »wichtigste tierische Masse, mit der der Mensch zusammenlebt«, handelt.

Boden – die Lösung des CO_2-Problems

Fast 90 Prozent des Potenzials der Landwirtschaft zur Minderung des Klimawandels liegt in der Einlagerung (Sequestierung) von Kohlenstoff in die Böden (FAO 2008 und 2009).

Für einen positiven Stickstoffkreislauf auf der Basis organischer Substanz

Das System, bei dem der Luftstickstoff biologisch gebunden wird, benötigt als optimale Bedingung für die biologische Katalyse durch Bakterien einen Stickstoffteildruck von 0,2 bis 1 Atmosphären (atm) und eine Temperatur von 30 bis 35 Grad, während die Bedingungen für die industriell durchgeführte che-

mische Katalyse deutlich fordernder sind: Hier beträgt der Druck 250 bis 1000 Atmosphären (atm) bei einer Temperatur von 450 Grad. Dieser letztere Prozess, der von der Industrie für die Herstellung von synthetischem Dünger angewandt wird, basiert auf einem extrem hohen Verbrauch an fossilen Energien und ist damit eine Ursache für die Klimaerwärmung. Das biologische System integriert dagegen den Stickstoff bei der Bildung fruchtbarer Böden durch CO_2-Speicherung.

Einige Tatsachen und Zahlen zu den Strömen fester Materie

- Die Wachstumsrate der Bäume ist entscheidend: *Eucalyptus globulus* kann jährlich 5 Tonnen Kohlenstoff pro Hektar binden, während es bei *Pinus pinaster, Pinus radiata* und der Edelkastanie *(Castanea sativa)* auf demselben Standort nur 0,5 bis 1,5 Tonnen sind.
- Die Wahl der Baumarten, ihre Dichte und ihre Verteilung sind die Parameter für die Regulierung der Kohlenstoffspeicherung im System.
- In den natürlichen Land-Ökosystemen der gemäßigten borealen Zonen findet die Kohlenstoffspeicherung im Allgemeinen vorwiegend in den Böden statt, wo bis zu 75 Prozent eingelagert werden.
- Die entscheidenden Faktoren für die Wasserrückhaltekapazität der Böden sind eine heterogene unter- und oberirdische räumliche Zusammensetzung, eine verstärkte Biomasseproduktion, die Ablagerung einer reichhaltigen Streuschicht und die weitreichende Besiedelung durch die Rhizosphäre.
- Die Einlagerungen von organischer Substanz bilden eine Kohlenstoff-Gradiente, die von den oberflächennahen Schichten gegen die tieferen Schichten abnimmt. In einem Wald-Weide-System mit *Pinus radiata*, das in Galizien untersucht worden war, befanden sich zum Beispiel 79 Prozent des Kohlenstoffs in einer Tiefe von 0 bis 25 Zentimeter, 13 Prozent zwischen 25 und 50 Zentimeter und die restlichen 8 Prozent in den tieferen Horizonten zwischen 50 und 100 Zentimeter.

Ein noch wenig bekanntes Phänomen sei hier nochmal erwähnt: die Rekretion durch Bäume. Damit wird die Auswaschung von Blattinhaltsstoffen durch Regenwasser bezeichnet. Diese Stoffe werden beim Abtropfen direkt in den Boden geleitet und stellen eine Art selbsternährendes System des Baumes dar, das vor allem bei gut entwickelten Kronen älterer Bäume von Bedeutung ist.

Bäume, die Meister der Böden

Abgestorbene Blätter und Zweige bilden jährlich eine bodendeckende Streuschicht aus organischen Abfällen, die von der im Boden lebenden Fauna (Collembolen, Milben, Regenwürmern usw.) zerkleinert und bei der Verdauung in kleinste Bestandteile umgewandelt wird. Dieses Verdauungsprodukt hat einen hohen Gehalt an Lignin, das zusammen mit Zellulose und Hemizellulose die Hauptbestandteile von Holz bildet. Die weitere Zersetzung erfolgt durch die einzigen Organismen, die Lignin weiterverarbeiten und daraus Humus bilden können: die Pilze aus der Klasse der Basidiomyzeten. Die Humusherstellung findet somit an der Bodenoberfläche statt.

Diese Bedingungen führten bei Bäumen zur Entwicklung von zwei verschiedenen Wurzelsystemen:

- *Horizontal verlaufende Wurzeln, die direkt unter der Schicht aus organischer Substanz und Humus unmittelbar von der Mineralisierung durch Bakterien profitieren. Sobald der Boden sich erwärmt, werden Stickstoff, Phosphor und andere mineralische Elemente freigesetzt, die durch Infiltration direkt an die Wurzeln gelangen. Dieses natürliche System verhindert Auswaschungsverluste und Verunreinigung des Grundwassers.*
- *Tiefwurzeln, die manchmal bis ins Muttergestein reichen. Den Tiefenrekord dank Spalten im Gestein halten Eichen mit 160 Metern, dann folgen Vogelkirschen mit 140 Metern und Ulmen mit 110 Metern, wie Höhlenforscher berichteten. Hier lässt sich beobachten, dass durch die Wurzeln überschüssiges Regenwasser in einer sehr reinen Form herangeleitet und an das Grundwasser abgegeben wird. In den tiefen Zonen steht die Baumwurzel in engem Kontakt mit Mineralien. Sie gibt Säuren ab, die Fels und Steine angreifen und in Tonminerale umwandeln.*

Vereinfacht ausgedrückt wird Humus an der Oberfläche und Ton in den tieferen Schichten gebildet (durch mechanische und chemische Einwirkungen der Wurzeln). Dazwischen spielt die Bodenfauna ebenfalls eine sehr wichtige Rolle, weil durch sie die toten Wurzeln verwertet (sozusagen »weggeputzt«) werden und dabei Gänge entstehen. Man stößt hier auf die gleichen Arten wie an der Oberfläche, nämlich Collembolen, Milben und Würmer, allerdings sind die unterirdisch lebenden Formen blind.

Die wichtigsten Vertreter der Gruppe der Röhren bildenden Bodenfauna, die Regenwürmer, nutzen diese Gänge zur Fortbewegung und ermöglichen die Verbindung von (negativ geladenem) Humus, den sie an der Oberfläche aufgenommen haben, mit den (ebenfalls negativ geladenen) Tonmineralen aus den tieferen Schichten. Tatsächlich besitzen die Regenwürmer Drüsen (die sogenannte Morren'sche Kalkdrüsen), die das zweifach positiv geladene Ca^{2+} freisetzen, was zur Bildung des Ton-Humus-Komplexes führt. Durch ihre Ausscheidungen an der Erdoberfläche in Form von Häufchen, die aus eben diesem Ton-Humus-Komplex bestehen, bilden die Regenwürmer Boden, und zwar in einer Menge, die pro Tag bis zum Dreißigfachen ihres eigenen Körpervolumens reichen kann. Ein solcher Boden kann seine Funktionsfähigkeit ohne Verluste über Tausende von Jahren erhalten. (BOURGUIGNON 2016)

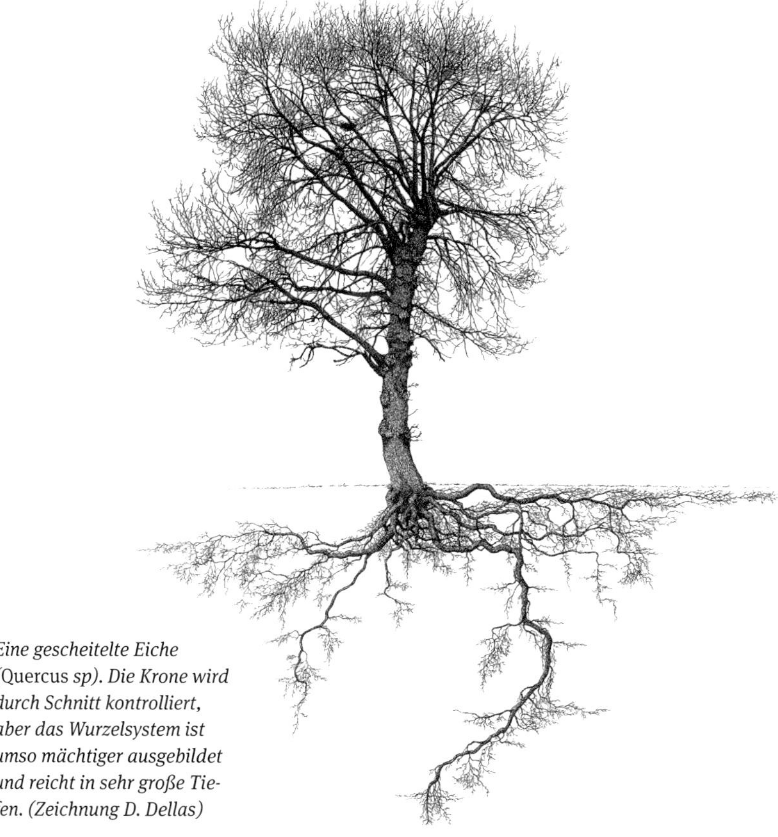

Eine gescheitelte Eiche (Quercus *sp). Die Krone wird durch Schnitt kontrolliert, aber das Wurzelsystem ist umso mächtiger ausgebildet und reicht in sehr große Tiefen. (Zeichnung D. Dellas)*

Unterirdische Solidarität

Die Kontakte und Verbindungen zwischen den Bäumen sind im Wurzelraum eines Waldes wesentlich intensiver als über der Erde. Zum einen lassen sich innerhalb eines bestimmten Wurzelsystems oft Punkte erkennen, an denen Wurzeln eines Individuums ineinander übergehen (Symphysen); dazu kommen Stellen, an denen zwischen den Individuen der gleichen Art Kontakte bestehen, durch die physiologische Austauschprozesse erfolgen. Inzwischen wurden von Forschern auch Wurzelsysteme entdeckt, die jenseits der Artgrenzen miteinander kommunizieren, wie im Fall von Birke, Ahorn und Ulme.

Überträgt man diese Erkenntnis auf die Ebene der Mykorrhiza, so lassen sich auch bei den Pilzen Verbindungen sowohl innerhalb einer bestimmten Art als auch zwischen den Hyphen verschiedener Arten beobachten. Somit besteht ein dichtes unterirdisches Kommunikations- und Substanztauschnetz, das durch ein mehr oder weniger gemeinsames Pilzmyzel den gesamten Forstbestand verbindet (SCHAD 1987, GRAHAM/BORMANN 1966, PIROZYNSKI/MALLOCH 1975).

Besonderheiten bei der Zersetzung verholzter organischer Substanz

Durch ihre chemische Zusammensetzung, die einen erhöhten Ligningehalt und phenolische Substanzen (Tannine) beinhaltet, unterscheiden sich Holz und Rinde von den einjährigen Pflanzen, bei denen der Anteil an Zellulose, Hemizellulose und Zuckern proportional wesentlich höher ist. Typisch für Lignin ist, dass es die Stabilität der Strukturen gewährleistet; gleichzeitig ist es hydrophob (wasserabweisend). Polyphenole, also Molekülformen, die noch schwerer zersetzbar sind, wirken ihrerseits biozid und schützen manche Hölzer vor zersetzenden Insekten oder Pilzen. Die folgende Grafik (rechts) zeigt, dass diese beiden Komponenten (zu denen auch die Wachse gehören) selbst nach dem Tod des Baumes noch wirksam sind und den Zersetzungsprozess im Boden verlangsamen. Nun stellt die langsame Zersetzung organischer Substanz einen wichtigen Faktor bei der biologischen Stabilisierung von Böden dar und bewirkt, dass Kohlenstoff für einen wesentlich längeren Zeitraum gebunden wird. Wichtig in diesem Zusammenhang ist, dass Baumwurzeln, wie schon erwähnt, in tiefere Schichten vorstoßen als einjährige Pflanzen. Dadurch, dass sie zum Beispiel außerhalb der Reichweite des Pflugs liegen, sind sie weniger der Mineralisierung ausgesetzt, also der Umwand-

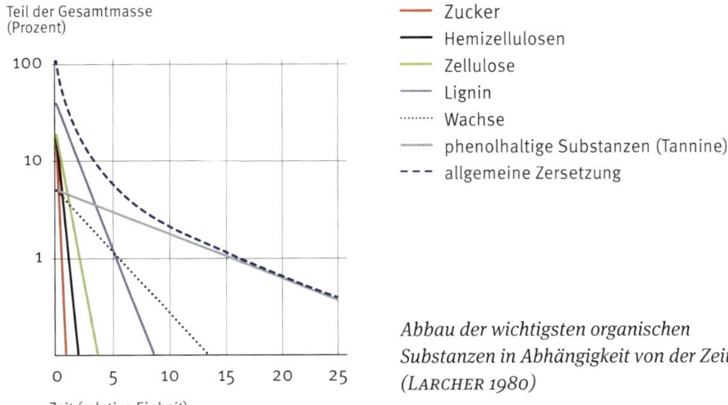

Abbau der wichtigsten organischen Substanzen in Abhängigkeit von der Zeit (LARCHER 1980)

lung organischer Substanz in mineralische Elemente, bei der gasförmiges CO_2 ausgeschieden wird.

In diesem Kontext können wir zwischen zwei Arten von Kohlenstoff unterscheiden. Auf der einen Seite steht der »schnelle Kohlenstoff« aus der Biomasse der krautigen Jahrespflanzen mit einem hohen Zellulosegehalt. Dieser Kohlenstoff wird schnell und oberflächennah abgebaut, wobei die damit verbundene Wasserrückhaltekapazität nur mittelmäßig ausgeprägt ist. Demgegenüber liefert die Natur »langsamen Kohlenstoff« aus verholzter Biomasse, die mit einem hohen Lignin- und Tanningehalt langsam zersetzt wird, was auch in tieferen Schichten stattfindet, wo abgestorbene Wurzeln ebenfalls als Ausgangsmaterial dienen. Durch ihre allmähliche Zersetzung übt diese zweite Form von Kohlenstoff einen wichtigen Effekt auf die Wasserspeicherkapazität des Bodens und die Qualität des Grundwassers aus.

Im Zusammenhang mit dieser speziellen Zersetzungsdynamik von Gehölzen sollen im Folgenden drei Methoden vorgestellt werden, mit deren Hilfe sich der Gehalt organischer Substanz in Ackerböden oder auch im Obst- und Gemüseanbau sehr schnell und nachhaltig erhöhen lässt.

Fragmentiertes Zweigholz (FZH) für die Landwirtschaft von morgen

Fragmentiertes Zweigholz (FZH, englisch *Ramial Chipped Wood*) nach Gilles Lemieux (Université de Laval, LEMIEUX/GERMAIN 2002) erhält man durch das Zerkleinern junger Triebe oder Äste mit einem Durchmesser von maximal sieben Zentimeter in Stücke von zwei bis zehn Millimeter Dicke und maximal zehn Zentimeter Länge. Wichtig ist, dass der Laubholzanteil mindestens 80 Prozent beträgt und das Holz von jungen Stäm-

Messen der Bodenaktivität

Eine einfache und zuverlässige Methode, die »biologische Aktivität« eines Bodens zu messen, also den Grad seiner Vitalität, basiert auf dem Zelluloseabbau durch die dort vorkommende mikrobielle Fauna und Flora einschließlich der Pilze. Bei diesem Test werden genormte, synthetisch produzierte Zellulosestränge (Viskose) für einen festgelegten Zeitraum (sei es einige Wochen, eine Vegetationsperiode oder ein Jahr) in einer bestimmten Tiefe eingegraben. Anschließend wird der Verlust an Zugfestigkeit getestet. Man kann das Ergebnis noch verbessern, indem man einen Teil der 50 Zentimeter langen Stränge in nur wenige Zentimeter lange Stücke aufteilt und getrennt auswertet. Mit dieser Methode lässt sich die Intensität des Zersetzungsvorgangs lokalisieren und quantifizieren, ohne den Weg über die kostspielige Laboranalyse gehen zu müssen (Richard 1954).

men und Ästen (Juvenilholz) stammt. Dieses Material wird in einer circa drei Zentimeter starken Schicht ausgebracht und anschließend leicht eingearbeitet. Je nach Zersetzungsgeschwindigkeit findet der nächste Auftrag nach zwei oder drei Jahren statt. Diese Technik stammt aus Kanada, in Europa ist sie erst seit ungefähr zehn Jahren bekannt.

Die besondere Art der Humusbildung durch FZH führt zur Verbesserung und Anreicherung von Böden. Durch die Verwendung dieses Materials kann der Anbau pflugfrei, ohne Düngung und ohne überflüssigen Pestizideinsatz erfolgen, der Bewässerungsbedarf wird deutlich abgesenkt. Ein Gleichgewicht zwischen den Komponenten Erde, Holz, Pilze, Pflanzen stellt sich ein. Die Organismen, die den größten Anteil der Zersetzungsarbeit übernehmen, gehören zum Typ der »Weißfäulepilze mit faserigem Zerfallsbild«; sie zerlegen (depolymerisieren) Lignin und Zellulose. Auch durch den Abbau der Pilze selbst werden Nährstoffe für die anderen Bodenorganismen produziert, was die unterirdische Biodiversität anregt; in Folge werden den Pflanzen Stickstoff, Phosphor, Kalzium und andere Mineralien zur Verfügung gestellt. Das ligninhaltige Ausgangsmaterial bedingt eine relativ langsame Zersetzung (verglichen mit derjenigen von kompostierten einjährigen Pflanzen) und steigert dadurch schnell und nachhaltig den Gehalt organischer Substanz (Kohlenstoff) im Boden mit günstiger Tiefenwirkung. Praktiker berichten von einer erstaunlichen Auflockerung der Böden durch die Anwendung von FZH; selbst Obstgärten könnten durch das Anwenden dieser Technik leichter bearbeitet werden. Eine genaue Beschreibung der Methode mit beeindruckenden Erfahrungsbeispielen befindet sich in dem schönen Werk »Vom Baum zum Boden. Fragmentiertes Zweiholz« (»De l'arbre au sol«) von Asselineau und Domenech (2007). Der einzige Nachteil, der allerdings nur vorübergehender Natur ist, besteht darin, dass es auf Böden, die vor der Anwendung eine sehr reduzierte biologische Aktivität aufwiesen, zu einem starken Stickstoffbedarf der Mikroflora im Moment des Aufbringens kommen kann. Deshalb stellt sich der positive Effekt auf den Ertrag der Kulturen nicht unmittelbar ein. Das Phänomen kann durch begleitende stickstoffreiche Gaben kompensiert werden.

Die Aussichten, die sich durch diese Methode eröffnen, betreffen all die Regionen, wo die Biomasse, die bei der Bewirtschaftung von Forstwegen, Waldrändern, Hecken- und Baumpflege anfällt, bisher kaum verwertet wurde. Hiermit verfügen wir über eine Technik, die Bäume und Wald zu Verbündeten einer guten Landbewirtschaftung macht.

Mit verholztem Material angereicherte Hügelbeete

Typisch für den Gemüseanbau auf Hügelbeeten sind zunächst die Erhöhung und die Vergrößerung der Anbaufläche um ungefähr ein Drittel. Durch den Zersetzungsprozess der Holzanteile im Kern des Beetes steigt die Bodentemperatur, weshalb sich der mögliche Zeitraum für den Gemüseanbau bei diesem System verlängert.

Der ideale Zeitpunkt für den Bau von Hügelbeeten ist das Ende der Gartensaison. Alle Beete werden in Nord-Süd-Richtung angelegt, um eine gleichmäßige Besonnung zu gewährleisten, von der bestimmte Pflanzentypen profitieren.

Zunächst hebt man die Erde 25 Zentimeter tief aus und legt darauf ein feinmaschiges Metallgitter, um dem Eindringen von Wühlmäusen vorzubeugen. Darauf werden sukzessive folgende Schichten gehäuft:

- grob zerkleinerte Äste und Holzstücke (die beim Schnitt von Obstbäumen und Hecken anfallen)
- dünnere Zweige und feiner gehäckseltes verholztes Material, bis eine Höhe von 50 Zentimetern erreicht ist
- Abdeckung der unteren Schichten mit umgedrehten Grassoden, die beim Ausheben abgetragen wurden (das Gras liegt auf der Unterseite)
- eine Schicht aus Laub, feuchter Streu, Pflanzenresten
- eine Schicht Kompost
- eine dicke Schicht Erde

Je nach den Bedingungen dauert es ungefähr fünf bis sieben Jahre, bis der verholzte Kernbereich zersetzt ist. Als Ergebnis erhält man einen stark mit

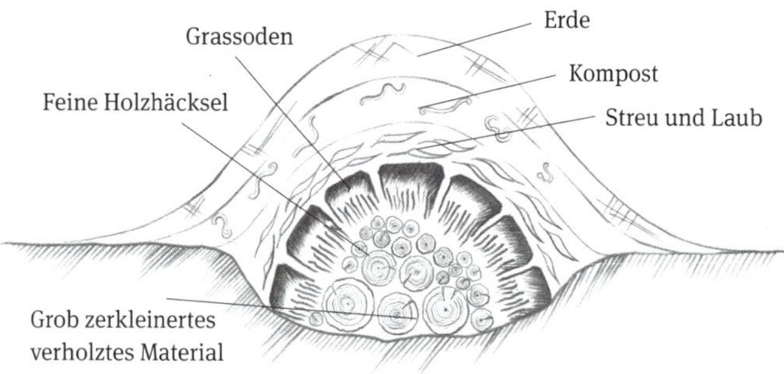

Schematischer Querschnitt durch ein Hügelbeet auf der Basis von verholztem Material. (Zeichnung D. Rambert)

organischer Substanz angereicherten Boden. Die ersten Formen dieses extrem produktiven Anbausystems gehen vermutlich auf alte Traditionen in China *(raised bed gardening)* und Neu-Guinea zurück (BÖKEMEIER/FRIEDEL 1990).

»Terra Preta«-System: Schwarze Erde aus Amazonien

»Terra Preta« bedeutet im Portugiesischen »Schwarze Erde« und bezeichnet sehr dunkle, anthropogen beeinflusste Böden, die man erst kürzlich im Amazonasbecken entdeckt hat, zum Beispiel an den Ufern des Rio Tapajos in der Gegend von Santarèm. Schätzungen zufolge besteht zwischen 1 und 10 Prozent der Fläche dieser Region aus Zonen mit Schwarzer Erde. Die Stärke dieser dunklen Schicht schwankt zwischen

Bodenprofil der Terra Preta der Amazonaskultur, durch brasilianische Archäologen freigelegt. Diese Böden enthalten große Mengen Holzkohle, Fischgräten und Scherben von Tongefäßen, hier an Ort und Stelle gelassen. Eine derart dunkle Farbe kontrastiert stark mit gewöhnlichen Böden der Feuchttropen vom Typ Oxisol, mit rotgelber Farbe wegen Oxiden und Hydroxiden von Eisen und Aluminium. (Foto J. C. Richardson)

30 und 60 Zentimetern, es gibt aber auch Böden, die bis in eine Tiefe von 1,8 Meter umgewandelt wurden (Abbildung Seite 188 unten). Dieser Bodentyp enthält einen hohen Anteil an Holzkohle (daher die dunkle Farbe), tierische Ausscheidungen, Pflanzen- und Nahrungsreste sowie zahlreiche Tonscherben, was auf menschlichen Einfluss bei der Entstehung dieser Böden schließen lässt. Die ältesten Fundstätten stammen aus der Zeit von 360 v. Chr., und es gibt Nachweise darüber, dass sie bis 1440 n. Chr. weiter angelegt wurden. In anderen Regionen konnten Forscher folgende Vorgehensweise beobachten, zum Beispiel beim Volk der Kayapo: Unter kontrolliertem Abbrennen von Feuer wird Holzkohle erzeugt – sozusagen im »Slash and char«-Verfahren im Gegensatz zu »slash and burn«, der Brandrodung, die Ursache für starke CO_2-Emissionen, eine nur kurz anhaltende Fruchtbarkeit und eine rasche Degradierung der Böden ist.

Die Verbindung von Holzkohle und organischen Substanzen scheint diesen Böden eine dauerhafte Fruchtbarkeit zu verleihen, die der von Holzkohle oder organischem Dünger allein weit überlegen ist, wie in Tests nachgewiesen wurde. Man hat sogar eine sich selbst entfaltende Regenerationsdynamik beobachtet, deren Funktionsweise noch nicht geklärt ist, vermutlich spielen dabei Mikroorganismen und auch Regenwürmer eine Rolle. Anscheinend stehen diese Organismen am Anfang eines Prozesses, bei dem »schwarzer Kohlenstoff« *(black carbon)* gebildet wird, der stabil ist, und bei dem Holzkohle diesen Mikroorganismen als Ausgangsbiotop dient. Manche Forscher denken sogar darüber nach, »Pakete« solcher schwarzen Erde zu nutzen, um andere tropische Böden damit zu »impfen« und so nachhaltig fruchtbar zu machen.

Das Potenzial der Kohlenstoffeinlagerung ist bei dieser Methode besonders hoch, weil Holzkohle im Boden über Jahrtausende bestehen bleibt. So handelt es sich hier um Kohlenstoff-Agroforstwirtschaft in ihrer intensivsten Form, die in zwei Etappen funktioniert: Zunächst unterhält oder führt man Bäume ein, um organischen Kohlenstoff in verholzter Form zu gewinnen, anschließend wird dieser Kohlenstoff zu dauerhafter Holzkohle umgewandelt; dazu kommt ein gesteigerter bodenverbessernder Effekt.

Erst kürzlich konnten deutsche Forscher und Praktiker alle Details der Terra-Preta-Herstellung rekonstruieren: Dabei spielt ein Fermentationsprozess, der von bestimmten Bakterienstämmen ausgelöst wird, eine Rolle; dieser Prozess kann auch durch eine Milchsäuregärung auf der Basis von Joghurt eingeleitet werden. Der Amerikaner Albert Bates hatte vorher alle Aspekte der Komponente »Kohle« (»Biochar« oder »Pflanzenkohle«) erforscht, die man durch Pyrolyse (thermischer Prozess unter partiellem Luftabschluss) mit einem hohen Wirkungsgrad von verholzten wie auch von Jahrespflanzen-Biomasse in kleinen Öfen erzeugen kann.

Ein neues Werk, das unter dem Titel »Geotherapy« (Goreau et al. 2014) erschienen ist, erörtert die Wirksamkeit verschiedener Methoden zur Revitalisierung und Steigerung der Resilienz von Ökosystemen gegenüber negativen Umwelteinflüssen. Diese Methoden zeigen beeindruckende Ergebnisse, und Pflanzenkohle in unterschiedlichen Anwendungsformen nimmt dabei eine zentrale Stellung ein. Der Nebeneffekt, der zur Produktivitätssteigerung und Krankheitsresistenz hinzukommt, wird einmal mehr deutlich: Es findet eine Verringerung des CO_2 der Atmosphäre durch die Bindung im Boden statt.

Dass auch ein Volk auf dem afrikanischen Kontinent schwarze Erden erzeugt, wurde erst vor Kurzem festgestellt. Es handelt sich um die Mande aus dem Nordosten Liberias, die analog zu der Vorgehensweise im Amazonasgebiet arbeiten und diese Tradition seit dem 17. Jahrhundert praktizieren. In Anlehnung an die schwarzen Erden der Amazonasregion (ADE, Amazonian Dark Earths), sprechen die anglophonen Autoren von AfDE (African Dark Earths).

In diesem Zusammenhang ist die erstaunliche Arbeit des Forschers Doyle McKey (Träger des Grand Prix de la Société Ecologique Française 2014) und seinem Team von der Université de Montpellier zu erwähnen. Ihrer Vorgehensweise liegt die Rückbesinnung auf kulturelle Ressourcen zugrunde. Die Forscher analysieren Praktiken, die von traditionellen Gemeinschaften im Einklang mit ihrer Umwelt entwickelt worden waren, und haben zum Ziel, konventionelle landwirtschaftliche Methoden daran neu auszurichten. Sie führen nicht nur das Beispiel der Terra Preta an, sondern auch Hügelkultur oder die erhöhten Felder der vorkolumbianischen Bewirtschaftungsformen, deren Umfang endlich ermessen wird. Diese Systeme sind bis heute sichtbar geblieben, weil durch sie bestimmte Organismen aktiviert wurden, wie manche Ameisenarten, die Jahr für Jahr ihre Strukturen wiederaufbauen. Sie tun dies für ihre eigenen Zwecke, aber mit einem positiven Effekt auf die Fruchtbarkeit des entsprechenden Standortes.

Die Nutzung von Nicht-Holz-Produkten der Bäume

Auch wenn sie von den Förstern, deren ursprüngliches Ziel die Holzproduktion war, lange Zeit verkannt wurden, gibt es eine ganze Reihe von Produkten und Anwendungen, die traditionell im Wald geerntet oder gefunden werden können, ohne dass dafür Bäume gefällt werden müssen. Dabei handelt es sich zum Beispiel um Samen, Nüsse, Beeren, Früchte, Pilze, Gewürze; Totholz und Laub für den menschlichen Gebrauch oder für Tiere (als Futter); Rinden, Fasern, Rohstoffe für die Färberei; Blätter als Baustoff (zum Beispiel Palmen); Harze, Latex, Öle, Säfte (Ahornsirup); Heilpflanzen (inklusive Teile von Bäumen), Zierpflanzen; Wild als spezielle Kategorie: Es wird gejagt oder gefangen, um Fleisch, Leder, Pelze oder Federn zu gewinnen oder um es lebend zu halten (Zoos).

Hier einige bekannte Beispiele für Produkte, die Bäume auch noch produzieren außer Holz zur Bildung der tragenden Struktur oder Früchten zur Verbreitung:

Substanzen	**Quelle, Art (Beispiele)**	**Verwendungen**
Fasern	Bast, unter der Rinde der Linde *(Tilia cordata, Tilia platyphyllos)*	Seile, Sandalen (früher)
Öle	Blätter vom Teebaum *(Melaleuca alternifolia)*	Dermatologisches Antiseptikum bei Pilzerkrankungen
Gummi, Latex	Bast vom Kautschukbaum *(Hevea brasiliensis)*	Grundstoff für Naturkautschuk
Harze	Bast und äußeres Splintholz von der Strand-Kiefer *(Pinus pinaster)*	Terpentin-Essenz, Kolophonium
Saponine	Nüsse vom Seifenbaum *(Sapindus mukorossi)*	Natürliches Waschmittel, ersetzt chemische Produkte
Färbemittel	Kernholz vom Blauholz *(Haematoxylon campechianum)*	Für Stoffe in Blau, Violett, Mauve, Rot oder Schwarz
Parfums	Holz (*Aquilaria malaccensis*), das von Pilzen befallen ist (Agarholz)	Gaharu-Räucherstäbchen
Medikamente	Rinde vom Chinarindenbaum (*Cinchona* sp.)	Malariabehandlung
Insektizide	Samen vom Niembaum *(Azadirachta indica)*	Biologisches Pflanzenschutzmittel, Wurmmittel
Fungizide	Rinde vom Rotwasserbaum *(Erythrophleum suaveolens)*	Holzschutz
Tannine	Rinde von der Eiche (*Quercus* sp.)	Ledergerberei

Diese Produkte haben auf lokaler Ebene schon immer eine wichtige Rolle für die örtlichen Gemeinschaften gespielt, ihr Wert für die globale Wirtschaft konnte erst in letzter Zeit für einige spezielle Anwendungen geschätzt werden. In einer Studie über das peruanische Amazonasgebiet konnte nachgewiesen werden, dass sich mit diesen »Nicht-Holz-Produkten« ein höheres Einkommen pro Hektar erwirtschaften lässt als durch alleinigen Holzabbau und dies, ohne die elementaren ökologischen Leistungen des Waldes zu beeinträchtigen. Vereinfacht kann man festhalten, dass Bäume während ihres Jahrzehnte oder Jahrhunderte langen Lebens Jahr für Jahr mehr nützliche Produkte erzeugen, als sie im Moment ihres Todes an Holz wert sind. So gesehen stellen die Nicht-Holz-Produkte einen wichtigen Faktor bei der nachhaltigen Bewirtschaftung der Wälder und Bäume im Allgemeinen dar: Sie garantieren nicht nur biologische, sondern auch kulturelle Vielfalt, weil dieses Konzept traditionelle Gemeinschaften als Überlieferer eines Wissens integriert, das zu verschwinden droht. Hier erwarten uns noch erstaunliche Überraschungen, wenn wir uns nur den Reichtum lokaler Kulturen bewusst machen. Ein Beispiel hierfür ist die Schmetterlingstramete *(Coriolus versicolor)*, ein verbreiteter Holz zersetzender Pilz (Saprophyt), den man bei uns vor allem an Buchenholz antrifft, das der Witterung ausgesetzt ist, bisweilen sogar am Fuß des Stammes alter Bäume. In Europa wurde er bisher lediglich wegen der dekorativen Erscheinung seiner Fruchtkörper (welche die Sporen für die weitere Verbreitung tragen) geschätzt. Dagegen ist in Japan, Korea und China schon lange bekannt, dass der Karawataké (so der japanische Name) große Heilkräfte entfaltet, wenn man ihn in seinem Myzelstadium zu sich nimmt. Dr. Bruno Donatini, ein Gastroenterologe, Hepatologe, Kanzerologe und Immunologe fasst die Eigenschaften dieses Pilzes fol-

Fliegenpilze (Amanita muscaria) *sind Ständerpilze, die in Symbiose mit Kiefern wachsen. Sie wurden von Schamanen in Westsibirien als psychotrope Droge verwendet. Links die Schmetterlingstramete* (Coriolus versicolor), *ein verbreiteter Pilz, der therapeutische Inhaltsstoffe enthält. (Fotos O. Holdenrieder und E. Zürcher)*

gendermaßen zusammen: »*Coriolus versicolor* [ist] das bekannteste Immunstimulans, über das viele randomisierte Studien durchgeführt wurden. Im Jahr 2012 wurde eine Metaanalyse von 35 Untersuchungen an 1135 Krebspatienten erarbeitet. Bei Patienten mit Adenokarzinom (Brustkrebs, Prostatakrebs, Schilddrüsenkrebs und Kolonkarzinom) konnte eine Steigerung der Zehn-Jahre-Überlebensrate von 15 Prozent festgestellt werden. Es ist auch ein starkes Virostatikum« (2014).

Ahornsirup und Birkenwasser

Zu Beginn des Kontakts mit den europäischen Siedlern verachteten die Indianer Nordamerikas den raffinierten Industriezucker (wie auch Salz, dessen Auswirkungen auf die Gesundheit als ebenso schädlich gilt). Sie zogen den selbst gewonnenen Ahornsirup vor. Man erhält ihn durch Einschneiden der Rinde und des äußeren Splintholzes kurv vor Beginn des Frühlings, wenn die Nächte noch kalt sind und die Tagestemperaturen schon ansteigen. Zu diesem Zeitpunkt beginnt der Anstieg des stark mit Zucker angereicherten Rohstoffs, der durch Wurzeldruck erzeugt wird. Ein Teil davon kann somit leicht geerntet werden, vor allem beim Zuckerahorn (Acer saccharum), *Schwarzahorn* (Acer nigrum) *und Rotahorn* (Acer rubrum). *Durch das Verdampfen von 40 Liter Flüssigkeit erhält man einen Liter gut haltbaren Sirup, der außer Zucker auch verschiedene Mineralsalze, Vitamine vom Typ B, zahlreiche Enzyme und Antioxidantien enthält. Derzeit werden jährlich 70 000 Tonnen Ahornsirup produziert, der größte Teil davon in Québec.*

Auf der gleichen Basis findet die Entnahme von Birkenwasser statt. Die Indianer gewannen es im Frühling von der Gelbbirke (Betula alleghaniensis) *oder der Schwarzbirke* (Betula nigra) *und nutzten es als Mittel gegen Anämie, Skorbut oder zu diätetischen Zwecken. In Europa wird diese Praxis gerade wiederentdeckt: Mithilfe eines gebogenen Strohhalmes lassen sich aus einem fünf Millimeter großen, leicht schrägen Loch im Stamm einer Warzenbirke* (Betula verrucosa) *mittleren Alters mehrere Liter abzapfen. Ein junger angeschnittener Zweig, an dem man einen Eimer befestigt, liefert die erforderliche Menge für eine Frühjahrskur, ohne den Baum übermäßig zu schwächen (Stammel 2000). Die empfohlenen Mengen sind nämlich bescheiden: dreimal täglich ein Likörglas über drei Wochen.*

In Landschaften mit Bäumen und auch in Agroforsten ist es wichtig, einige Zeugen einer fernen Vergangenheit zu erhalten und in aller Ruhe weiter altern zu lassen. (Foto A. Hemelrijk)

Der immaterielle Wert von Lebewesen

Eine Dimension, die derzeit von der abendländischen Welt wiederentdeckt wird, ist die des immateriellen Werts bestimmter Lebewesen, zusammen mit einer Form von Respekt, den man ihnen gegenüber äußert, wie dies in traditionellen Kulturen schon der Fall war, die heilige Bäume oder Wald-Heiligtümer verehrten (beispielsweise der Nemeton oder »Heilige Hain« der Kelten). Das beweisen die zahlreichen Bücher, die über Bäume veröffentlicht wurden wie »Les arbres extraordinaires« (FETERMAN 2014), »Arboles monumentales« (MOYA et al. 2012) oder diejenigen, die das Thema unter dem Aspekt der Begegnung sehen, wie »Meeting with remarkable trees« von Thomas PAKENHAM (2003).

Vielleicht wäre es in Ergänzung zur Bewirtschaftung unserer Bäume und Wälder gut, wenn man diese Dimension wieder einführen würde und einige der ältesten Vertreter, die Zeugen vergangener Zeiten sind, als besonders erhaltens- und schützenswert ansehen würde. Diese Art der Forstbewirtschaftung praktizieren zum Beispiel die Mitglieder des Volkes der Menominees (»First Nation«), die in der Gegend um die großen Seen im US-Bundesstaat Wisconsin großen Waldbesitz haben. Sie waren in der Lage, tragische Verwüstungen der Urwälder, wie man sie auf dem Gebiet der Haidas in British Columbia angestellt hatte, zu verhindern. Diese mussten miterleben, wie ihr heiliger Baum, eine Fichte mit goldenen Nadeln, der »Goldene Baum« (*Picea sitchensis* 'Aurea'), gefällt wurde.

In diesem Zusammenhang muss natürlich auch die Frage nach dem Grad der Mechanisierung und der maximalen Größe der Erntemaschinen gestellt werden, die in solchen Systemen eingesetzt werden. Tatsächlich beeinträchtigt die Bodenverdichtung den Lufthaushalt, was sich negativ auf das Wachstum der Bodenpilze auswirkt, während anaerobe Fäulnisbakterien davon profitieren. In der Folge kommt es zu einem schlechteren Gesundheitszustand der Wurzeln und einem reduzierten Wachstum der Bäume. In dieser Hinsicht hat sich die Wiedereinführung von Rückepferden für die ersten Arbeiten in den Beständen noch vor dem Maschineneinsatz als sinnvoll erwiesen, sogar hinsichtlich der Rentabilität.

Verschiedene Gehölzformationen innerhalb von Agroforstsystemen

Zwischen Wald als natürlichem Pol und dem kulturellen Pol bewirtschafteter und bewohnter Flächen haben sich in der Landschaft viele Übergangsformen, die Gehölze enthalten, entwickelt. Die verschiedenen Ausprägungen sind von den jeweiligen Produktionszielen abhängig und können als Anregungen für moderne Agroforstsysteme gesehen werden (Abbildung Seite 196). Bei ihrer Planung und Umsetzung entlang von »Anbausystemen« sind klimatische Bedingungen ebenso zu berücksichtigen wie Topografie und Bodenbeschaffenheit. In manchen Fällen ist eine vorbereitende Pflanzung (Vorbau) mit Leguminosen von Vorteil, um den Boden mit Stickstoff anzureichern; dafür eignet sich zum Beispiel Robinie *(Robinia pseudacacia)* oder auf sauren und trockenen Böden Besenginster *(Sarothamnus scoparius)*. Auch Hasel *(Corylus avellana)* und Holunder *(Sambucus nigra)* verbessern den Boden; wenn man sie drei bis vier Jahre im Voraus pflanzt, stellen sie einen wertvollen Schutz für die geplanten Forst- oder Obstbäume dar, deren anfängliches Wachstum dadurch wesentlich verbessert wird. Man beginnt grundsätzlich mit den feuchteren Bereichen (wo Tau entsteht), dort zum Beispiel mit der Erle *(Alnus glutinosa)*, und arbeitet sich langsam zu den weniger wasserreichen Zonen vor.

Im Allgemeinen eignen sich feuchte Zonen für das Pflanzen von Pappeln, wie zum Beispiel die Schwarzpappel *(Populus nigra)*, deren natürliche Verbreitung in manchen Gebieten stark abgenommen hat. Es ist auch auf die Verwendung lokaler Herkünfte zu achten, die dem Boden

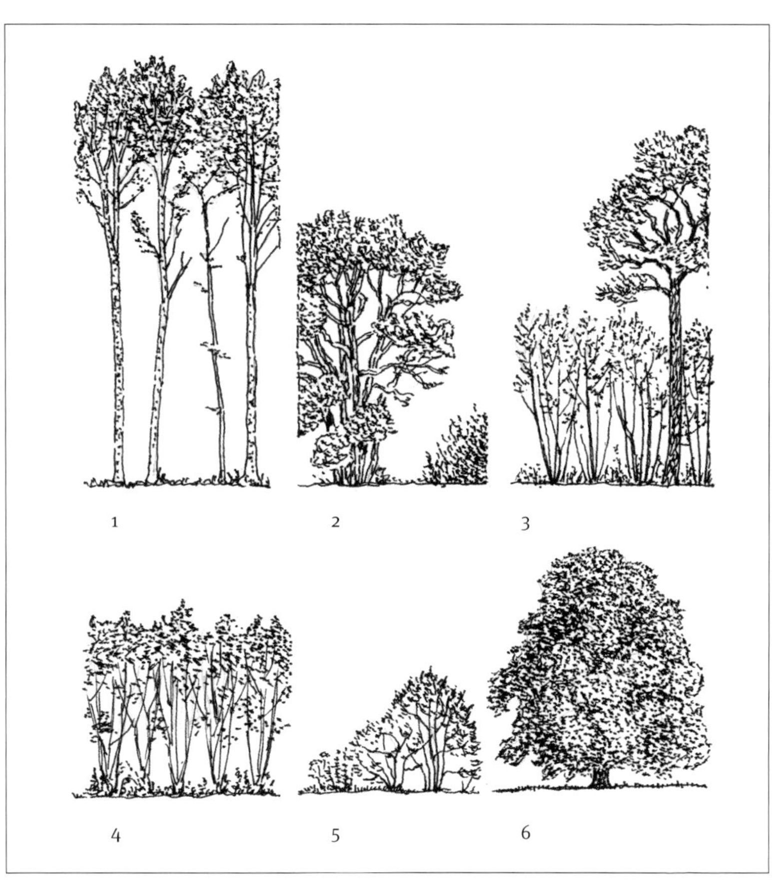

Bäume und Sträucher entlang des Gradients »Natur-Kultur« (Zeichnung G. Bergmann nach VAHLE *in* SUCHANTKE *1993): 1) Bäume als Hochwald, 2) Waldweide, 3) Mittelwald, 4) Niederwald, 5) Hecken, 6) Einzelbäume in der freien Landschaft. Es wäre lehrreich, etwas über die Reaktionen der Wurzelsysteme auf die jeweilige Bewirtschaftungsform zu erfahren.*

und dem Klima des Standorts angepasst sind. Die Sorte 'Loire plaine' (Loire-Ebene) wird zum Beispiel für das Becken der Loire mit ihren Zuflüssen bis auf eine Meereshöhe von 400 Meter empfohlen sowie für die Bretagne. Die Sorte 'Garonne plaine' (Garonne-Ebene) empfiehlt man für das Becken der Garonne mit ihren Zuflüssen und das Becken des Adour, für Höhenlagen unter 300 Meter. Diese Sorten sind eine Alternative für die monoklonale Sorte »Italica« bei Neuanlagen in der Landschaft und eignen sich bei der Wiederherstellung von Biotopen in Auenbereichen und als gewässerbegleitende Gehölze.

Hochwald

Im Schweizer Mittelland, dessen Fläche zu 24 Prozent bewaldet ist, sind 40 Prozent der Wälder in Privatbesitz und davon gehören wiederum 40 Prozent aktiven Landwirten. Der mittlere Jahreszuwachs beträgt bei Wäldern dieser Region über 12 Kubikmeter pro Hektar, was für die Besitzer ein beträchtliches Einschlagsvolumen darstellt. Früher war dieses Holz vor allem als Bauholz für landwirtschaftliche Gebäude und den privaten Hausbau bestimmt – und auch heute liefern diese Wälder noch große Mengen Feuerholz. Aus dieser Situation ergeben sich eine relativ enge Verflechtung von Land- und Forstwirtschaft und ein recht breites Wissen über die Arbeit mit Bäumen. Es besteht durchaus Potenzial, beim Bau und der Renovierung von landwirtschaftlichen Gebäuden verstärkt auf das erneuerbare Material Holz zurückzugreifen, das zusätzlich ein ausgezeichneter Kohlenstoffspeicher ist.

Waldweide

Bei dieser Form der Integration von Bäumen in eine andere Landnutzung basierend auf Viehhaltung stellt sich die interessante Frage nach dem sauren oder basischen Charakter des Viehfutters. Normalerweise überwiegt auf Wiesland eher letzterer, was sich ungünstig auf die Tiergesundheit auswirkt. D. C. JARVIS, ein Landarzt aus Vermont, beschreibt in seinem berühmten Buch »Vermonter Volksmedizin. Bewährte Heilmittel aus der Apotheke der Natur« 1968 eine typische Erfahrung: »Ein anderes Mal wurde die Herde auf ein Kleefeld getrieben, das von einer Hecke aus Vogelkirschen umgeben war. Nun ja, die Kühe ließen den Klee völlig links

Eine Waldweide liefert vielfältiges Futter: Medizin für die Tiere! (Foto A. Hemelrijk)

liegen und fraßen ausschließlich die Blätter der Vogelkirschen. Ich konnte sogar manche Tiere dabei beobachten, wie sie sich auf die Hinterbeine stellten, um an die höchsten Zweige zu kommen. Es gibt dafür nur eine Erklärung: Der Klee hat einen hohen Gehalt an Basen, während die Blätter der Kirschen sauer sind.« Im Zeitraum von 1996 bis 2007 wurden an der Universität von Ljubljana (Slowenien) Forschungen zu diesem Thema durchgeführt, welche die Vorteile einer säurebetonten Ernährung bestätigten. Gegenstand der Untersuchung waren Tannine im Laub von Edelkastanien *(Castanea sativa)*, mit dem Milchkühe gefüttert wurden. Zusätzlich zu einer verbesserten Verdauung und geringeren Methanausscheidung der Wiederkäuer kam es zu einer erhöhten Produktion von Milch, die sich zudem durch einen höheren Proteinwert und niedrigeren Harnstoffgehalt auszeichnete.

___ Mittelwald

Dieser Waldtyp besteht aus zwei Schichten. Die Bäume der oberen Etage stammen aus Saatgut und sind in relativ großen Abständen verteilt; sie werden als Bauholz genutzt. Diese Schicht entspricht einem sehr offenen Hochwald, in dessen Schutz eine sich vegetativ durch Stockausschlag vermehrende Schicht entwickelt, die in regelmäßigen und kurzen Umtriebszeiten als Feuerholz genutzt wird.

___ Niederwald

Niederwälder bestehen ausschließlich aus Stockausschlägen (durch vegetatives Wachstum) und werden in relativ kurzen Intervallen abgeerntet, um aus den relativ dünnen Trieben Pfähle oder Industrieholz, Brennholz oder verholzte Biomasse zu gewinnen. Zur Kategorie der letztgenannten Produkte gehört auch das oben beschriebene neu entwickelte Fragmentierte Zweigholz (FZH), das acker- oder gemüsebaulich genutzte Böden effizient verbessert und mit Nährstoffen anreichert, manchmal mit überraschender Wirkung. Wir erinnern daran, dass das Prinzip auf dem Zerkleinern frisch gebildeter, junger Zellulose und Lignin basiert, wie sie in den jungen Trieben sommergrüner Laubbäume vorkommt, die während der Vegetationsruhe geschlagen werden. Der rapide Anstieg des Humusgehalts in Böden, die mit Fragmentiertem Zweigholz verbessert wurden, ist von größtem Interesse und übersteigt weit den von Kompost (auf der Basis krautiger oder einjähriger Pflanzen), Festmist oder Gülle allein.

An dieser Stelle seien noch die »Kopfbäume« erwähnt, erhöhte Baumstümpfe mit vegetativen Austrieben. Diese Austriebe sind eigentlich

Schwarze Bigorre-Schweine unter einer als Kopfbaum geschnittenen Flaumeiche (Quercus pubescens)*: Der Baum profitiert von den Ausscheidungen der Tiere. (Zeichnung D. Dellas)*

keine Äste, sondern wiederausgetriebene Stämme (Stockausschläge). Diese Form intensiver Holzproduktion könnte nicht nur hinsichtlich der Biomasse, die geerntet werden kann, wieder an Bedeutung gewinnen, sondern auch als Zusatzfutter, als Regulator für das Lokalklima und als Habitat für Tiere: Die Stämme sind ab einem bestimmten Alter häufig hohl und dennoch produktiv. Jüngste Forschungen berichten von einer neu entdeckten Wechselwirkung zwischen Pflanzen und Tieren. Wenn Fledermäuse zum Beispiel ganz offensichtlich von einem Kopfbaum als Rückzugsort profitieren, dann führen diese Forschungsergebnisse zu der interessanten Annahme, dass andererseits die Fledermaus ihren Gast aus dem Inneren heraus versorgt, indem sie im Hohlraum über ihre Ausscheidungen einen besonders nährstoffreichen Guano hinterlässt. Dieser kann vom Baum vermutlich durch Wurzeln im Stamminneren aufgenommen werden, die sich in dem sich zersetzenden Kern bilden. Alles sieht danach aus, als ob die Fledermaus die Nährstoffe aus dem gesamten Ökosystem der Umgebung im Baum, der ihr als Schutz dient, konzentriert.

Hecken

Hinsichtlich des Mikroklimas können Hecken die Windstärke gegenüber offenen Flächen auf bis zu 40 Prozent reduzieren. Daraus folgt eine Ab-

Eine lebende Hecke. Als Kontaktzone zwischen Bäumen, Sträuchern und offener Kulturlandschaft ist sie reich an Tier- und Pflanzenarten. Idealerweise stellen Hecken ein engmaschiges Netz verschiedener Habitate dar, das den Austausch von Arten erleichtert. (Zeichnung D. Dellas)

senkung der Bodenverdunstung, gesteigerte Taubildung und eine leichte Erhöhung der Bodentemperatur bei gleichzeitig erhöhter Feuchtigkeit. Diese Effekte wirken sich positiv auf den landwirtschaftlichen Ertrag aus und sind noch in einer Entfernung spürbar, die das Dreißigfache der Heckenhöhe beträgt. Zusätzlich erfüllen Hecken verschiedene ökologische Funktionen: So dienen sie als Lebensraum für eine reichhaltige natürliche Insektenfauna und deren Räuber (Vögel, Säugetiere, Amphibien und andere Insekten), die ein wichtiges Element für den biologischen Schutz gegen Parasiten in den angrenzenden Kulturen darstellen. Berücksichtigt man den Aktionsradius der Nützlinge, so sollte der Abstand zwischen Hecken nicht mehr als 200 Meter betragen. Im Idealfall lässt sich ein vernetztes System aus Hecken schaffen, die an Wasserläufe mit gehölzbewachsenen Ufern grenzen und mit bewaldeten Bereichen verbunden sind. Da Hecken regelmäßig zurückgeschnitten werden, stellen sie auch eine wertvolle Quelle gemischter verholzter Biomasse dar.

Einzelbäume in der Landschaft

In Abhängigkeit von Standort und Pflege handelt es sich hier entweder um Forstbaumarten, welche die Landschaft strukturieren und ihr dadurch einen individuellen Charakter verleihen (Eichen, Eschen, Ahorn, Ulmen, Linden, Birken, Pappeln), oder um Obstbäume. Ein Nussbaum kann ab einem Alter von zehn Jahren zum Beispiel 150 Kilogramm Nüsse pro Jahr produzieren. Diese Einzelbäume können auch mit entsprechenden Abständen linienförmig gepflanzt werden. Beim Getreideanbau in den Zwischenräumen solcher Pflanzungen hat man erstaunliche Ertragssteigerungen von bis zu einem Drittel festgestellt.

Außerhalb der Waldgemeinschaft entwickeln frei gestellte Einzelbäume ihre typischen Arteigenschaften noch viel deutlicher. Die Buche *(Fagus sylvatica)* zum Beispiel, die ja eigentlich eine Schattenbaumart (sciaphil) ist, gibt sich durch die Ausbildung einer breiten, dicht belaubten Krone einen Schutz ihrer feinen und empfindlichen Rinde vor der direkten Sonneneinstrahlung. Wenn sie das allein nicht schafft, lädt die Buche vielleicht einen kletternden Efeu *(Hedera helix)* dazu ein, ihren Stamm zu besiedeln und mit seinen immergrünen Blättern zu bedecken. Bei dieser Art handelt es sich nicht um einen Parasiten, sondern um einen Symbiosepartner, weil er einer großen Zahl von Nützlingen Nahrung und Unterschlupf bietet, von der Biene bis hin zum Mittelspecht *(Dendrocopos medius)*. Deshalb entfernt man diese wertvolle verholzende Kletterpflanze heute nicht mehr. Die Birke *(Betula pendula)*, eine Lichtbaumart (heliophil), besitzt ihrerseits ein »durchsichtiges« Astwerk, das sich leicht im Wind bewegt, und ist durch das Betulin, ein weißes Pigment in ihrer Rinde, sehr effizient gegen Sonne geschützt.

Jeder frei stehende, den Elementen ausgesetzte Einzelbaum wird allmählich zu einem einzigartigen Wesen mit eigener Biografie. Er begleitet die Menschen in seiner Umgebung für die Zeit ihres Lebens und bietet einen Ort der Begegnung mit den Gewalten der Natur. Zahlreichen Menschen ist es hier möglich, an »ihrem« Baum Kraft zu schöpfen.

Bäume bringen eine vertikale Komponente in das Landschaftsbild – eine Dimension, die vielen »ausgeräumten« und intensiv genutzten Agrarlandschaften, entblößt von jeglicher Form wilder Natur, schmerzlich verloren gegangen ist. Bäume gliedern den Raum und fügen dem, was ohne sie nur kurzfristiger Produktion dient, Langsamkeit und Schönheit hinzu. Die Psychologie weiß, wie wichtig es ist, sich orientieren zu können. Ob sie dies auch auf den langsam fortschreitenden Schatten von Bäumen bezieht, der sich auf dem Boden beobachten lässt?

Landschaften neu beleben

Als erste Maßnahme werden im Hang entlang der Höhenlinien Rinnen gegraben, die verhindern, dass die seltenen Niederschläge an der Oberfläche abfließen, und dazu führen, dass das Wasser auf der Stelle in den Boden einsickert. Die Böschungen werden mit Bäumen oder Sträuchern stabilisiert, deren Wurzeln den Boden tiefgründig lockern. In semi-ariden Zonen des indischen Bundesstaates Maharashtra konnten mit dieser Technik beeindruckende Erfahrungen gemacht werden, ganze Flüsse sind so wieder neu zum Vorschein gekommen. (Frutig 2009)

Wasser: Zurück an den Absender

Große natürliche Vegetationseinheiten und insbesondere Wälder besitzen die spezielle Fähigkeit, einen großen Teil der Niederschläge kurz- oder mittelfristig wieder an die Atmosphäre ihrer Umgebung abzugeben, wobei der Wassergehalt in den Böden, der für ihre Versorgung erforderlich ist, erhalten bleibt. Die Menge, die durch Evapotranspiration wieder an die Atmosphäre zurückgeht und dadurch das lokale Klima direkt beeinflusst, liegt zwischen der Hälfte und über drei Viertel der Niederschläge.

Anmerkung: Der angegebene Wert für tropische Regenwälder ist nicht allgemein gültig, sondern stammt aus einer bestimmten Studie. Normalerweise rechnet man eher mit 3000 Millimeter pro Jahr, einem Wert, der am regenreichsten Ort der Erde, in Lloró im Chocó von Kolumbien, sogar 8 bis 13 Meter Wasser pro Jahr erreichen kann (verschiedene Autoren in LARCHER 1980).

Pflanzentyp	Vegetationsformen	Niederschläge (mm pro Jahr)	Evapotranspiration (Prozent)	Durchfluss und Rückhaltung
Verholzende Pflanzen, Wald	Tropischer Regenwald	1900	73	27
	Savanne mit Bäumen	1250	82	18
	Laubwald (in Tieflagen)	700	72	28
	Nadelwald (in Tieflagen)	730	60	40
	Bergwald (der Alpen)	1640	52	48
Graslandschaften	Baum- und strauchfreie Grassavanne	700	85	15
	Röhrichte	800	>150	–
	Prärien	700	62	38
	Steppen	500	95	5

Biodiversität und ihre Entwicklung in der Kulturlandschaft

Es ist eine weithin bekannte und oft beschriebene Tatsache, dass das dramatische Verschwinden von Vogelarten in unserer Kulturlandschaft hauptsächlich auf die Industrialisierung der Landwirtschaft in der jüngeren Vergangenheit zurückzuführen ist, die eine Verarmung der Lebensräume und die Verwendung künstlicher Pestizide mit sich brachte. Weniger bekannt ist dagegen, dass die Vielfalt an Vogelarten in der offenen, extensiv bewirtschafteten Heckenlandschaft zur vorindustriellen Zeit am größten war, als zahlreiche Arten aus dem Süden und Osten hier neue ökologische Nischen gefunden hatten. Die Artenvielfalt war nämlich nicht am höchsten, als das Stadium der Klimax-Waldgesellschaft herrschte, wo der Wald verhältnismäßig geschlossen war und Europa bedeckte, ehe die Zeit der großen Rodungen einsetzte. Eine Studie, die die Entwicklung der Vielfalt von Wildpflanzenarten im Verlauf der letzten Jahrtausende in Zentraleuropa zum Inhalt hat, kommt zu diesem Ergebnis (Sukopp in SUCHANTKE 1993): Das Maximum an floristischer Vielfalt war in vorindustrieller Zeit erreicht worden, als man noch verschiedene Wiesentypen bewirtschaftete (gekoppelt mit entsprechenden Mahd- und Beweidungsrhythmen), die von Sumpfzonen bis zu den extrem artenreichen Trockenmagerrasen mit ihren unzähligen Insekten und Schmetterlingen gingen.

Aus diesen Tatsachen wird ersichtlich, dass manche Formen der Naturbewirtschaftung – mit dem Ziel landwirtschaftlicher Produktion – unter bestimmten Voraussetzungen den paradoxen Effekt haben, die Artenvielfalt nicht etwa zu verringern, sondern zu steigern. In diesem Sinn ist der Dualismus von Ökologie versus Ökonomie oder Natur versus Kultur oder »strikte Naturschutzgebiete« (aus denen der Mensch verbannt ist) versus intensive Zonen mit industrieller Landwirtschaft überholt. Das Gesamte muss neu überdacht werden. Zahlreiche Beispiele haben gezeigt: Der Mensch muss nicht zwangsläufig zerstörend auf die Natur einwirken – unter der Bedingung, ihre Funktionsweise verstanden zu haben und zu achten, ist er auch dazu fähig, mit ihr eine konstruktive und anregende Partnerschaft einzugehen. Die historischen, kulturellen und erkenntnistheoretischen Aspekte dieser Neuorientierung wurden von SUCHANTKE (1993) auf großartige Weise herausgearbeitet; die gleiche Fragestellung taucht in einer jüngeren Veröffentlichung über die Notwendigkeit einer grundlegenden Neuorientierung der Landwirtschaft hinsichtlich der Klimaerwärmung auf (MULLER et al. 2009).

Herausragende Beispiele sind die traditionellen Waldgärten der tropischen Zonen Ozeaniens, Asiens, Afrikas und Amerikas. Die Waldgärten sind vermutlich die älteste Form der Bodennutzung weltweit (Abbildung Seite 170). Wie bereits erwähnt liegen ihre Ursprünge in prähistorischer Zeit entlang von Wasserläufen, die von Galeriewäldern eingefasst sind, sowie in den Vorbergen der Monsunregionen.

In dem Maß, in welchem die Gemeinschaften ihre unmittelbare Umgebung bearbeiteten, wurden nützliche Baumarten, Lianen und krautige Pflanzen identifiziert, geschützt und verbessert, während unerwünschte Arten entfernt wurden. Die besten exogenen Arten (aus anderen Regionen kommend) wurden ausgelesen und in diese Gärten integriert.

Es handelte sich dort um Prozesse, die langsam vorangetrieben wurden, und um positive Entwicklungen im Sinne eines vielgestaltigen Umgangs mit der Natur. Was für viele traditionelle Kulturen sinnvoll war und gerade auf tragische Weise zu verschwinden droht, kann man nicht auf die aktuelle Situation in den tropischen Regenwäldern übertragen, deren Wälder gegenüber plötzlichen Veränderungen wie großen Rodungen oder Straßenbau extrem empfindlich sind. Das beweist die anscheinend unvermeidliche Erosion, die durch die Spur der Transamazônica und den großflächigen Sojaanbau im brasilianischen Bundesstaat Mato Grosso ausgelöst wurde.

Der Begriff der Landschaft als ökologischer Organismus

Betrachtet man die Energieflüsse, die Stoffkreisläufe, die Entwicklungsphasen im Lauf der Zeit und das Phänomen der Selbstregulierung (Streben nach einem »metastabilen« Gleichgewicht), dann kann man eine bestimmte Landschaft (inklusive Klima und Boden) – die vielen Einflüssen unterliegt, unter anderem dem des Menschen – nicht nur als Lebensgemeinschaft betrachten, sondern auch als einen Organismus, der eigenen Gesetzen unterliegt. Unter diesem Aspekt ist nachvollziehbar, dass artenreiche Wälder oder Waldbereiche produktiver sind als artenärmere Bestände oder sogar Monokulturen, wie kürzlich wieder einmal in einem Projekt des Lehrstuhls für Forstökologie der ETH Zürich durch Simulationen nachgewiesen wurde. Dieses Prinzip gilt auch für agroforstwirtschaftliche Systeme, wo die Produktionstätigkeit in einem Rahmen stattfindet, gebildet durch Arten oder Komponenten mit ergänzender (ausgleichender) Funktion.

Die Abbildung rechts verdeutlicht, dass es für die Entstehung von Synergieeffekten zwischen Wald- und Landwirtschaft und dem Umbau zu echter Agroforstwirtschaft von Vorteil ist, entlang mehrerer Ach-

Verschiedene Komponenten von Agroforsten in einer Kulturlandschaft. Die Bedeutung von Agroforstsystemen für die Tierwelt wird durch den Pfeil veranschaulicht, der die Fortbewegungslinien von Fledermäusen kennzeichnet, die nützliche Räuber sind. (Zeichnung G. Bergmann)

sen vorzugehen. Die baum- und strauchartig wachsenden Komponenten (Wälder, Einzelbäume, Hecken, beschattete Wasserläufe) tragen zu diesem System nicht nur als strukturierende Elemente und im Dienste der Fruchtbarkeit der Kulturen und Weiden bei; sie sind wichtige Bestandteile für die Funktionalität und das Gleichgewicht des Ganzen. Zu erwähnen sind auch die ökologischen Korridore, entlang derer sich zum Beispiel Fledermäuse bewegen. Sie nutzen Hecken gleichzeitig als Nahrungsquelle und Bezugslinien für ihre akustische Orientierung.

Auswirkungen über die Fruchtbarkeit hinaus

Ursprünglich bezeichnete das im Forstwesen entwickelte Konzept der »nachhaltigen Bewirtschaftung« die Holzmenge in Kubikmetern, die geschlagen werden konnte, ohne das Potenzial zur Nachproduktion zu beeinträchtigen. Zunehmend stellt man fest, dass dieses Konzept auch auf andere Leistungen von Bäumen anwendbar ist, besonders auf die Produktion reinen Wassers und die Anreicherung der Böden mit Humus. Darüber hinaus betrifft es, wie überhaupt alle Maßnahmen, unseren Umgang mit dem Erbe der Natur. Dieser wird nur in dem Maß nachhaltig sein können, wie die Bestandteile Baum, Strauch und Staude in unsere landwirtschaftlichen Systeme integriert werden können, um diese zu strukturieren, zu sanieren und auf lange Sicht in fruchtbare Agroforstsysteme umzuwandeln. Darauf gründet eine »Agroforst-Kultur unter besonderer Berücksichtigung der Biodiversität, des Kohlenstoffs (Humus) und des reinen Wassers«.

Die schrittweise Einführung von agroforstlichen Komponenten in konventionellen landwirtschaftlichen Betrieben (die im Allgemeinen un-

Bienen und Wald: Gesundheit durch eine Rückkehr zu den Ursprüngen?

Die Biene (Apis mellifera) *ist ein Waldinsekt, das für den Menschen heute als Bestäuber zahlreicher Pflanzenarten von Nutzen ist. Ursprünglich und bisweilen auch heute noch hat sie sich in einer gut geschützten Vertiefung eines hohlen Baumes eingerichtet, bevorzugt einige Meter über dem Boden. Eine weitere Verbindung zum Wald ist der »Wald-, Blatt- oder Tannenhonig«, der von den Bienen aus gesammeltem Honigtau hergestellt wird. Hierbei handelt es sich um eine sehr süße Flüssigkeit, die von Läusen oder anderen saugenden Insekten ausgeschieden wird, die sich von den Assimilaten der Bäume ernähren. Das erklärt das manchmal laute Brummen der Bienen im sommerlichen Laub- oder Nadelwald, in einer Zeit, wo das Blühen der Wiesen vorbei ist und wo auf diese alternative Zuckerquelle umgestellt wird.*

Nach unseren Erkenntnissen waren Bienenstöcke in Baumstämmen vermutlich die ersten, die von unseren Vorfahren genutzt wurden. Sie holten die hohlen Stammabschnitte in die Nähe ihrer Behausungen, domestizierten auf diese Art die Bienen und begründeten die Imkerei.

Es stellt sich die Frage, ob es nicht sinnvoll wäre, für Bienen, die auch sehr unter elektromagnetischen Störungen leiden, Bienenstöcke in lebenden Baumstämmen mit Hohlraum im Inneren einzurichten: Wie wir wissen, hat feuchtes Holz zusammen mit bestimmten organischen Substanzen wie den Tanninen einen schützenden Effekt gegen Elektrosmog, der umso größer ist, je mehr Wasser es enthält. (Warnke 2013, Silverstone 2011)

ter sehr niedrigen Kohlenstoffgehalten ihrer Böden leiden) sollte idealerweise zu einer Umstellung auf ökologischen oder organischen Landbau führen. Diese Entwicklung wirkt sich weltweit durch viele Konsequenzen aus, die teilweise schon erläutert wurden:

- Erhöhung des Kohlenstoffgehalts im Boden (Humusbildung).
- Umwandlung des Treibhausgases Kohlendioxid aus der Atmosphäre in Kohlenstoff, der als Biomasse vorliegt und die Fruchtbarkeit steigert – also der Übergang einer »Landwirtschaft des Treibhauseffektes zu einer Landwirtschaft mit »Humuseffekt«, um einen schönen Ausdruck zu benutzen, den französische Landwirte geprägt haben

(»passage d'une agriculture à effet de serre à une agriculture à effet des terre«).

- Erhöhung der Bodenbedeckung durch Pflanzen und der Artenvielfalt von Pflanzen und Tieren (im Boden und über der Erde); Steigerung biologischer Stabilität.
- Erhöhung der Wasserspeicherkapazität des Bodens.
- Speisung und Regulierung der Wasserkreisläufe, Beitrag zur Verbesserung der Qualität von Grundwasser und Quellen.
- Absenken der Oberflächentemperatur durch eine ausgeglichenere Evapotranspiration.
- Rückgang der Erosion und der Überfrachtung der Wasserläufe mit Sand und Schluff.
- Geringerer Bewässerungsbedarf.
- Reduzierter Bedarf an fossiler Energie für die Bewirtschaftung und Bodenverbesserung (ein biologisch-dynamischer Hof versorgt sich selbst mit der erforderlichen Menge an organischem Dünger und Präparaten).
- Produktion hochwertiger Lebensmittel, die zur allgemeinen Gesundheit beitragen.
- Schaffung zahlreicher dezentraler Arbeitsplätze, die progressiv besser bezahlt werden sollten; Umkehr der Tendenz zur Aufgabe ländlicher Betriebe.
- Wiederherstellung und Pflege einer Landschaft mit reichhaltiger Biodiversität und hohem Erholungswert/Ökotourismus.
- Allmählicher Wiederaufbau eines Verhältnisses von Mensch und Natur, das von Kreativität, Gesundheit und Harmonie erfüllt ist.

Selbstversorgung und eine positive globale Bilanz: Ist das möglich?

Die Ursache des derzeit größten Umweltproblems liegt darin, dass Bäume weitestgehend aus unserer konventionellen Landwirtschaft verbannt wurden. Einerseits verbraucht unsere Lebensmittelproduktion mehr fossilen Kohlenstoff, als sie an essbarem Kohlenstoff produziert und trägt so über den Treibhauseffekt zur Klimaerwärmung bei. Auf der anderen Seite kann unsere Forstwirtschaft, sofern sie nachhaltig betrieben wird, Jahr für Jahr beträchtliche Mengen an Holz und nicht verholzenden Produkten produzieren und die Bodenfruchtbarkeit erhalten, ohne dass Betriebsmittel oder Biozide von außen zugeführt werden müssten. Die Herausforderung besteht also darin, wieder Einzelbäume und Anbausysteme, die Bäume enthalten, dem jeweiligen Standort angemessen in unsere landwirtschaftlichen Flächen zu integrieren.

Heckenlandschaft im Departement Gers (Mittlere Pyrenäen, Frankreich). (Zeichnung D. Dellas)

Ein gut dokumentiertes positives Beispiel liefert die berühmte Kalpavruksha-Farm in Indien, deren Betreiber, Bhaksar Save, auch als »Gandhi des natürlichen Landbaus« bezeichnet wird. Experten beschreiben sie als einen »Wald als wirkliche Lebensmittelquelle, der eine positive Bilanz in Bezug auf Wasser, Energiehaushalt und das örtliche Ökosystem aufweisen kann, anstatt als Nettokonsument in Erscheinung zu treten« (Bharat Mansata 2012). Vier der insgesamt 5,6 Hektar großen Anbaufläche bestehen aus einem natürlich zusammengesetzten Obstgarten unter anderem mit Kokospalmen *(Cocos nucifera)*, Sapote (Breiapfelbaum, *Manilkara zapota*), Jujuba (Chinesische Dattel, *Ziziphus jujuba*), Indischen Butterbäumen, *(Madhuca longifolia)*, Mango- *(Mangifera indica)* und Meerrettichbäumen *(Moringa oleifera)*. Die Fläche, auf der Reis, Wintergetreide und Gemüse angebaut werden, ist kleiner als ein Hektar und eine ebenfalls kleine Fläche dient als Baumschule für die Produktion begehrter Kokos-Jungpflanzen. Hinsichtlich der Produktionsmengen, der Qualität, dem sorgsamen Umgang mit Wasser, der Energieeffizienz und der wirtschaftlichen Rentabilität ist diese Farm, die sich selbst versorgt und keine Betriebsmittel von außen zuführt, jedem Betrieb, der chemische Mittel einsetzt, überlegen. Der Obstwald erreicht Produktionsspitzen mit mehr als 35 Tonnen Früchten pro Hektar.

Save bestätigt: »Ich sage es voller Überzeugung: Indien kann nur auf dem Weg über eine Landwirtschaft mit Mischkulturen, die im Einklang mit der Natur steht, die Bevölkerung nachhaltig und reichlich mit Nahrung für alle versorgen – so werden wir gesund, in Würde und in Frieden leben können« (ISIS Report 2014).

In etwas kleinerem Maßstab findet sich in unseren Breiten ein wunderbares Beispiel für ein Agroforstsystem, das mit Beweidung kombiniert ist: auf dem Hof von Bec Hellouin in der Bretagne, der zurzeit von einem wissenschaftlichen Monitoring profitiert. Auch er kann eine positive Kohlenstoffbilanz aufweisen. Der Gemüsebaubetrieb, dem Wasser aus mehreren Teichen zur Verfügung steht, wird intensiv, aber ökologisch bewirtschaftet; dabei kommt Bäumen und Sträuchern eine wichtige Rolle zu. Ein entscheidendes Element für die vorteilhafte Bilanz stellt der niedrige Mechanisationsgrad dar. Hier wird bevorzugt von Hand und mit Zugtieren gearbeitet. Wesentlich schwieriger zu quantifizieren sind die Freude und Schönheit, die dieser lebendige und produktive Ort ausstrahlt!

Ein ähnliches Beispiel eines Agroforstes mit Permakultur im gemäßigten Klima, bei dem ebenfalls der Baum im Zentrum des Ökosystems steht, ist der Waldgarten der Arbeiter-Bruderschaft von Mouscron, an der französisch-belgischen Grenze. Auch hier stellt eine geringe Landgröße keinesfalls ein Handikap für Effizienz und Ertrag dar, ganz im Gegenteil!

Die Faktoren der Kohlenstoffbilanz

Bis die Produkte aus Wald- und Forstwirtschaft (Bauholz und Holz für den Schreinereibedarf) beim Verbraucher ankommen, werden nur 15 Prozent des Energieäquivalents, das im gesägten Holz enthalten ist, verbraucht. Anders ausgedrückt ist die globale Bilanz dank der Bindung von Kohlenstoff äußerst positiv und könnte sogar noch besser ausfallen, wenn der Treibstoff für die Maschinen aus verholzter Biomasse stammen würde (Biodiesel).

Eine analoge Bilanz sollte auch für die Produktion von Nahrungsmitteln angestrebt werden, dem zweiten Sektor, der auf der Fotosynthese basiert. Es wäre absurd, wenn Landwirtschaft und Lebensmittelindustrie weiterhin mehr fossile Energien verbrauchen und damit den Treibhauseffekt steigern, als sie in Form essbarer Kalorien erzeugen. Allgemein wird anerkannt, dass eine der ersten kurz- und mittelfristig wirksamen Maßnahmen die Umstellung konventioneller Landwirtschaftsbetriebe auf ökologische oder organische (biologische oder biodynamische) Bewirtschaftung ist. Schätzungen der britischen Soil Association beziffern die Menge an Kohlenstoff, die auf diese Weise allmählich im Boden gespeichert werden kann, auf ungefähr 560 Kilogramm pro Hektar und Jahr. Dieser Wert gilt für die nächsten zwanzig Jahre und beruht auf »klassischen« landwirtschaft-

lichen Methoden – er berechnet also noch nicht das Potenzial ein, das in der Integration von Bäumen und Agroforsten liegt. Wenn wir davon ausgehen, dass mindestens 10 Prozent der Ackerfläche von Einzelbäumen, Feldgehölzen, Hecken, Uferwäldern und bewaldeten Bereichen eingenommen werden sollten und dass deren mittlerer Jahreszuwachs auf den Böden in Zentraleuropa circa 10 Kubikmeter verholzte Biomasse pro Hektar beträgt, so hätten wir allein durch diese Bäume und Strukturen auf die gesamte Fläche verteilt eine Zufuhr in der Größenordnung von 1 Kubikmeter pro Hektar und Jahr. Das entspricht 1 Tonne CO_2, also ungefähr 300 Kilogramm Kohlenstoff, wovon schätzungsweise ein Drittel dauerhaft im Boden eingelagert werden können, also 100 Kilogramm pro Jahr. Diese kämen zu den bereits geschätzten 560 Kilo hinzu, zusammen mit all den positiven Effekten, die von den Gehölzen ausgehen.

Das größte Hindernis auf dem Weg zu einer positiven Kohlenstoffbilanz stellt auch in der biologischen Landwirtschaft ein oft übersteigerter Mechanisationsgrad dar, der Ursache für den Verbrauch fossiler Energien und auch Verschuldung ist. Eine gleichzeitig ökologische und ökonomische Lösung für dieses Problem findet in Nordamerika und Europa immer mehr Anhänger: Sie besteht in der Wiedereinführung von Zugpferden für geeignete Aufgaben (in der Landwirtschaft, im Forst und im Gemüsebau), kombiniert mit modernem und speziell für diese Aufgabe entwickeltem Material. Man schätzt, dass ungefähr 15 Prozent der landwirtschaftlichen Fläche für die Versorgung der Pferde erforderlich sind. Wollte man dagegen einen Traktor mit Biodiesel »ernähren«, würde man für die gleiche Arbeit eine Anbaufläche von 50 Prozent der landwirtschaftlichen Fläche benötigen. In einer anderen Größenordnung ausgedrückt: 1,5 Hektar dienen zur Ernährung eines Pferdes, während ungefähr 5 Hektar für einen Traktor erforderlich sind, der die gleiche Arbeit verrichtet.

Viele Landwirte bevorzugen für sich die Technik der Dauerbegrünung und die pflugfreie Methode, auch dies sind Schritte auf dem Weg zu einer Energiewende. (SOIL ASSOCIATION 2009; HEROLD et al. 2004)

Die Vorbedingungen für diese allmähliche Umstellung sind bereits erfüllt:

- Überliefertes Wissen bezüglich Agroforstwirtschaft ist verfügbar und kann in einem modernen landwirtschaftlichen Kontext angewandt sowie auf ähnliche Klimazonen neu übertragen werden.
- Die Kriterien und Methoden für organische Landwirtschaft (biologische und biodynamische) sind eindeutig etabliert und bekannt.
- Regionale Verteilungssysteme und zertifizierte Vermarktungsorganisationen funktionieren.
- Das Finanzierungspotenzial für eine zukünftige »Landwirtschaft oder Agroforstwirtschaft des Kohlenstoffs« ist prinzipiell verfügbar.

Die Möglichkeiten einer solchen ökologischen und sozialen Klimapolitik für die zukünftige Landwirtschaft sind vor allem in den Schwellen- und Entwicklungsländern groß.

BÄUME MIT EINBEZIEHEN

Viele der Phänomene im Zusammenhang mit Bäumen und ihren Beziehungen zu Mensch und Umwelt, die uns zunächst erstaunen, lassen sich wissenschaftlich erklären. Dennoch müssen wir gestehen, dass es sich dabei immer um den Kenntnisstand zu einem bestimmten Moment handelt und jede Antwort wieder in neue Fragen mündet. Es sind dann die Tatsachen selbst, die neues Staunen erregen, und dies auf einer weiteren Ebene. In diesem Sinn stellt Jean LACOSTE in seiner Studie über die »Metamorphose der Pflanzen« fest, dass sowohl Goethe (1749–1832) als auch der österreichische Philosoph Ludwig Wittgenstein (1889–1951) »anscheinend im Staunen mehr noch als in der Erklärung eine privilegierte Erfahrung des Denkens sehen« (1992).

Jenseits dieser äußersten Erfahrung des Denkens gibt es noch ein unbestimmtes, anders geartetes Gefühl. Es liegt vermutlich außerhalb des wissenschaftlichen Forschungsbereichs und ist Teil einer allgemeineren Annäherung, die intuitiver und empfindungsbetonter ist: das Gefühl, dass Bäume einen essenziellen Beitrag zu dem leisten, was wir vielleicht als »Zauber der Welt« bezeichnen könnten.

Auf unserem Weg sind wir auf eine ganze Reihe von Gründen für die Notwendigkeit, vor allem aber auf konkrete Möglichkeiten gestoßen, wie wir zugunsten einer besseren und harmonischeren Zukunft des Menschen auf der Erde handeln können. Antonio Donato Nobre, Co-Autor der Studien, die im Eingangskapitel beschrieben sind, hat »Fünf Schritte, um den Regenwald zu retten« definiert. In Anlehnung daran können wir unsere Handlungsmöglichkeiten in folgende Schritte gliedern, wobei die Agroforstwirtschaft mit einbezogen wird:

Die Forstwissenschaften und die Errungenschaften der traditionellen und modernen Agroforstwirtschaft müssen auf einer breiteren Ebene

Bäume und Wälder laden uns ein in eine Welt voller Staunen. (Foto A. Hemelrijk)

allgemein zugänglich gemacht werden. Baumbiologie und Baumartenbestimmung sollen von Beginn der schulischen Ausbildung an in die Lehrpläne integriert werden. Jedes Kind sollte das Wissen und die Gelegenheit dazu erhalten, einen oder mehrere Bäume zu pflanzen.

»Null Abholzung« – das bedeutet, dass die Waldflächen strikt in ihren aktuellen Ausmaßen zu erhalten sind. Der progressive Wandel zu einer naturnahen Forstwirtschaft unter Berücksichtigung der Biodiversität muss gefördert werden, wobei ein wichtiger Teil der Wälder unter integralen Schutz gestellt wird, in den der Mensch nicht eingreift.

Waldbrände müssen effizienter gestoppt werden, sowohl durch angemessene technische Mittel als auch durch geeignete waldbauliche Methoden.

Degradierte Wälder sind zu regenerieren und Wiederaufforstungen in großem Maßstab mit artenreichen Mischungen zu planen. »Agrarwüsten« müssen durch zusammenhängende Gehölzstrukturen, Auwälder, Windschutzstreifen, Hecken und Einzelbäume aufgewertet werden.

Regierungen, Zivilgesellschaft und Forschungsinstitute müssen dazu angehalten werden, in ihrer Arbeit Wald und Agroforstwirtschaft zu integrieren, und zwar in einer Form, in der die natürlichen Lebensprozesse respektiert werden. Die Dringlichkeit dieses Anliegens übersteigt die der Finanzkrise 2008, wo innerhalb weniger Wochen beträchtliche Summen freigemacht werden konnten.

Was den ersten der fünf Punkte anbelangt, hat sich seit einigen Jahren ein erstaunlich einfaches System bewährt. Es vereint Einfachheit, Wirksamkeit sowie den Recyclinggedanken und hat einen die Altersgruppen übergreifenden didaktischen Effekt: eine neue Pflanztechnik für Bäume mittels einer Plastikflasche, die als Pflanzcontainer dient. Ihr Erfinder, Emmanuel Rolland, dachte bei der Entwicklung vor allem an den schulischen Bereich, um Lernen am praktischen Beispiel zu ermöglichen; dabei wird Bäumen ein ganz besonderer Platz eingeräumt. Wenn wir Zukunft gestalten, müssen wir künftige Generationen für die Natur sensibilisieren.

Den Weg für die Zukunft bereiten

Das geniale System des Pädagogen Emmanuel Rolland macht es möglich, die Keimung und das Wachstum eines Baumes aus Saatgut zu beobachten und ihn anschließend zu pflanzen. Dies geschieht unter außergewöhnlichen Bedingungen, die den Erfolg garantieren. Das System ist speziell für pädagogische Zwecke geeignet. Als Material dient eine große Plastikflasche (aus PET, Polyethylenterephthalat), die man in etwa einem Drittel der Höhe aufschneidet. Den oberen Teil steckt man dann ohne Verschluss umgekehrt in den unteren Teil und verstopft den Flaschenhals mit etwas Papier, damit die Mischung aus Erde und Sand, mit der die Flasche anschließend gefüllt wird, nicht herausrieselt. Die Flasche lässt sich besser in den unteren Teil stecken, wenn man den oberen an der Längsseite etwas nach innen einknickt. Dadurch entsteht eine kleine Öffnung, durch die das Wasser direkt in den unteren Behälter gegossen wird. Der Samen, zum Beispiel eine Kastanie, wird oben, ein paar Zentimeter unter dem Rand, auf die Erde gelegt und mit etwas Kies leicht bedeckt, um ein Austrocknen zu verhindern.

Das Besondere an diesem System ist, dass sich die lichtscheuen Wurzeln in einer bestimmten Entfernung zur Plastikwand im Schutz der Erde entwickeln: Dadurch kommen bei der späteren Pflanzung, nachdem man die Flasche auf der ganzen Länge aufgeschnitten hat, die Wurzeln unverletzt in die Erde. Damit das Gießwasser den jungen Trieb besser durchfeuchten und so das Wurzelwachstum anregen kann, hat es sich bewährt, in das Pflanzloch und um den Wurzelballen herum etwas Kies zu geben (LE PETIT JARDIN DES ECOLIER 2016).

Was die Aktivitäten der Zivilgesellschaft anbelangt, sind Pflanzaktionen im großen Maßstab mehr oder weniger ein Echo auf Jean Gionos Roman »Der Mann mit den Bäumen«, der weltweit Aufsehen erregte. Erwähnt seien hier die Organisation Trees for the Future von Grace und Dave Deppner, die von Agroforsten inspiriert sind, das Green Belt Mouvement, das von der kenianischen Biologin Wangari Maathai (Nobelpreis 2004) gegründet wurde, oder Bhausaheb Thorat: Er begann nach der Lektüre des Buches von Giono 2005 damit, zusammen mit den Bürgern des Bundesstaates Maharashtra (Indien) im ariden, trockenen Gebiet Millionen von Samen und Setzlingen zu pflanzen.

In diesem Zusammenhang soll die erstaunliche Geschichte von Abdul Kareem etwas ausführlicher beschrieben werden. Er hatte schon immer davon geträumt, an einem völlig kahlen Ort einen Wald zu pflanzen, um zu beweisen, dass die Natur die Fähigkeit zur Regeneration hat, wenn man an das Projekt nur entschlossen genug herangeht. Um diesen Traum in die Tat umzusetzen, kaufte er 1977 in Kerala (Indien) ein zwei Hektar großes Stück trockenes Land. Die Anfänge waren schwer; die Setzlinge, die er mit von weit hergeholtem Wasser goss, gingen ein, weil sie zu jung waren. Die Idee, beim nächsten Versuch schon etwas größeres Pflanzmaterial zu verwenden, führte zu deutlich besseren Ergebnissen. 1982 kaufte Abdul Kareem elf zusätzliche Hektar und diversifizierte die Artenwahl. Er betont, dass er seine Bäume niemals geschnitten oder Blätter geerntet hatte, um der Natur ihren freien Lauf zu lassen. Nach fünf Jahren stellten sich erstaunliche Veränderungen auf seinen Flächen ein: Ein Brunnen, der bis dahin im Sommer maximal 500 Liter Wasser geliefert hatte, produzierte nun ein Vielfaches dieser Menge. Auch die angrenzenden Nachbarn beobachteten, dass ihre Brunnen mehr Wasser lieferten.

Kareem legte daraufhin kleine Teiche an, um Vögel anzuziehen; dadurch wurde die natürliche Verbreitung von Samen gefördert, was zu einer größeren Artenvielfalt führte. Heute erregt sein Wald großes Interesse und wird von Forschern indischer, europäischer und amerikanischer Universitäten besichtigt, die alle verstehen wollen, wie ein solch wertloses arides Stück Land wieder begrünt werden konnte.

Mit noch widrigeren Bedingungen hatte es der Schweizer René Haller zu tun, der den bewundernswerten Wald der Baobab Farm nahe Mombasa in Kenia aufgebaut hat. Bei diesem Standort handelt es sich um einen ehemaligen Steinbruch, ein nacktes Korallenmassiv ohne jede Bodenauflage, einer intensiven Sonneneinstrahlung ausgesetzt, nur von salzhaltiger Gischt begossen. Nach mehreren Versuchen kam Haller auf eine Idee, die sich als entscheidender Schritt zum Erfolg erwies: Er führte den ostafrikanischen Rotbeinigen Tausendfüßler *(Epibolus pulchipes)* wieder ein, eine Art, welche die Nadeln von Kasuarinen und das tote Laub der *Conocarpus* (Knopfmangroven) umwandeln kann. Dies war der Be-

Bäume warten darauf, die Welt wieder zu verzaubern in einer echten Symbiose zusammen mit dem Menschen. (Foto A. Hemelrijk)

ginn der Humusbildung, des Ausgangssubstrats für eine ganze Waldsukzession, die sich bald darauf entfaltete.

Erwähnt werden sollen auch noch die Laufbahn und das Werk des berühmten brasilianischen Fotoreporters Sebastião Salgado, die in dem beeindruckenden Film »Das Salz der Erde« (Prix Spécial in Cannes 2014) beschrieben werden, womit wir in Südamerika angekommen wären. Angesichts der menschlichen Tragödien, die Salgado über Jahrzehnte dokumentierte, empfand er eine tiefe Verzweiflung, gegen die es für ihn nur ein Heilmittel gab: die systematische Wiederaufforstung eines großen landwirtschaftlich genutzten Gutes, das er von seinem Vater geerbt hatte und das der zunehmenden Trockenheit zum Opfer gefallen war. Im Lauf von fünfzehn Jahren wurde eine Fläche von 800 Hektar schrittweise mit zwei Millionen Bäumen neu bepflanzt. Innerhalb kurzer Zeit ließ sich der ursprüngliche Atlantische Regenwald *(Mata Atlantica)* wiederaufbauen, ein reichhaltiger Wald, wie er einmal die gesamte Ostküste Brasiliens bedeckt hatte. Auch hier zog die Waldgründung radikale Veränderungen in der Region nach sich: Quellen, die verschwunden waren, begannen wieder zu fließen, und auch die Tierwelt erholt sich langsam. Vögel, Insekten, Jaguar und Kaiman – eine Art, die seit über fünfzig Jahren aus der Region verschwunden war – tauchen in dem Gebiet wieder auf.

Auf ganz anderer Ebene gibt eine noch junge Initiative, vom 21. März 2015, Anlass zur Hoffnung. Auf einer Konferenz unter der Führung der Weltnaturschutzorganisation IUCN in Bonn haben sich etwa fünfzehn Länder dazu verpflichtet, bis 2020 mehr als 150 Millionen Hektar Wald zu rehabilitieren. Von diesen Ländern tragen die Vereinigten Staaten, Äthiopien, die Demokratische Republik Kongo, Mexiko, Guatemala, Peru, Uganda und Ruanda mit großen Flächen zu der Vereinbarung bei. In

Eine erste Geste: Um die Zukunft vorzubereiten, seinen persönlichen Baum pflanzen, der uns wie über eine Nabelschnur fest in der Erde verankert. (Zeichnung D. Dellas)

etwas geringerem Umfang sind Brasilien, Salvador, Costa Rica, Kolumbien, Ecuador und Chile beteiligt. »Wir sind an einem Punkt angelangt, wo die Reduzierung von Emissionen allein nicht mehr ausreicht«, erklärte die norwegische Umweltministerin Tine Sundtoft am Rande der Bonn Challenge. »Die CO_2-Emissionen müssen der Atmosphäre aktiv entzogen werden und die Wiederherstellung von Wäldern ist hierfür die effizienteste und kostengünstigste Maßnahme.«

Ein weiteres Ziel auf diesem Weg sollte in einem analogen Beschluss bestehen, der darauf hinwirkt, so viel Bäume und Gehölzstrukturen wie möglich wieder in landwirtschaftliche Flächen zu integrieren. Dies dient nicht nur der Kohlenstoffspeicherung, sondern auch dazu, diesen vitalen Bereichen wieder neues Leben einzuhauchen und indirekt das Interesse für die Zusammenarbeit mit der Natur zu fördern.

Schließlich geht es darum, unser aktuelles Wirtschaftsmodell, das auf einer Ausbeutung der natürlichen Ressourcen beruht und dadurch eine dramatische Verschlechterung unserer Lebensbedingungen nach sich zieht, infrage zu stellen. In ihrem neuesten, monumentalen Werk »Die Entscheidung. Kapitalismus vs. Klima« (2015) geht Naomi KLEIN so weit, von einem »Krieg gegen das Leben auf der Erde« zu sprechen. Sie zeichnet darin aber auch das Bild einer sich weltweit entwickelnden Neuorientierung, die auf der Basis von nachhaltiger Landwirtschaft in kleinen Einheiten, dem Wiederaufbau lokaler Wirtschaftskreise und der Neugründung von Demokratien beruht. Das vorliegende Buch über die Verbindungen von Bäumen zur Welt des Unsichtbaren verpflichtet sich dieser Vorstellung und zeigt konkret, wie diese Veränderung auch dank unserer Verbündeten von Seiten der Natur vor sich gehen kann.

Schließen wir zunächst mit einer Mitteilung, die sozusagen angenehm nach Waldboden duftet. Sie handelt von positiven mikrobiologischen Auswirkungen, die sich wahrscheinlich für den Menschen ergeben, wenn er weiterhin Bäume anpflanzt.

Rückbesinnung auf Humus und Erde als Antidepressiva

Böden mit einem hohen Gehalt an organischer Substanz (oder ein einfacher Kompost) bieten ideale Bedingungen für die natürliche Entwicklung eines nicht pathogenen Bakteriums: Mycobacterium vaccae. *Der Name kommt von dem lateinischen vacca (»Kuh«), weil man es zunächst aus Kuhfladen für wissenschaftliche Zwecke gewann. In Versuchen mit Labormäusen, deren Futter man durch* M. vaccae *ergänzt hatte, konnte eine größere Vitalität und Stressresistenz sowie ein deutlich gesteigertes Lernvermögen in Labyrinthen festgestellt werden. Weiterführende Untersuchungen führten zu der Annahme, dass* Mycobacterium vaccae *als Antidepressivum funktioniert, weil es die Produktion von Serotonin und Noradrenalin im Gehirn anregt. Auch bezüglich zahlreicher weiterer Anwendungsbereiche könnte dieses Bakterium eine Rolle spielen, wie zum Beispiel bei der Immuntherapie gegen allergisches Asthma, Schuppenflechte, Dermatitis, Ekzemen, Tuberkulose und sogar für das Wohlbefinden von Krebskranken. Daraus wird verständlich, warum Kinder, die in der »natürlichen« Umgebung eines Bauernhofs aufwachsen – wo sie* M. vaccae *über die Atmung, den direkten Kontakt oder sogar die orale Aufnahme regelmäßig ausgesetzt sind –, weniger unter Asthma leiden als Stadtkinder. Noch einfacher gesagt: Jetzt ist klar, warum uns ein Waldspaziergang, bei dem uns guter Humusgeruch empfängt, oder auch Gartenarbeit in gute physiologische Stimmung versetzen (Ege 2011).*

Und schließlich:
Was weiß man von der tiefen Veränderung
die mit uns geschieht, wenn wir einen Baum pflanzen,
und wenn es wahr ist,
dass eine »Gesellschaft ohne Träume eine Gesellschaft
ohne Zukunft« ist (C. G. Jung),
fragen wir uns, ob wir nicht unseren schönsten Traum
wahr werden lassen können,
und den Weg für eine faszinierende Zukunft frei machen,
wenn wir
es jeder und jedem
möglich
machen,
erst
einen
Baum
zu pflanzen,
dann noch weitere
und zu verstehen, warum sie das tun – um sich dann
dem Staunen zu öffnen,
wenn sie Wurzeln fassen
in der Wirklichkeit
?

Ernst Zürcher

Dr. sc. nat. ETH, Dipl. Forsting. ETH, emeritierter Professor für Holzwissenschaften an der Berner Fachhochschule. Lehrbeauftragter für Holzkunde an der EPFL Lausanne (Masterstudiengang Abt. Materialwissenschaften) sowie Lehrbeauftragter für Holzkunde an der ETH Zürich (Masterstudiengang Abt. Umweltnaturwissenschaften).

Ernst Zürcher widmet sich in seiner Forschung insbesondere der Chronobiologie, das heißt den zeitlichen Strukturen und biologischen Rhythmen der Bäume, sowie dem Zusammenhang zwischen den äußeren Bedingungen der näheren und ferneren Umwelt und der Anatomie bzw. den Eigenschaften des Holzes. Er hat zahlreiche wissenschaftliche Beiträge publiziert.

DANK

Mein Dank richtet sich an Joan Davis – die uns Anfang dieses Jahres viel zu früh verlassen hat –, Doktor der Biochemie und Hydrologie und Forscherin von internationaler Ausstrahlung. Sie hat sich für eine nachhaltige Entwicklung unseres Planeten eingesetzt und durch ihr subtiles Naturverständnis und durch manche Denkanstöße die Entstehung und Entwicklung dieses Buches begleitet.

Ferner geht mein Dank an die Künstler, die diesem Werk eine zusätzliche Dimension verliehen haben – ein Bild gilt so viel wie tausend Worte: André Hemelrijk mit seinen erstaunlichen Infrarotaufnahmen; David Dellas, ein Zeichner, durch den die Form bis in ihre feinsten Details ihre volle Bedeutung erlangt; Diane Rambert, die ein funktionales Verständnis ästhetisch ansprechend umzusetzen vermag; und Gottfried Bergmann, der mit künstlerischer und intellektueller Gewandtheit die Darstellungstechnik dem Subjekt stets akkurat anzupassen weiß.

Schließlich danke ich Francis Hallé, Doktor der Biologie an der Universität Sorbonne, Doktor der Botanik und namhafter Kenner der Ökologie tropischer Feuchtwälder sowie der Baumarchitektur, für manchen wertvollen Ratschlag und wichtige Informationen. Ohne die unermüdliche Unterstützung, die weiterführenden Fragestellungen und die wissenschaftlichen Beiträge der Agroforst-Freunde des Gers (Südfrankreich) – Alain Canet, Bruno Sirven und Nadine Cantaloube – hätte dieses Buch seine aktuelle Form nie erlangt.

Ernst Zürcher

QUELLENVERZEICHNIS

Abella, I.: Cultura Del Tejo, La Esplendor Y Decadencia De Un Patrimonio Vital. Editorial Urueña, Santander 2009

Alexandersson, O.: Lebendes Wasser. Viktor Schauberger und das Geheimnis natürlicher Energie. Ennsthaler 2008

Aristoteles: Kleine naturwissenschaftliche Schriften. Über die Atmung. Reclam, Stuttgart 1997

Asfaux, D., Canet, A.: Agroforesterie. La solution d'avenir. *L'Ecologiste* Nr. 40, 2013, S. 29–30 und 37–38

Augereau, J.-M.: Les plantes médicinales. In: Hallé, F., Lieutaghi, P. (Hrsg.): Aux Origines des Plantes. Des plantes et des hommes. Fayard, Paris 2008

Bagnoud, N.: Rythmicités dans la germination et la croissance initiale de 4 essences ligneuses de la Zone Soudano-Sahélienne. Essai lunaison. Bern: Groupe de foresterie pour le développement, IER Sikasso, Mali/Intercoopération 1995

Baillaud, L.: Chronobiologie lunaire controversée: de la nécessité de bonnes méthodologies. *Bulletin du Groupe d'Etude des Rythmes Biologiques* 3 (35), 2004, S. 3–16

Barghoorn, E. S.: Evolution of Cambium in Geologic Time. In: Zimmermann, M. E. (Hrsg.): The Formation of Wood in Forest Trees, Academic Press, New York, London 1964

Bariska, M., Rösch, P.: Fällzeit und Schwindverhalten von Fichtenholz. *Schweiz. Zeitschrift für Forstwesen* 151 (11), 2000, S. 439–443

Barlow, P. W.: Moon and Cosmos. Plant Growth and Plant Bioélectricity. In: Volkov, A. G. (Hrsg.): Plant Electrophysiology, Springer, Berlin/Heidelberg 2012

Barlow, P. W., Fisahn, J.: Lunisolar tidal force and the growth of plant roots, and some other of its effects on plant movements. *Annals of Botany* 110, 2012, S. 301–318

Barlow, P. W., Mikulecky, M., Strestik, J.: Tee-stem diameter fluctuates with the lunar tides and perhaps with geomagnetic activity. *Protoplasma*, 247 (1–2), 2010, S. 25–43

Bartholomew, A.: Le génie de Viktor Schauberger. Le Courrier du Livre, Paris 2014

Bates, A.: The Biochar Solution. Carbon farming and climate change. New Society Publishers, Gabriola Island, British Columbia 2013

Baumgartner, S., Flückiger, H.: Mistelbeeren. Spiegel von Mond- und Sternbild-Konstellationen. *Mistilteinn* 5, 2004, S. 4–19.

Baur, F.: Großwetterkunde und langfristige Witterungsvorhersage. Akademischer Verlag, Frankfurt 1963

Beba, H., Andrä, H.: Hügelkultur, die Gartenbaumethode der Zukunft. Waerland Verlag, Mannheim 1982

Beeson, C. F. C.: The moon and plant growth. *Nature* 158 (1046) S. 572–573

Beeson, C. F. C., Bhatia, B. M.: On the biology of the Bostrychidae. *Indian Forest Records*, New Ser., Ent. 2 (12), 1937, S. 223–323.

Berger, W. H.: Discovery of the 5.7-Year Douglass Cycle. A Pioneer's Quest for Solar Cycles in Tree-Ring Records. The Open Geography Journal 4, 2011, S. 131–140

Bergmann, G.: Metamorphosen der Zahlengesetzmässigkeit in den Organstellungen höherer Pflanzen. Tycho de Brahe Jahrbuch für Goetheanismus, Gemeinnütziger Klinikverein Niefern-Öschelbronn 1989

Bökemeier, R., Friedel, M.: Vom Ursprung des ökologischen Wissens. Reportagen aus dem Garten Eden. O. Maier Verlag, Ravensburg 1990

Borra, J.-P., Roos, R. A., Renard, D., Lazar, H., Goldman, A., Goldman, M.: Electrical and chemical consequences of point discharges in a forest during a mist and a thunderstorm. Journal of Physics D: Applied Physics 30, 2007, S. 84

Bosshard, H. H.: Holzkunde, Band 2. Zur Biologie, Physik und Chemie des Holzes. Birkhäuser Verlag, Basel und Stuttgart 1974

Bouché, M. B.: Des Vers de Terre et des Hommes. Actes-Sud, Arles 2014

Bourguignon, C.: Cours de microbiologie des sols (https://julieshiatsublog.wordpress.com/2016/05/29/microbiologie-des-sols-par-claude-bourguignon/publié le 29 mai 2016)

Brown, F., Chow, C. S.: Lunar-correlated Variations in Water Uptake by Bean Seeds. *The Biological Bulletin* 145, 1973, S. 265–278

Bühler, W.: Das Pentagramm und der Goldene Schnitt als Schöpfungsprinzip. Verlag Freies Geistesleben, Stuttgart 1996

Bunyard, P.: Without its rainforest, the Amazon will turn to desert. *The Ecologist*, 2. März 2015

Burgess, S. S. O., Dawson, T. E.: The contribution of fog to the water relations of Sequoia sempervirens (D. Don). Foliar uptake and prevention of dehydration. *Plant, Cell and Environment* 27, 2004, S. 1023–1034

Burke, J., Halberg, K.: Seed of Knowledge, Sone of Plenty. Understanding the lost technology of ancient megalith-builders. Coucil Oak Books, San Francisco/ Tula 2005

Burr, H. S.: Moon-Madness. *Yale Journal of biology and medicine* 16, 1944, S. 249–256

Burr, H. S.: Diurnal Potentials in the Maple Tree. *Yale Journal of Biology and Medicine* 17 (6), 1945, S. 727–734

Burr, H. S.: Tree Potentials. *Yale Journal of Biology and Medicine* 19 (3), 1947, S. 311–318

Burr, H. S.: Blueprint for Immortality. The Electric Patterns of Life. C. W. Daniel Company Ltd, Saffron Waldon, Essex 1972

Cajochen, C., Altanay-Ekici, S., Münch, M., Frey, S., Knoblauch, V., Wirz-Justice, A.: Evidence that the Lunar Cycle Influences Human Sleep. *Current Biology* 23, 5. August 2013, S. 1–4

Caldwell, M. M., Dawson, T. E., Richards, J. H.: Hydraulic lift. Consequences of water efflux from the roots of plants. *Oecologia* 113, 1998, S. 151–161

Cantiani, M., Cantiani, M.-G., Sorbetti Guerri, F.: Rythmes d'accroissement en diamètre des arbres forestiers. *Revue Forestière Française* 46, 1994, S. 349–358

Caro, C. G., Seneviratne, A., Heraty, K. B., Monaco, C., Burke, M. G., Krams, R., Chang, C. C., Coppola, G., Gilson, P.: Intimal hyperplasia following implantation of helical-centreline and straight-centreline stents in common carotid arteries in healthy pigs: influence of intraluminal flow. *Journal of the Royal Society Interface* 10 (89). 16. Oktober 2013

Carson, R.: Silent Spring. Houghton-Mifflin, Boston 1962 (deutsch: Der stumme Frühling. Biederstein Verlag, München 1962)

Chetan, A., Brueton, D.: The Sacred Yew. Rediscovering the ancient tree of life through the work of Allen Meredith. Penguin, London 1994

Clarus, I.: Keltische Mythen. Der Mensch und seine Anderswelt. Walter-Verlag, Olten und Freiburg i. Br. 1991

Coats, C.: Living Energies. An Exposition of Concepts Related to the Theories of Viktor Schauberger. Gateway Books, Bath, U.K. 1996

Combustion du bois: http://www.energie-umwelt.ch/saison-tipps/852-feuern-ohne-rauch

Cutler, C., Russel, T.: L'encyclopédie mondiale des arbres. Ed. Hachette Pratique, Vanves 2008

Day, M.: Let the blood run free. New Scientist 158 (2134), 16. Mai 1998, S. 19

De Vries, J.: La religion des Celtes. Payot, Paris 1977 (deutsch: Keltische Religion, Kohlhammer Verlag, Stuttgart 1961)

Deoux, S., Deoux P.: L'écologie, c'est la santé. L'impact des nuisances de l'environnement sur la santé. Ed. Frison-Roche, Paris 1997

Domenech, G., Asselineau, E.: Les bois raméaux fragmentés. De l'arbre au sol. Editions du Rouergue, Educagri 2007

Donatini, B. (2014): Interview, Magazine Féminin Bio, 09.12.2013 (http://www.femininbio.com/sante-bien-etre/conseils-astuces/se-soigner-grace-mycelium-champignons-72231)

Dorda, G.: Sun, Earth, Moon. The Influence of Gravity on the Development of Organic Structures. Part II: The Influence of the Moon. Schriften der Sudetendeutschen Akademie der Wissenschaften und Künste München 25, 2004, S. 29–44

Dumitru, A.: Die Eibe (Taxus baccata L.). Eine botanisch-ökologische sowie medizinische und kulturhistorische Betrachtung. Diplomarbeit, Forstwissenschaftliche Fakultät, Universität München 1992

Du Preez, G. C., Forti, P., Jacobs, G., Jordaan, A., Tiedt, L. R.: Hairy Stalagmites, a new biogenic root speleothem from Botswana. International Journal of Speleology 44 (1), 2015, S. 37–47

Edwards, L.: The field of form. Floris Books, Edinburgh 1982

Edwards, L.: The Vortex of Life. Nature's patterns in space and time. Floris Books, Edinburgh 1993

Ege, M. et al.: Exposure to Environmental Microorganisms and Childhood Asthma. New England Journal of Medicine 364, 2011, S. 701–709

Ehn, M. et al.: A large source of low-volatility secondary organic aerosol. Nature 506 (7489), 27. Februar 2014, S. 476–479

Ellis, P. B.: Die Druiden. Von der Weisheit der Kelten. Diederichs, München 1996

Energie-Umwelt: www.energie-umwelt.ch/saison-tipps/852-feuern-ohne-rauch.

ETH-Life: Bäume in »Multi-Kulti«-Wäldern wachsen schneller. ETH – Zürich 2011

Fabre, J.-H.: La Plante, leçons à mon fils sur la botanique. Librairie Charles Delagrave, Paris 1876 (Reprint: Éditions Privat, Toulouse 1996)

FAO: Enabling agriculture to contribute to climate change mitigation, 2008 (http://unfccc.int/resource/docs/2008/smsn/igo/036.pdf)

FAO: Exploiter les multiples avantages de l'agriculture. Atténuation, adaptation, développement et sécurité alimentaire. 2009 (http://www.fao.org/3/a-ak914f.pdf).

Fell, D.: Wood and Human Health. FPInnovations. University of British Columbia, Vancouver, Canada 2011 (http://www.woodworks.org/wp-content/uploads/2014-jul-webinar-fell-Healthy-Buildings.pdf) (https://fpinnovations.ca/media/publications/Documents/health-report.pdf)

Fels, D., Cifra, M., Scholkmann, F. (Hrsg.): Fields of the Cell. Research Signpost, Trivandrum, Kerala 2015

Fengel, D., Wegener, G.: Wood Chemistry, Ultrastructure, Reactions. Verlag Kessel, Remagen 2003

Fernandes, E. C. M., Oktingati, A., Maghembe, J.: The Chagga home gardens: A multi-storeyed agro-forestry cropping system on Mt. Kilimanjaro, Northern Tanzania. International Council for Research in Agroforestry (ICRAF), Nairobi, Kenya, (o.J.) (archive.unu.edu/unupress/food/8F073e/8F073E06.htm).

Feschotte, P.: Les mirages de la science. Les Trois Arches, Chatou 1990
Feterman, G.: Les arbres extraordinaires de France. Editions Dakota, Paris 2014
Flückiger, H., Baumgartner, S.: Formveränderungen reifender Mistelbeeren. Elemente der Naturwissenschaften 77 (2), 2002, S. 2–15
Francke, H.: Das Ährenbeet von Martin Schmidt. Lebendige Erde, 3/2001, S. 40–43
Fraser, J., Leach, M., Fairhead, J.: Anthropogenic Dark Earths in the landscapes of Upper Guinea, West Africa. Intentional or Inevitable? Annals of the Association of American Geographers 104 (6), 2014, S. 1222–1238 (http://opendocs.ids.ac.uk/opendocs/handle/123456789/4472#.VziqSvl97cs)
Fraser-Smith, A. C.: ULF tree potentials and geomagnetic pulsations. Nature 271, 16. Februar 1978, S. 641–642
Frohmann, E., Grote, V., Avian, A., Moser, M.: Psychophysiologische Effekte atmosphärischer Qualitäten der Landschaft. Psychophysiological effects of landscape's atmospheric qualities. Schweiz. Zeitschrift für Forstwesen 161 (3), 2010, S. 97–103
Frutig, R.: Watershed development in Maharashtra, India 2009 (www.future-help-projects.ch/d/laufend/lodhawade3.pdf)
Gehrig, M., Schnell, G., Zürcher, E., Kucera, L. J.: Hygienische Eigenschaften von Holz- und Kunststoffbrettern in der Nahrungsmittelverarbeitung und -präsentation. *Ein Vergleich. Holz als Roh- und Werkstoff* 58 (4), 2000; S. 265–269
Girard, M. C., Walter, C., Remy, J. C., Berthelin J., Morel, J. L. (Hrsg.): Sols et Environnement. Dunod Éditeur, Malakoff 2011
Gobat, J.-M., Aragno, M., Mathey, W.: Le sol vivant. Bases de pédologie, Biologie des sols. Presses polytechniques et universitaires romandes, Lausanne 2010
Golowin, S.: Göttin Katze. Das magische Tier an unserer Seite. Goldmann, München 1989
Goreau, T. J., Larson, R. W., Campe, J.: Geotherapy. Innovative Methods of Soil Fertility Restoration, Carbon Sequestration, and Reversing CO2 Increase. CRC Press, Boca Raton, Florida 2014
Graham, B. F., Bormann, F. H.: Natural root grafts. The Botanical Review 32 (3), 1966, S. 255–292
Grote, V., Lackner, H., Muhry, F., Trapp, M., Moser, M.: Evaluation der Auswirkungen eines Zirbenholzumfeldes auf Kreislauf, Schlaf, Befinden und vegetative Regulation. Johanneum Research Institut für Nichtinvasive Diagnostik, Weiz 2003 (PDF online)
Hagemann, W.: Vergleichende Morphologie und Anatomie. Organismus und Zelle, ist eine Synthese möglich? Berichte der Deutschen Botanischen Gesellschaft 95, 1982, S. 45–56
Hageneder, F.: Die Eibe in Neuem Licht. Neue Erde, Saarbrücken 2007
Hageneder, F.: Yew. A History. The History Press Ltd, Stroud, Gloucestershire 2011
Hallé, F.: Eloge de la plante. Pour une nouvelle biologie. Edition du Seuil, Paris 1999

Hallé, F.: Plaidoyer pour l'Arbre. Actes Sud, Arles 2005
Hallé, F.: Des feuilles souterraines? Alliage 64, März 2009, S. 93–94
Harris, J. M.: Spiral Grain and Wave Phenomena in Wood Formation. Springer, New York 1989
Henning, R.: Nachhaltigkeitsprinzip, Organismusidee und Organik als Beiträge der Forstwissenschaft zur Philosophie. Philosophia Naturalis 23 (1), 1986, S. 123–138
Herold, P., Schlechter, P., Scharnhölz, R.: Moderner Arbeitspferdeeinsatz im Ökologischen Landbau, 2004 (www.fectu.org/Deutsch/Oekologischer%20 Landbau.pdf)
Hervé-Guyer, P. und C.: Permaculture. Guérir la Terre, nourrir les hommes. Actes-Sud, Arles 2014
Heske, F.: Erkenntnisse und Erfahrungen zur forstlichen Bodenbenutzung der Entwicklungsländer am Beispiel von Äthiopien. Westdeutscher Verlag, Köln und Opladen 1966
Heusser, P.: Geistige Wirkfaktoren im menschlichen Organismus? Vom Einbezug des Immateriellen in die empirische Forschung der Medizin. In: Heusser, P., Weinzirl, J. (Hrsg.): Rudolf Steiner. Seine Bedeutung für Wissenschaft und Leben heute. Schattauer, Stuttgart 2013, S. 100–127
Hildegard von Bingen: Physica. Liber subtilitatum diversarum naturarum creaturarum. Walter de Gruyter, Berlin 2010
Hirsikko, A., Laakso, L., Horrak, U., Aalto, P. et al.: Annual and size dependent variation of growth rates and ion concentrations in boreal forest. Boreal Environmental Research 10, 2005, S. 357–369
Holzknecht, K.: Elektrische Potentiale im Splintholz von Fichte und Zirbe im Zusammenhang mit Klima und Mondphasen. Universität Innsbruck, Naturwissenschaftliche Fakultät, Institut für Botanik. PhD-Thesis G0443 Physiol. 2002
Holzknecht, K., Zürcher, E.: Tree stems and tides. A new approach and elements of reflexion. Schweiz. Zeitschrift für Forstwesen (157) 6, 2006, S. 185–190
Jarvis, D. C.: Ces vieux remèdes qui guérissent. Robert Laffont, Paris 1962
Jarvis, D. C.: Vermonter Volksmedizin. Bewährte Heilmittel aus der Apotheke der Natur, Hallwag Verlag, Bern 1968
Johnson, B.: The Ascent of Sap in Tall Trees. A Possible Role for Electrical Forces. Water 5, November 2013, S. 86–104
Karakelian, D., Klemperer, S. L., Fraser-Smith, A. C., Beroza, G. C.: A transportable system for monitoring ultralow frequency electromagnetic signals associated with Earthquakes. Seismological Research Letters 71 (4), 2000, S. 423–436
Keller, B., Rutz, St.: Fakten der Bauphysik. Vdf Hochschulverlag, ETH Zürich 2005

Kelz, C., Moser, M., Lackner, H., Avian, A.: Solid fir furniture reduces strain during and after concentration periods. Conference Proceeding, 7th biennal Conference on Environmental Psychology. 9.–12. September 2007; Bayreuth

Kiefer, B.: Das Prinzip der Emergenz. Schweizerischer Nationalfonds. Horizonte 75, 2007, S. 33

Klein, G.: Der Abschied von der »inneren Uhr«. Ein Beitrag zur Chronobiologie, Paul Jung 1999

Klein, N.: Die Entscheidung. Kapitalismus vs. Klima. Fischer 2015

Koch, G. W., Sillett, S. C., Jennings, G. M., Davis, S. D.: The limits to tree height, Nature 428, 22. April 2004, S. 851–854.

Kolisko, L.: Der Mond und das Pflanzenwachstum. In Wachsmuth, G. (Hrsg.): Gäa-Sophia. Jahrbuch der naturwissenschaftlichen Sektion am Goetheanum, Band 2, 1927; S. 358–379

König, F.: Erdbebenvorhersage und Epizentrumsortung mittels Sferics-Spektrumsanalyse. PatentDe/Brevet, 2003 (www.google.dj/patents/DE-10217412A1?cl=de)

Kreyenbühl, J.: Die Bedeutung der Philosophie für die Erfahrungswissenschaften. In Rist, M. (Hrsg.): Johannes Kreyenbühl. Aus seinem Leben und Werk, Johannes Kreyenbühl Akademie, Dornach 2008

Kucera, L. J., Bosshard, H. H.: Die Waldrebe. Clematis vitalba L. Vierteljahrsschrift der Naturforschenden Gesellschaft in Zürich 126 (1), 1981, S. 51–71

Kutschera, L.: Short review of the present state of root research. In: McMichael B. L., Persson H. (Hrsg.): Plant roots and their environment. Elsevier, Amsterdam 1991, S. 1–8

Lacoste, J.: La métamorphose des plantes. Littérature Nr. 86, 1992 (www.persee.fr/doc/litt_0047-4800_1992_num_86_2_1546)

Lance, C.: Respiration et photosynthèse. Histoire et secrets d'une équation. EDP Sciences, Grenoble 2013

Larcher, W.: Ökologie der Pflanzen. Ulmer, Stuttgart 1980

Larter, M., Bouché, P.: Les Conifères, une famille à évolution complexe. Jardins de France 2013 (www.jardinsdefrance.org/les-coniferes-une-famille-a-evolution-complexe/)

Lemieux, G., Germain, D.: Le bois raméal fragmenté. La clé de la fertilité durable du sol, 2002 (www.cheminfaisant2005.net/Upload/BRF%20bois%20rameal%20fragmente.pdf)

Le petit jardin des écoliers: Comment fabriquer et utiliser facilement les systèmes du petit jardin des écoliers, 2016 (www.ecole-nonviolence.org, http://lepetitjardin22.canalblog.com/archives/2016/02/20/33398691.html)

Lintern, M., Anand, R., Ryan, C., Paterson, D.: Natural gold particles in Eucalyptus leaves and their relevance to exploration for buried gold deposits. Nature Communications 4, 2013, 2274

Liste, H.-H., White, J. C.: Plant hydraulic lift of soil water. Implications for crop production and land restoration. Plant Soil, 313, 2008, S. 1–17

Louv, R.: Last Child in the Woods. Saving our Children from Nature-Deficit Disorder. Algonquin Books, Chapel Hill, North Carolina 2008

Maag, G.: Planeteneinflüsse, West-Ost-Verlag, Konstanz 1928

Makarieva, A. M., Gorshkov, V. G.: Biotic pump of atmospheric moisture as driver of the hydrological cycle on land. Hydrology and Earth System Sciences 11, 2007, S. 1013–1033

Makarieva, A. M., Gorshkov, V. G., Sheil, D., Nobre, A. D., Bunyard, P., Li, B.-L.: Why does air passage over forest yield more rain? Examining the coupling between rainfall, pressure, and atmospheric moisture content, Journal of Hydrometeorology, 15, 2014, S. 411–426

Mancuso, F., Viola, A.: Die Intelligenz der Pflanzen. Kunstmann, München 2015

Mann, C.: 1491. New Relevation of the Americas Before Columbus. Knopf, New York 2006 (deutsch: Amerika vor Kolumbus. Rowohlt, Reinbek 2016)

Mansata, B.: The Vision of Natural Farming. Earthcare Book, Kalkutta 2012

Matarranz F.-Q.: La Savia del Tejo. CM Impresores, Madrid 2015

Matière organique d'un sol. Centre d'expertise en analyse environnementale du Québec, 2003

Maw, M. G.: Periodicities in the influences of air ions on the growth of garden cress, Lepidum sativum L. Canadian Journal of Plant Science 47, 1967, S. 499–507

McKey, D.: Amazonie. Colloque France-Brésil 2012 (www.agropolis.fr/pdf/societe-biologie-2012/doyle-mckey-amazonie-octobre-2012.pdf)

Michell, J.: The Sacred Center. The ancient art of locating sanctuaries. Inner Traditions, Rochester, Vermont 2009

Milling, A.: Holz. Ein natürlicher Werkstoff mit antibakteriellen Eigenschaften? Vergleichende Untersuchungen zum Überleben von Bakterien auf Holz und Kunststoff mit mikrobiologischen und molekularen Methoden. Dissertation an der Naturwissenschaftlichen Fakultät der Technischen Universität Carolo-Wilhelmina zu Braunschweig 2004

Milton, W. J.: Exogenous variations in plant (Zea mais) germination and growth in darkness and »constant« temperature, modified by uniform daily rotations. Dissertation, Northwestern University, Evanston, Illinois 1974

Moran Ubidia, J.: Traditional Bamboo preservation methods in Latin America. Faculty of Architecture and Urbanism, University of Guayaquil, Ecuador 2003

Moser, M.: Thoma, E.: Die sanfte Medizin der Bäume. Gesund leben mit altem und neuem Wissen. Servus Verlag, Salzburg 2014

Moser, M.: Holz bremst den Herzschlag. Material der Raumgestaltung verändert die Belastung bei Schülern (http://www.pressetext.com/news/20100118020 / 10.06.2016)

Moya, B., Plumed, J., Moya, J.: Arboles monumentales de España. Unoediciones Libros, Valencia 2012

Muller, A., Davis, J. S., Hepperly, P. R., Niggli, U.: Reducing Global Warming: The Potential of Organic Agriculture. Policy Brief. 2009 (orgprints.org/16507/1/mueller-and-davis-2009-ReducingGlobalWarming_PolicyBrief.pdf)

Mytting. L.: Der Mann und das Holz. Vom Fällen, Hacken und Feuermachen. Insel Verlag, Berlin 2014

Nair, P. K. R., Garrity, D. P. (Hrsg.): Agroforestry. The future of Global Land Use. Springer, Dordrecht, The Netherlands 2012

Narby, J.: Le serpent cosmique, l'ADN et les origines du savoir. Edition Georg, Genève 1995

Nietzold, J.: Phänologie. Mellinger Verlag, Stuttgart 1993

Pakenham, T.: Bäume. Die 60 größten und ältesten Bäume der Welt. Christian Verlag, München 2003

Pakenham, T.: Meetings with Remarkable Trees. Weidenfeld & Nicolson, London 1996

Park, E. J., Park, H. J., Chung, H. J., Shin, Y., Min, H. Y., Hong, J. Y., Kang, Y. J., Ahn, Y. H., Pyee, J. H., Lee, S. K.: Antimetastatic activity of pinosylvin, a natural stilbenoid, is associated with the suppression of matrix metalloproteinases. The Journal of Nutritional Biochemistry 23 (8), 2012, S. 946–952

Pfister, R.: Les Parfums du Vin. Un guide essentiel. Delachaux et Niestlé, Paris 2013

Pino, O., La Ragione, F.: There's Something in the Air. Empirical Evidence for the Effects of Negative Air Ions (NAI) on Psychophysiological State and Performance. Science and Education 1 (4), 2013, S. 48–53

Pique, P.: L'arbre visionnaire. In: Capelle, P., Boccara, M.: Voyage entre ciel et terre. Sociomythologies de l'arbre. Editions Le Temps Présent, Agnières 2013

Pirozynski, K. A., Malloch, D. W.: The origin of land plants. A matter of mycotrophism. Biosystems 6, 1975, S. 153–164

Plaisance, G.: Forêt et santé, Guide pratique de sylvothérapie. Éditions Dangles, Paris 1985

Pollack, G. H.: Cells, Gels and the Engines of Life. Ebner and Sons, Seattle 2001

Pollack, G. H.: The Fourth Phase of Water. Beyond solid, liquid and vapor. Ebner and Sons, Seattle 2013

Popp, M.: Hat der Mond einen Einfluss auf das Pflanzenwachstum? Zeitschrift für Pflanzenernährung, Düngung, Bodenkunde 11 (4), 1933, S. 145–150

Pöschl, U. et al.: Rainforest aerosols as biogenic nuclei of clouds and precipitation in the Amazon. Science 329 (5998), 17. September 2010, S. 1513–1516

Poveda, G., Mesa, O.: On the existence of Lloró (the rainiest locality on Earth): Enhanced ocean-land-atmosphere interaction by a low-level jet. Geophysical Research Letters 27 (11), 2000, S. 1675–1678

Prasad, E. A. V.: Groundwater in Varahamihira's Brahat Samhita. MASSLIT series, Sri Venkateswara University, Tirupati, India 1980

Priestley, J.: Observations on Different Kinds of Air. *Philosophical Transactions of the Royal Society* 62, 1772, S. 147–264
Ray, P. M.: The Living Plant. (2nd Ed.) Holt, Rinehart and Winston, New York 1972
Ribordy, L.: Architecture et géométrie sacrées dans le monde - à la lumière du Nombre d'Or. Ed. Trajectoire, Paris 2010
Richard, F.: Der biologische Abbau von Zellulose- und Eiweiß-Testschnüren im Boden von Wald- und Rasengesellschaften. Promotionsarbeit, ETH Zürich 1954
Rieben, E.: La forêt et l'économie pastorale dans le Jura. Diss. ETH Zürich 1957
Rioux-Nivert, P.: Les résineux. Band 1: Connaissance et reconnaissance. Institut pour le développement forestier, Paris 1996
Rohmeder, E.: Der Einfluss der Mondphasen auf die Keimung und erste Jugendentwicklung der Fichte. *Forstwissenschaftliches Zentralblatt 1938;* 60 (19), 1938, S. 593–603 und 634–646
Rossignol, M., Rossignol, L., Oldeman, R., Benzine-Tizroutine, S.: The Struggle of Life. Or the Natural History of Stress and Adaptation. Grafish Service Centrum Van Gils b. v., Wageningen 1998
Rubner, K.: Die pflanzengeographischen Grundlagen des Waldbaues. Neumann Verlag, Radebeul-Berlin 1960
Saito, Y.: Preceding phenomena observed by tree bio-electric potential prior to Noto Penninsula off earthquake. Japan Geoscience Union Meeting 2007, S. 1–14 (www.jsedip.jp/English/Papers/070512_JGU%20Meeting%20 2007-E.pdf)
Salomon, L.: Respirez la Santé. Grâce au Bol d'Air Jacquier. Editions Grancher, Paris 2007
Schad, W.: Der goetheanistische Forschungsansatz. In: Waldsterben, Verlag Freies Geistesleben, Stuttgart 1987
Scheub, U., Pieplow, H., Schmidt, H.-P.: Terra Preta. Die schwarze Revolution aus dem Regenwald. Oekom, München 2013
Schmidt, C. (Hrsg.): Manichäische Handschriften, Verlag Kohlhammer, Stuttgart 1940
Schütz, J.-P.: Sylviculture 1. Principes d'éducation des forêts. Presses polytechniques et universitaire romandes, EPFL Lausanne 1990
Seeling, U.: Ausgewählte Eigenschaften des Holzes der Fichte (*Picea abies* L. Karst.) in Abhängigkeit vom Zeitpunkt der Fällung. *Schweizerische Zeitschrift für Forstwesen/Journal Forestier Suisse* 151 (11), 2000, S. 451–458
Seeling, U., Herz, A.: Einfluss des Fällzeitpunktes auf das Schwindungsverhalten und die Feuchte des Holzes von Fichte *(Picea abies)*. Literaturübersicht und Pilotstudie. Albert-Ludwigs-Universität Freiburg i. Br., Institut Forstbenutzung und Forstliche Arbeitswissenschaft. 1998, Arbeitspapier S. 2–98
Semmens, E.: Effect of Moonlight on the germination of Seeds. *Nature* Vol. 111, 1923, S. 49–50

Semmens, E.: Chemical Effects of Moonlight. *Nature* 4044, 3. Mai 1947, S. 613
Sengupta, P. et al.: Emerging Trends in CV Flow Visualization. JACC. *Cardiovascular Imaging*,5 (3), 2012, S. 305–316
Serres, O. de: Le Théâtre d'agriculture et mesnage des champs. Jamet-Métayer, Paris 1600
Silverstone, M.: Blinded by Science. Lloyd's World Publishing, London 2011
Soil Association: Soil Carbon and Organic Farming. Bristol 2009 (www.soilassociation.org/media/4347/soil-carbon-and-organic-farming-report-summary.pdf)
Spiess, H.: Chronobiologische Untersuchungen mit besonderer Berücksichtigung lunarer Rhythmen im biologisch-dynamischen Pflanzenbau. Schriftenreihe des Instituts für Biologisch-Dynamische Forschung, Darmstadt 1994
Spruyt, E., Verbelen, J. P., De Greef, J. A.: Expression of Circaseptan and Circannual Rhythmicity in the Imbibition of Dry Stored Bean Seeds. Plant Physiology 84, 1987, S. 707–710
Stammel, H. J.: Die Apotheke Manitous. Rowohlt, Reinbek 2000
Steiner, R.: Wahrheit und Wissenschaft, 1892 (http://anthroposophie.byu.edu/schriften/003.pdf)
Steiner, R.: Die Philosophie der Freiheit, 1894 (http://anthroposophie.byu.edu/schriften/004.pdf)
Steiner, R.: Agriculture, Fondements spirituels de la méthode bio-dynamique (9 conferences) Koberwitz 1924. Editions Anthroposophiques 1974
Strasburger, E.: Lehrbuch der Botanik. Gustav Fischer, Stuttgart, New York 1983
Suchantke, A.: Partnerschaft mit der Natur. Entscheidung für das kommende Jahrtausend. Urachhaus, Stuttgart 1993
Suni, T., Kulmala, M., Hirsikko, A. et al.: Formation and characteristics of ions and charged aerosol particles in a native Australian Eucalypt forest. Atmospheric Chemistry and Physics 8, 2008, S. 129–139
Süskind, P.: Das Parfüm. Diogenes 1994
Terziev, N.: Migration of Low-Molecular Sugars and Nitrogenous Compounds in Pinus sylvestris L. During Kiln and Air Drying. Holzforschung 49 (6), 1995, S. 565–574
Thoma, E.: Die geheime Sprache der Bäume. Wie die Wissenschaft sie entschlüsselt. Ecowin Verlag, Salzburg 2012
Thoma, E.: Holzwunder. Die Rückkehr der Bäume in unser Leben. Edition Servus, Wals bei Salzburg 2016 (www.holzhaus-100.de/die_vorteile/strahlensicherheit.php)
Tompkins, P., Bird, C.: Das Geheimnis der guten Erde. Omega Verlag, Aachen 2000
Toriyama, H.: Individuality in the anomalous bioelectric potential of silk trees prior to earthquakes. Science reports of Tokyo Woman's Christian University 41, 1991, S. 1067–1077

Triebel, J.: Mondphasenabhängiger Holzeinschlag. Literaturbetrachtung und Untersuchung ausgewählter Eigenschaften des Holzes von Fichten (Picea abies Karst.). Diplomarbeit, Institut für Forstbenutzung und Forsttechnik, TU Dresden 1998

Vahrenholt, F., Lüning, S.: Die kalte Sonne. Hoffmann und Campe, Hamburg 2012

Vaillant, J.: L'Arbre d'Or. Vie et mort d'un géant canadien. Les éditions Noir sur Blanc, Lausanne 2014

Vallée, Ph.: Etude de l'effet de champs électromagnétiques basse fréquence sur les propriétés physico-chimiques de l'eau. Thèse de Doctorat, Université Pierre et Marie Curie (Paris VI) 2004

Villasante, A., Vignote, S., Ferrer, D.: Influence of lunar phase of tree felling on humidity, weight densities and shrinkage in hardwoods *(Quercus humilis). Forest Products Journal* 60 (5), 2010, S. 415–419

Voeikov, V.: Ultra-low luminescence of humid air and its possible role in negative ion therapy. *Indian Journal of Experimental Biology* 46 (5), 2008, S. 322–329

Von Muggenthaler, E.: The Felid Purr. A bio-mechanical healing mechanism. 12th International Conference on Low Frequency Noise and Vibration and its Control. Bristol 2006

Warnke, U.: Mobilfunkstrahlung, ein Faktor beim Bienensterben. Interview mit Dr. Ulrich Warnke zur Berliner Bienen-Studie. Brennpunkt 10. April 2013 (www.naturalscience.org/wp-content/uploads/2013/05/df_bp_warnke-bienen_2013-04-10.pdf)

Wazny, J., Krajewski, K. J.: Jahreszeitliche Änderungen der Dauerhaftigkeit von Kiefernholz gegenüber holzzerstörenden Pilzen. *Holz als Roh- und Werkstoff* 42, 1984, S. 55–58

Weil, S.: L'enracinement. Folio/Essais Gallimard, Paris 1999

Williams, F.: Take Two Hours of Pine Forest and Call Me in the Morning. *Outside Magazine*, 28. November 2012

Zimmer, B., Wegener, G.: Stoff- und Energieflüsse vom Forst zum Sägewerk. *Holz als Roh- und Werkstoff*, 54, 1996, S. 217–223

Zimmermann, M. H.: Xylem Structure and the Ascent of Sap. Springer-Verlag, Berlin, Heidelberg, New York, Tokyo 1983

Zürcher, E.: Rythmicités dans la germination et la croissance initiale d'une essence forestière tropicale. Schweizerische Zeitschrift für Forstwesen/Journal Forestier Suisse 143 (12), 1992, 951–966

Zürcher, E.: Die Eibe in der Mythologie und in der Volkskunde. Schweizerische Zeitschrift für Forstwesen 149 (5), 1998, S. 313–327

Zürcher, E.: Mondbezogene Traditionen in der Forstwirtschaft und Phänomene in der Baumbiologie. Schweizerische Zeitschrift für Forstwesen 151 (11), 2000, S. 417–424

Zürcher, E.: Holz und Mond. Dem traditionellen Wissen auf der Spur. *Züriwald* 3/2015

Zürcher, E., Cantiani, M.-G., Sorbetti-Guerri, F., Michel, D.: Tree stem diameters fluctuate with tide. *Nature* 392, 1998, S. 665–666

Zürcher, E., Mandallaz, D.: Lunar synodic Rhythm and Wood Properties. Traditions and Reality. In: L'arbre 2000. The Tree. 4th International Symposium on the Tree, 20.–26. August 2000. Montreal: Institut de recherche en biologie végétale/MontréalBotanical Garden, Isabelle Quentin Editeur; S. 244–250

Zürcher, E., Rogenmoser, C., Soleimany Kartalaei, A., Rambert, D.: Reversible Variations in Some Wood Properties of Norway Spruce (*Picea abies* Karst.), Depending on the Tree Felling Date. In Nowak, K. I., Strybel, H. F. (Hrsg.): Spruce. Ecology, Management and Conservation. Nova Science Publishers, Hauppauge, New York 2012, S. 75–94

Zürcher, E., Schlaepfer, R.: Lunar Rhythmicities in the Biology of Trees, Especially in the Germination of European Spruce (*Picea abies* Karst.). A New Statistical Analysis of Previously Published Data. *Journal of Plant Studies* 3 (1), 2014, S. 103–113

Zürcher, E., Schlaepfer, R., Conedera, M., Giudici, F.: Looking for differences in wood properties as a function of the felling date. Lunar phase-correlated variations in the drying behavior of Norway Spruce (*Picea abies* Karst.) and Sweet Chestnut (*Castanea sativa* Mill.). *TREES* 24, 2010, S. 31–41

Zürcher, E.; Kucera, L. J.; Bariska, M.; Moy, L.: Elektronische Geruchsuntersuchung von Hölzern, *Holz als Roh- und Werkstoff* 55, 1997, S. 281–285

STICHWORTVERZEICHNIS